新工科建设·人工智能与智能科学系列教材

基于Python的机器学习

姚普选　编著

U0180133

電子工業出版社
Publishing House of Electronics Industry
北京·BEIJING

内 容 简 介

本书深入浅出地介绍了机器学习的基本原理与主要方法，以及必要的数学知识与程序设计方法。全书共有 7 章，分别讲解了机器学习的概念及应用、数学基础（导数与极值、向量与矩阵、概率统计、凸优化）、Python 程序设计、线性回归及其程序实现、逻辑回归及多分类、分类与聚类、基于神经网络的机器学习。

本书可作为高等院校机器学习课程的教材，也可作为机器学习爱好者及从事相关工作的工程技术人员的参考书。

图书在版编目 (CIP) 数据

基于 Python 的机器学习 / 姚普选编著. — 北京：电子工业出版社，2023.5

ISBN 978-7-121-45571-1

Ⅰ. ①基…　Ⅱ. ①姚…　Ⅲ. ①软件工具－程序设计－高等学校－教材②机器学习－高等学校－教材

Ⅳ.①TP311.561②TP181

中国国家版本馆 CIP 数据核字(2023)第 081096 号

责任编辑：路　越　　　特约编辑：田学清

印　　刷：三河市鑫金马印装有限公司

装　　订：三河市鑫金马印装有限公司

出版发行：电子工业出版社

北京市海淀区万寿路 173 信箱　　邮编：100036

开　　本：787×1092　1/16　印张：15　　字数：375 千字

版　　次：2023 年 5 月第 1 版

印　　次：2023 年 5 月第 1 次印刷

定　　价：59.80 元

凡所购买电子工业出版社图书有缺损问题，请向购买书店调换。若书店售缺，请与本社发行部联系，联系及邮购电话：(010)88254888，88258888。

质量投诉请发邮件至 zlts@phei.com.cn，盗版侵权举报请发邮件至 dbqq@phei.com.cn。

本书咨询联系方式：mengyu@phei.com.cn。

前　言

人工智能、大数据分析、云计算、物联网等技术与应用的飞速发展，使这些领域中最活跃、最有前途的机器学习方法与技术备受关注。作为高等院校的学生，储备基本的机器学习理论知识，掌握一定程度的机器学习应用技术，无论对于现在的学习还是将来的工作，都是十分有益的。

机器学习是由多种科学技术融合而成的新兴学科，其理论与方法涉及数学、计算机科学、工程学、心理学、管理学等多门学科，尤其是数学与计算机科学，其应用的深度与广度是大多数传统学科无法比拟的。由于需要学习的基础知识难度较大，需要掌握的思想方法较多且较复杂，赖以生存的开发与应用平台种类繁多且受限于生产厂商及其他因素的影响，选择与使用有诸多不便。鉴于此，作者通过研读多种相关教材与技术文献，根据大学理工科专业的实际需求，结合自己的教学实践，编写了本书。

本书以必要的数学知识为先导，以 Python 程序设计语言及其集成开发环境为工具，深入浅出地介绍了掌握机器学习理论与方法必须具备的数学知识、程序设计方法与常用的机器学习原理和方法，力图使读者在有限的时间内，对这门学科的主要知识和技能有一个清晰、完整的理解与把握。

全书包括以下内容。

第 1 章，机器学习的概念及应用：简单介绍了机器学习的历史、现状及发展趋势，讲解了机器学习的概念、机器学习系统的一般结构、机器学习的种类、主要技术特点及其应用范围。

第 2 章，数学基础：讲解了机器学习领域常用的数学知识，包括一元函数和多元函数的导数、极值及求解方法，向量、矩阵的相关概念与求解方法，概念论、统计学的相关概念与求解方法，凸优化的基本概念与应用范围。

第 3 章，Python 程序设计：讲解了 Python 的主要语法与程序设计的基本方法，包括 Python 程序的一般结构、基本数据类型、序列与字典的使用、函数与模块的定义和调用、面向对象程序设计方法。

第 4 章，线性回归及其程序实现：讲解了线性回归的概念与程序实现，包括模型的源流、构造、应用与评估，机器学习的一般过程（训练、测试、评估）及其 Python 程序实现的一般方法。

第 5 章，逻辑回归及多分类：讲解了逻辑回归及多分类的方法，包括分类的概念，逻辑回归的概念、模型、训练及预测方法，逻辑回归与贝叶斯分类的联系与区别，多分类策略及 Softmax 回归模型。

第 6 章，分类与聚类：讲解了决策树的概念、模型、训练及预测方法，支持向量机的概念、模型及实例，聚类的一般概念及 K-均值聚类的一般方法。

第 7 章，基于神经网络的机器学习：讲解了人工神经网络的概念、模型及工作方式，包括神经元的基本结构及应用，人工神经网络的一般工作方式，感知机的结构、模型、训练、预测、缺陷及多层感知机的特点与应用，后向传播算法的概念与工作方式，卷积神经网络的原理、模型、训练及预测方式。

本书可作为高等院校机器学习课程的教材，也可作为机器学习爱好者及从事相关工作的工程技术人员的参考书。采用本书作为教材的机器学习课程的学时以 48～64（包括上机时数）为宜。当学时较少时，可以少讲或不讲某些内容，如某些数学知识、支持向量机等某种机器学习方法。本书中的各章都配备了内容丰富的习题，不同类型的读者可以根据自己的需求选做部分习题。

机器学习技术涉及的知识面广、模型复杂、应用环境千变万化且仍处于快速发展之中，受篇幅、时间、读者定位、使用环境及作者水平等因素的限制，本书涵盖的内容及表达的思想存在一定局限性。因此，作者希望传达给读者的信息是否到位或得体，还要经过读者的检验，望广大读者批评指正。

姚普选

2023 年 1 月

目　　录

第 1 章　机器学习的概念及应用 ……1

1.1　机器学习的发展历程与应用 ……1

1.1.1　机器学习的发展历程 ……1

1.1.2　机器学习的应用 ……3

1.2　机器学习的概念 ……4

1.2.1　机器学习的特点 ……5

1.2.2　机器学习的要素 ……6

1.2.3　机器学习系统的结构 ……8

1.3　机器学习的分类 ……10

1.3.1　映射函数与样本 ……10

1.3.2　监督学习 ……11

1.3.3　无监督学习 ……13

1.3.4　强化学习 ……15

1.4　深度学习 ……16

1.4.1　机器学习的困境 ……16

1.4.2　深度学习机制 ……17

习题 1 ……20

第 2 章　数学基础 ……21

2.1　导数与极值 ……21

2.1.1　导数及求导法则 ……21

2.1.2　函数的单调性、凹凸性与极值 ……22

2.1.3　偏导数与梯度 ……24

2.1.4　多元函数的极值 ……25

2.2　向量与矩阵 ……27

2.2.1　矩阵及其性质 ……27

2.2.2　矩阵的基本运算 ……29

2.2.3　向量组与线性相关性 ……31

2.2.4　正交向量与相似矩阵 ……34

2.3　概率统计 ……36

2.3.1　随机事件与概率 ……36

2.3.2　条件概率与贝叶斯公式 ……37

2.3.3　随机变量的概率分布 ……39

2.3.4　随机变量的数字特征 ……43

2.3.5 中心极限定理……45
2.3.6 极大似然估计……46
2.4 凸优化……48
习题 2……52

第 3 章 Python 程序设计……56

3.1 Python 程序的编辑与运行……56
3.2 数据与表达式……60
3.2.1 常量……60
3.2.2 变量……62
3.2.3 数据的输入/输出……63
3.2.4 常用函数……65
3.2.5 运算符与表达式……67
3.3 序列和字典……69
3.3.1 字符串……69
3.3.2 列表……72
3.3.3 元组……73
3.3.4 字典……74
3.4 程序的控制结构……76
3.4.1 分支语句……76
3.4.2 while 语句……77
3.4.3 for 语句……78
3.4.4 用户自定义函数……80
3.4.5 模块……81
3.5 类和对象……83
3.5.1 类的定义和使用……83
3.5.2 面向对象程序设计方式……86
3.5.3 类的继承性……87
3.5.4 异常处理……89
习题 3……91

第 4 章 线性回归及其程序实现……96

4.1 线性回归的概念……96
4.1.1 线性回归的源流……96
4.1.2 监督学习与线性回归……97
4.2 线性回归模型……99
4.2.1 一元线性回归模型……99
4.2.2 多元线性回归模型……103
4.2.3 模型的泛化与优劣……106

4.3 数据拟合与可视化操作……108
4.3.1 NumPy 多维数组操作……108
4.3.2 Matplotlib 数据可视化操作……110
4.3.3 SciPy 数据拟合操作……114
4.4 最小二乘法线性回归程序……118
4.4.1 最小二乘法与一元线性回归……118
4.4.2 一元线性回归程序……120
4.5 梯度下降法及其程序……122
习题 4……125

第 5 章 逻辑回归及多分类……127
5.1 逻辑回归的概念与模型……127
5.1.1 Logistic 函数……127
5.1.2 线性分类问题……129
5.1.3 逻辑回归模型……131
5.2 逻辑回归计算……134
5.2.1 逻辑回归模型的预测函数……134
5.2.2 逻辑回归模型的极大似然估计……135
5.2.3 逻辑回归模型的参数求解……136
5.3 逻辑回归与朴素贝叶斯分类……139
5.4 多分类策略……143
5.5 Softmax 回归……145
5.5.1 广义线性模型……145
5.5.2 Softmax 回归模型……148
习题 5……150

第 6 章 分类与聚类……152
6.1 决策树……152
6.1.1 决策树与决策过程……152
6.1.2 信息熵与信息增益……154
6.1.3 决策树的构造……157
6.1.4 寻找最佳分裂……162
6.1.5 决策树训练的主要问题及流程……165
6.2 支持向量机……167
6.2.1 支持向量机基本原理……167
6.2.2 支持向量机实现鸢尾花分类……171
6.3 聚类算法……173
6.3.1 距离计算与聚类评价……173
6.3.2 K-均值聚类算法……175
习题 6……177

第 7 章 基于神经网络的机器学习 ······ 179
7.1 神经网络与人工神经网络 ······ 179
7.2 感知机 ······ 182
7.2.1 人工神经元与感知机 ······ 182
7.2.2 感知机训练算法 ······ 185
7.2.3 感知机训练实例 ······ 187
7.2.4 感知机训练与预测程序 ······ 189
7.2.5 线性可分性与多层感知机 ······ 190
7.3 BP 算法 ······ 193
7.3.1 多层神经网络的结构 ······ 193
7.3.2 多层神经网络的参数调整 ······ 194
7.3.3 BP 算法及评价 ······ 196
7.4 卷积的概念及运算 ······ 198
7.4.1 卷积的概念 ······ 199
7.4.2 二维互相关运算 ······ 201
7.4.3 二维卷积运算程序 ······ 204
7.5 卷积神经网络 ······ 205
7.5.1 卷积神经网络的特点 ······ 206
7.5.2 多通道卷积及常用卷积核 ······ 209
7.5.3 卷积神经网络的结构 ······ 213
7.6 卷积神经网络实例 ······ 215
习题 7 ······ 218
附录 A 机器学习名词中英文对照 ······ 220
参考文献 ······ 230

第 1 章　机器学习的概念及应用

机器学习是实现人工智能的重要方式，是具智能特征的应用与研究领域。为了构建智能体的自适应机制，机器学习系统运用归纳、类比和聚类等手段，从已有“知识”（数据）中“学习”（提取特征）经验和方法；通过一系列学习，掌握必要的知识和技能，并提高自身的学习能力，从而具有自主求解问题的能力，这种能力通过自主学习可以不断提高。

机器学习是一门交叉学科，涉及计算机科学、统计学、脑科学、系统辨识、逼近理论、神经网络、优化理论等诸多学术门类。机器学习的核心任务是研究计算机如何模拟或实现人类的学习行为，以获取新的知识或技能，重组已有知识结构，不断改善自身性能。基于数据的机器学习是现代智能技术的重要支撑，研究的是如何从观测数据（样本数据）中寻找规律，并利用这些规律对未来数据或无法观测的数据进行预测。根据不同的学习材料（样本数据）及需求，可以采用监督学习、无监督学习、半监督学习等机器学习方式；为了提高机器学习效果，扩大机器学习的适用范围，可以采用基于神经网络的深度学习方式。

1.1　机器学习的发展历程与应用

机器学习的理论和实践已经存在几十年了，但因以计算机技术为核心的智能体的计算能力无法满足需求而备受冷落。近年来，智能体性能的提高及大规模数据积累带来的条件和需求催热了与机器学习相关的研究和实践。随着深度学习的发展，人工智能在诞生 60 多年后复兴。无论学术界还是工业界，深度学习及其他人工智能技术都在迅猛发展。

机器学习极大地丰富了人工智能的理论和实践，深度学习进一步提高了机器学习的研究和应用水平。机器学习的应用随处可见：车牌识别、语音输入法、人脸识别、电商网站的商品推荐等都离不开机器学习。

1.1.1　机器学习的发展历程

学习是指系统（人、机器）在不断重复的工作中逐步提高自身的工作能力，以便在以后执行同类型任务时做得更快、更好。1959 年，亚瑟·塞缪尔（Arthur Samuel）设计了一个具有学习能力（可通过不断对弈改善自身棋艺）的下棋程序，该程序学习了 4 年后，在对弈时战胜了设计者本人；又学习了三年后，在对弈时战胜了一个连续 8 年获得冠军的美国棋手。这展示了机器学习的能力。

机器学习广泛使用的工具和基础实际上已有数十年甚至百年的历史，如贝叶斯、拉普拉斯关于最小二乘法的推导，马尔可夫链等。机器学习的专门研究始于 20 世纪 50 年代，其发展历程可以被划分为四个阶段，不同阶段的研究途径和目标不相同。

第一阶段，热络时期（20 世纪 50 年代中叶—20 世纪 60 年代中叶）：研究对象是“无知识”学习，即各类自组织系统和自适应系统；主要研究方法是通过不断修改系统的控制参数，来改进系统的执行能力，不涉及具体任务的相关知识。指导研究的理论基础是开创于 20 世纪 40 年代的神经网络模型。本阶段的研究催生了“模式识别”，而且形成了两种机器学习方法——判别函数法和进化学习。亚瑟・塞缪尔设计的下棋程序是判别函数法的典型应用。

第二阶段，冷静时期（20 世纪 60 年代中叶—20 世纪 70 年代中叶）：研究目标是模拟人类的概念学习过程。机器内部描述为逻辑结构或图结构。机器能够用符号来描述概念。本阶段提出了学习概念的各种假设，标志性应用是温斯顿（Winston）的结构学习系统和海斯・罗思（Hayes Roth）等人基于逻辑的归纳学习系统。这类学习系统虽然取得了较大成功，但因为只能学习单一概念，所以不能投入实际应用。在本阶段神经网络学习机受限于其理论缺陷，未能达到预期效果，转入低潮。

第三阶段，复兴时期（20 世纪 70 年代中叶—20 世纪 80 年代中叶）：研究对象从学习单个概念扩展到学习多个概念，探索不同的学习策略与各种学习方法。这个阶段的机器学习过程一般都是基于大规模知识库构建的，用于实现知识强化学习。本阶段的研究开始将学习系统与各种应用结合起来，促进了机器学习的发展。在出现第一个专家学习系统之后，示例归约学习系统成为研究的主流，自动知识获取成为机器学习应用的研究目标。1980 年，美国卡内基・梅隆大学召开了第一届机器学习国际研讨会。1984 年，分类与回归树方法被提出。此后，机器归纳学习进入应用阶段。1986 年，《机器学习》（*Machin Learning*）杂志创刊。20 世纪 70 年代末，中国科学院自动化研究所开始进行质谱分析和模式文法推断研究。

第四阶段（20 世纪 80 年代中叶至今）：从 1986 年开始，机器学习进入了新阶段。1986 年，反向传播算法被提出；1989 年，卷积神经网络被提出。随着神经网络研究的重新兴起，机器学习研究呈现出新的高潮，实验与应用研究广受关注。符号学习由“无知识”学习转向具有专业知识的增长型学习，出现了具有一定知识背景的分析学习。神经网络中的反向传播算法获得应用。基于生物发育进化论的进化学习系统与遗传算法吸取了归纳学习与连接机制学习的长处，受到重视。基于行为主义的强化学习系统发展了新算法且应用了连接机制学习遗传算法的新成就，呈现出新的生命力。数据挖掘研究的蓬勃发展为从计算机数据库和计算机网络提取有用信息和知识提供了新方法。

20 世纪 90 年代中叶到 21 世纪 00 年代中叶，涌现了一批重要成果，堪称黄金时期。例如，基于统计学习理论的支持向量机、随机森林与 AdaBoost 算法等集成分类方法、循环神经网络与长短期记忆网络、流形学习、概率图模型、基于再生核理论的非线性数据分析与处理方法、非参数贝叶斯方法、基于正则化理论的稀疏学习模型及应用等。这些成果奠定了统计学习的理论基础和框架，使得机器学习真正走向实际应用。典型的应用有车牌识别、印刷文字识别、手写文字识别、人脸检测技术（数码相机中的人脸对焦）、搜索引擎中的自然语言处理技术与网页排序、广告点击率预估、推荐系统、垃圾邮件过滤等。

当然，受自身目标、基础条件等因素的制约，机器学习的发展并不是一帆风顺的。21 世纪 00 年代末机器学习经历了一个短暂的徘徊期。

第四阶段的机器学习主要表现在以下几方面。

（1）机器学习成为新的边缘学科，也成为高等院校的重要课程。机器学习的理论基础涉及多门学科，包括数学、心理学、生物学、计算机科学、神经生理学等。

（2）融合各种学习方法形成的多种多样的集成学习系统的研究与应用蓬勃兴起，特别是连接学习与符号学习的耦合可以更好地完成连续性信号处理中的知识与技能的获取与求精，机器学习因此得到广泛关注。

（3）机器学习与人工智能中各种基础问题的统一性观点正在形成。例如，学习与问题求解可以同时进行；通用智能体架构 SOAR 的聚团机制能够自动总结隐含在问题空间中的知识；类比学习与问题求解结合的基于案例方法成为经验学习的重要方向。

（4）各种学习方法的应用范围不断扩大。归纳学习的知识获取工具在诊断分类型专家系统中被广泛使用；连接学习在声音、图像和文字识别中占据优势；分析学习被用于设计综合型专家系统；遗传算法与强化学习在工程控制中具有良好的应用前景；与符号系统耦合的神经网络连接学习在企业智能管理与智能机器人运动规划中发挥重要作用。

（5）与机器学习有关的学术活动空前活跃。国际上定期举办机器学习研讨会（每年一次）、计算机学习理论会议、遗传算法会议；《科学》《自然》等重要刊物发表的机器学习类文章明显增多；一批机器学习领域的知名学者，如机器学习初创人之一米歇尔、统计机器学习主要奠基者之一迈克尔·I.乔丹、对机器学习基础问题贡献突出的朱迪亚·珀尔等得到重用且获得了相应荣誉。

1.1.2 机器学习的应用

随着人们对机器学习（尤其是深度学习）的研究与应用的不断深入，机器学习在当今社会的多个领域中开始发挥重要作用，涌现了一批支撑人们日常生产生活的关键技术，如听觉和视觉信息的识别与预测、不同种类语言文字的翻译与理解、各类游戏的人机对弈等。

1. 机器学习应用现状

传统机器学习偏重于利用已有知识和经验改善智能体自身的性能，而当前及可预计的将来，机器学习，尤其是深度学习，更多的是利用数据改善智能体自身的性能。基于数据的机器学习是现代重要的智能技术，而且会越来越重要。它从观测数据（样本数据）中寻找规律，并根据找到的规律对未来数据或无法观测的数据进行预测。在当今人类社会中，机器学习技术的应用实例随处可见。

机器学习能够切实地解决各种各样的问题。深度学习、AlphaGo、无人驾驶汽车、人工智能助理等，对工业界和科技界产生了巨大影响。当今 IT 事业的发展已从传统的“微软模式”转变为“谷歌模式”。可以简单地将传统模式理解为制造业，将新模式理解为服务业。谷歌、百度等搜索系统完全免费地服务于社会，这种搜索系统做得越好，创造的财富越多。

2. 机器学习的主要应用领域

机器学习的主要应用领域大体如下。

- 模式识别是一个与机器学习密切相关的领域，识别的是声音、图像及其他类型的数据对象。
- 在日常生活中，视觉是占据主导地位的信息获取途径。机器视觉是一个与机器学习密切相关的领域，它利用硬件设备和计算机程序实现人的视觉功能，包括图像的理解、空间三维信息的获取、运动的感知等。

- 听觉是仅次于视觉的信息获取途径。在各种声音理解系统中，人声的理解处于主导地位，它将话语声转换成文字，并用计算机程序实现语音识别。
- 自然语言处理，即实现文字理解功能的机器学习技术。
- 机器学习也被用于数据挖掘和分析中，如商品推荐、搜索引擎中的网页排序、用户行为的分析与建模等。

3．深度学习技术的应用

深度学习技术最先在机器视觉、语音识别领域取得成功，有效地解决了大量感知类问题。后来又分别在语音识别、自然语言处理、数据挖掘、推荐系统、计算机图形学等多个方向得到应用。深度学习在多数领域中取得了目前最好的性能。

2006 年，杰弗里・辛顿（Geoffrey Hinton）提出的在非监督数据上建立多层神经网络的方法促使深度学习的研究与应用得以快速发展，目前较好地解决了机器视觉、语音识别等领域的部分核心问题。杰弗里・辛顿等人提出的一种被称为预训练的方法，解决了深层神经网络难以训练的问题。2012 年，深度卷积神经网络 AlexNet 在图像分类任务中的杰出表现，引起了学术界和工业界对神经网络的关注。循环神经网络在序列数据建模上取得了成功，典型应用是语音识别与自然语言处理。深度学习技术与强化学习技术结合形成的深度强化学习技术在解决众多策略、控制问题（棋类、自动驾驶、机器人控制等）方面表现突出。

以 GAN（Generative Adversarial Networks，生成对抗网络）为代表的深度生成框架在数据生成方面取得了惊人的效果。GAN 是一种由生成模型和判别模型组合而成的网络，通过训练迭代，可生成复杂的、与真实样本数据类似的数据，创造出逼真的图像、流畅的文章、动听的音乐，为数据生成“创作”开辟了一条道路。

深度学习算法常被用于图像识别、语音识别、自然语言处理等领域，已经达到或接近实用标准，在某种程度上甚至超越了人类的水平。在语音识别、人脸识别、OCR（Optical Character Recognition，光学字符识别）、自动驾驶、医学图像识别、疾病诊断等商业领域，深度学习和其他人工智能技术正在带来深刻的变革。

深度学习作为当今最有活力的机器学习方向，在计算机视觉、自然语言理解、语音识别、智力游戏等领域取得了颠覆性成就，造就了一批新兴的公司，呈现出广阔的应用前景。

1.2　机器学习的概念

学习是人类智能的主要标志，也是人类获得知识的基本手段。机器学习（自动获取新的事实及新的推理算法）是使计算机具有“智能”的根本途径，是继专家系统之后人工智能研究与应用的又一重要领域，也是人工智能与神经计算的核心研究课题之一。具有机器学习功能的以计算机为核心的智能体，能够模拟人类的学习过程，从来自实际事物的海量训练数据集中发现知识和规律，构建处理问题的能力，并不断修正与强化这种能力。也就是说，在大规模、长时间的训练过程中，智能体可以按照给定的方法分析、归类（或聚类）、总结、提取训练集的特征，并且能够通过不断地迭代优化参数、提高系统性能，逐步产生并强化对于待解问题的预测功能。

1.2.1　机器学习的特点

简单来说，机器学习是一种先利用已有数据训练出模型，然后使用模型预测未知数据的方法。机器学习研究的是如何使用智能体（以计算机技术为核心）来模拟人类的学习活动，是人工智能活动中具有智能特征的前沿研究领域之一。机器学习的研究取得重大进展往往意味着人工智能，甚至整个计算机科学向前迈进了坚实的一步。机器学习有助于发现人类学习的机理和揭示人脑的奥秘。机器学习涉及计算机科学、脑科学、生理学、心理学等多个学术领域，许多理论和技术上的问题尚处于研究阶段。

1．机器学习的优越性

一般来说，受限于身体成长发育及其他生理规律，人的学习是缓慢且艰苦的过程。一个人从幼年开始，需要花费多年时间才能掌握人类社会生活中的基本技能，而且需要“活到老，学到老”。机器学习的速度、规模、持续性等是人类无法比拟的。

人的知识不具有继承性。一个人不能将一生积累的知识直接传递给子孙，子孙需要再花费多年时间重新学习并掌握这些知识。而机器却可以轻而易举地解决人的知识不具有继承性这个问题。随着社会与科学技术的不断进步，知识量迅猛增长，一个人的学习时间越来越长。如果智能体具有学习功能，就可以不断地继续学习，省去大量的重复学习过程，使得知识积累达到新的高度。

人的知识不具有传播性。就像不能将知识直接传递给子孙一样，也不能将知识直接传递给需要知识的人，其他人需要花时间学习，才能掌握这些知识，才能具有应用和发展的基础。对于智能体来说，只要一台机器“学会”了，其他机器只要进行简单的“复制”也就“学会”了，非常容易实现知识的快速传播。

综上所述，机器学习具有学习速度快、便于积累、学习结果易于传播的特性。因此，人类在机器学习领域的每一点进步，都会显著提高智能体的能力，进而对人类社会产生影响，特别是在当今信息化社会，这种影响将是十分深远的。

2．机器学习的研究目标

机器学习的研究目标有三个。

（1）人类学习过程的认知模型：这个研究目标是对人类学习机理的研究。这种研究不仅是开发机器学习系统的迫切需要的，而且具有指导或改善人类自身教育方法和体制的意义。

（2）通用学习算法：这个研究目标是对人类学习过程的研究，着眼于探索各种切实可行的学习方法，建立独立于具体应用领域的通用学习算法。

（3）构造面向任务的专用学习系统（工程目标）：这个研究目标着眼于解决专门的实际问题，开发出完成专门任务的学习系统。

3．机器学习与传统计算机解题方式的区别

机器学习与传统计算机解题方式（使用明确的指令完成任务）的主要区别在于：机器学习通过“训练”使智能体学习如何完成任务。“训练”包括向模型中载入大量数据，并且自主地调整和改进算法。例如，通过分析数百万张有猫的图片和无猫的图片（有猫的图片

都做了标记），智能体自主建立一个模型，基于该模型，智能体能够像人一样对有猫的图片进行标记；并且能够在不断完成标记任务的过程中，自主地调整标记的精确度。一旦精确度达到要求，即可认为智能体“学会”了识别有猫的图片。

智能体是通过不断“推理”来执行学习任务的，学习过程中的推理过程实际上是一种变换过程。该过程用于将系统外部提供的信息变换为符合系统内部表示的新形式，以便系统存储和使用信息并不断改善自身性能。这种变换的性质决定了学习策略的类型。机器学习领域中的代表算法有线性回归、决策树、支持向量机、K-均值聚类等。

1.2.2 机器学习的要素

如果一个智能体能够从经验 E 中学习有关某类任务 T 与绩效指标 P 的信息，并且智能体对任务 T 的绩效（通过 P 来衡量）可以跟随经验 E 的提高而有所提高，那么这个过程就是机器学习。好比一个将要高考（任务 T）的学子（智能体），通过不断解题（经验 E），解题能力（绩效指标 P）得到提高，从而在考试中取得好成绩（更高的绩效指标 P）。

学习是一个有特定目的的知识获取过程，内部表现为新知识结构的不断建立和修改，外部表现为性能的改善。也就是说，在学习过程中，智能体（人、动物、机器智能体）通过指令的接收或经验的积累逐步改进自身性能，这被看作智能行为的基础。智能的等级并不是按技能的高低来定义的，而是按系统的学习能力及学习任务的复杂性来定义的。

1. 需求及学习过程

学习可以是一个简单的联想过程，即给定某种输入，产生特定的输出。例如，狗通过训练，可以将人发出的“跳”命令同“跳”这个动作的身体反应联系起来。对于辨识目标物等任务来说，联想是最基本的学习方式。

智能体在“试着做”的学习过程中，通过与环境的直接交互获取技能。例如，人生来就有开车的身心基础和特征，但在接受驾驶训练之前，不具备将感官输入同所需动作联系起来的相关知识，必须通过一定的训练才能学会开车。智能体通过学习获得知识，就是知识的自动获取。

在大多数情况下，学习都是基于某种层次的先验知识进行的。先验知识可能是隐式的，因会对学习算法的选择及输入的预处理产生影响而被人们感知。有时人们需要显式地使用学习中遇到的知识。例如，先利用具有因果联系的先验知识构建贝叶斯网络，然后应用学习算法从数据库中对每个变量生成相应的先验分布。

学习的需求是多种多样的。例如，为贷款申请人的信用打分；对汽车发动机的故障进行诊断；对网上内容进行分类，并依据用户兴趣自动导入数据；识别客户的购买模式，以便掌握检测信用卡欺诈行为技能；扼要描述客户情况，以便掌握定位市场推广活动的能力。机器学习的可行性已在诸多领域得到印证，如路上的汽车导航乃至无人驾驶汽车、新星体类别的发现及能够打败国际象棋世界冠军的机器人。

2. 数据与目标函数

无论动物、机器还是软件，任何学习系统的核心都是算法。算法定义了用于学习的过程（指令集）。可将输入数据转换成某种特定形式的有用输出，如棋类游戏中的下一步移动、光扫描手写体的识别、机器人为抓住某个物体而执行的动作、是否允许贷款申请人贷款的建议等。

学习的结果一般称为目标函数。在正常学习时，目标函数应该接收输入数据并生成正常或最优输出。如果目标函数接收一幅扫描字符图像，然后输出{A,B,⋯,Z,O,1,⋯,9}集合中的一个对应实例，就需要考虑如下一系列问题。

- 目标函数如何表示？
- 在学习过程中需要适应什么情况？
- 怎样引导或给出判断，使得智能体能够确认正在进行的学习路线是正确的？
- 如何确定学习任务的完成时间？
- 如何确定学习是成功的？

例 1-1　职业运动员的确认。

摩托车手会参加公路赛、越野赛或超级越野赛（需要专门场地）中的某项竞赛。假定有一个有关摩托车手的数据库记录了摩托车手的年龄、身高、体重及参加竞赛的年限等属性。学习的任务是根据体重属性判断某位摩托车手是否是职业运动员（超级越野赛车手）。数据库中的每条记录都标记了摩托车手的参赛项目。

学习的第一项任务是选取一个训练集，构成数据库的一个子集，通常采用随机选取的方法。本例只涉及体重和参赛项目两个属性。体重属性是一个以千克为单位的实数值。参赛项目是一个标记每位摩托车手的参赛项目的文本标签，取值为（公路赛摩托车手、职业运动员、越野赛摩托车手）中的一个。目标函数是一个二值分类器，若该摩托车手是一名职业运动员，则输出 1；否则输出 0。参赛项目还可替换为新属性，对于所有职业运动员该属性都标记为正，对于其他类型的摩托车手该属性标记为负。

将从样本中学习看作归纳推理。每个样本都是一个序偶$(x,f(x))$，每个输入 x 都有相应的输出 $f(x)$，在学习过程中会生成目标函数 f 的不同逼近。将函数 f 的一个逼近称为一个“假设”，假设以某种形式表示。在本学习任务中，用 x_i 表示样本 i 中体重属性的值，用 T 表示一个实数阈值，可将假设表示为一个简单的阈值函数：

$$f(x_i)=\begin{cases}1, & x_i \leqslant T\\ 0, & x_i > T\end{cases}$$

通过调整假设的表示形式，学习过程可生成不同假设的不同变形。在一般情况下，需要修改假设的表示形式中的参数。本例只有一个参数 T。训练集中的每个样本对应一个目标输出 t。当样本标记为正时，t=1；否则，t=0。样本 i 的实际输出 y_i 由公式 $y_i=f(x_i)$得到。当实际输出不同于目标输出时，用Δ_i表示存在的误差。

阈值 T 可直接用贝叶斯统计算得。算法需要处理每个样本并在训练集上循环迭代，直到连续两次迭代中每个样本的输出都保持不变为止。

3．预测功能

学习完成后，用测试集来评判学习成功程度。设计学习算法的目的是希望该算法在面对训练中未曾遇到的数据时具有可靠的性能。在例 1-1 中，利用学习得到的函数，在摩托车手的竞赛项目未知时，根据该摩托车手的体重可预测他是否为职业运动员。

例 1-1 中的函数形式的局限性在于：输出不是 0 就是 1。这样的二值输出忽略了所有中间状态。事实上，待解问题往往不具备这样的确定性，许多待解问题都需要提供合理的确定性度量。对于二值输出的一种解决方法是采用概率分布函数替代阈值函数，该函数的输出就是已知体重的摩托车手是职业运动员的概率，即

$$p(\text{职业运动员}|\text{体重})$$

最常用的分布是如图 1-1 所示的一维正态分布。若属性是单一的，则正态分布的概率密度函数有均值和标准差两个参数。均值给出函数的中心位置，标准差度量函数的散布范围。不少密度估计技术都可用于对正态分布的概率密度函数的参数进行学习。

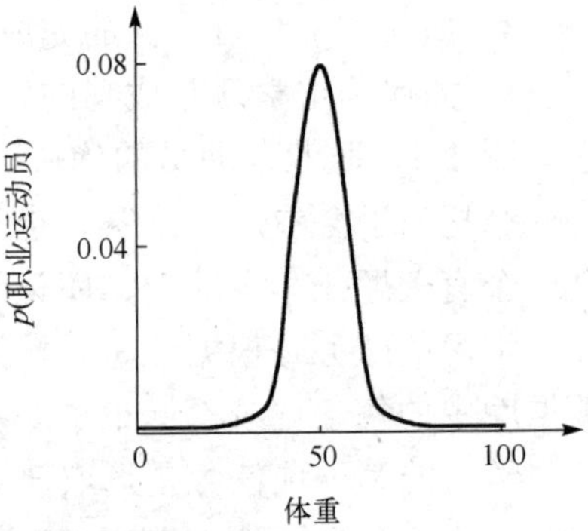

图 1-1 一维正态分布

例 1-1 仅使用了体重属性，限制了目标函数的表示形式。如果训练样本可用一个输入属性描述，就属于一维问题。如果利用更多的可用数据目标函数，那么有可能更准确地识别职业运动员。如果例 1-1 同时使用体重和身高两个属性，就变成二维问题了。很多学习类型都试图将输入与高维空间中的某个决策区域关联起来。在一个二维平面（两个输入）上，决策区域可由多条直线定义。假设的表示形式决定了这些区域的形状。例如，在二维空间中，正态分布的概率密度函数曲线就是钟形的。

许多学习问题使用了多个属性，这属于高维问题。应该注意的是，若增加的属性太多，则会导致模型分类性能退化，这就是与期望的正好相反的维数灾难。对于相对较少的训练样本来说，如果使用了太多属性，就会使高维空间变得非常稀疏，这意味着训练样本过于分散，带来的问题是属于同一类的训练样本被分割到不同区域，而且模型所学到的可能会是一个不佳的目标函数的假设表示，模型对新样本的分类精度就会很差。

1.2.3 机器学习系统的结构

为了使得智能体具有某种程序的“学习能力”，即可以通过学习来增长知识、改进性能、提高智能水平，需要围绕该智能体建立相应的机器学习系统（简称学习系统）。如果一个系统因为执行某个过程而改进了自身性能，就是在学习。学习是获取知识、积累经验、改进性能、发现规律、适应环境的过程，基本机制是设法将一种情形下成功的表现转移到另一种类似的新情形中。

学习系统是能够在一定程度上实现智能体学习的系统。1973 年，萨里斯（Saris）给出了学习系统的定义：如果一个系统能够从某个过程和环境的未知特征中学到有关信息，并且能将学到的信息用于未来的估计、分类、决策和控制，以便改进系统性能，那么它就是学习系统。1977 年，史密斯（Smith）给出了一个类似的定义：如果一个系统在与环境相互作用时，能利用过去与环境作用时得到的信息，并提高其性能，那么这样的系统就是学习系统。

1．学习系统的基本结构

学习系统的基本结构如图 1-2 所示。其中，环境就是学习环境，是学习系统在学习时能够感知到的各种外界信息的总和；学习环节是将外界信息加工成知识的组成部分或过程；知识库是以某种形式表示的学习环节所得到的知识的集合；执行环节是利用知识库中的知识执行任务并将执行得到的某些信息反馈给学习环节的组成部分或过程。

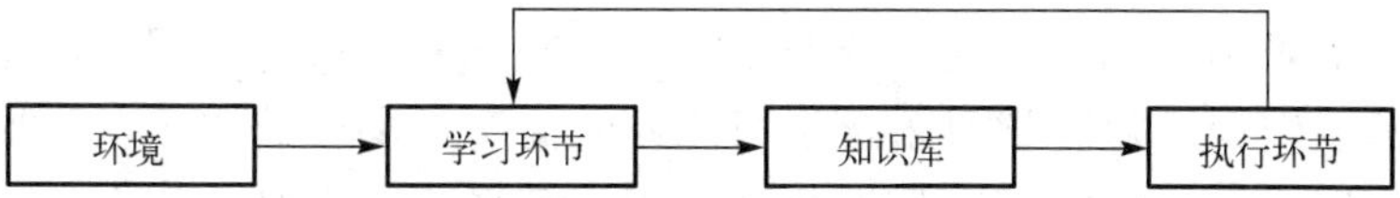

图 1-2　学习系统的基本结构

在学习系统中，环境向学习环节提供信息；学习环节利用这些信息修改知识库，从而提高执行环节完成任务的效能；执行环节依据知识库来完成学习任务，同时将获得的信息反馈给学习环节。在具体应用中，环境、知识库和执行环节决定了具体的工作内容，学习环节需要解决的问题由这三个环节确定。

2．信息与知识

影响学习系统设计的最重要因素是环境向系统提供的信息。知识库中存放的是指导执行环节动作的一般原则，然而环境向学习系统提供的信息是五花八门的。当信息质量较高且与一般原则的差别较小时，学习环节比较容易处理。当学习系统得到的是杂乱无章的指导具体动作的具体信息时，学习系统要在获得足够数据之后，删除不必要的细节，并总结推广，形成指导执行环节动作的一般原则后，将一般原则放入知识库。这会导致学习环节任务繁重，增加设计难度。

学习系统获得的信息往往是不完全的，因此它进行的推理并不是完全可靠的，总结出来的规则也可能是不正确的。规则是否正确，需要通过执行效果来检验。学习系统保留可以提高效能的正确规则，修改或从数据库中删除不正确的规则。

3．知识库

知识库是影响学习系统设计的另一个重要因素。知识可以用多种不同形式表示，如特征向量、一阶逻辑语句、产生式规则、语义网络和框架等。这些表示形式各有特点，在选择时需要考虑如下四方面的性能。

（1）表达能力强：若研究的是一些孤立的同种材料构件，则可选用特征向量表示形式。用形为

$$(\langle 颜色\rangle,\langle 类别\rangle,\langle 重量\rangle)$$

的向量来描述构件。用一阶逻辑公式来描述构件之间的关系：

$$\exists x\ \exists y(\ \mathrm{RED}(x) \wedge \mathrm{BLUE}(y) \wedge \mathrm{ONTOP}(x, y)\ )$$

该公式表示一个红色构件在另一个蓝色构件上面。

（2）易于推理：推理时经常需要判定两种表示形式是否等价。当采用特征向量表示时，这个问题不难解决；但当采用一阶逻辑表示时，需要付出较高的计算代价才能解决。由于

学习系统常在大量描述中查找，过高的计算代价会严重影响查找范围，因此若只研究孤立构件而不考虑构件间的相对位置，则应采用特征向量来表示。

（3）知识库易于修改：在学习过程中，学习系统需要不断地修改自有知识库。一旦推广得到一般执行规则，就要将一般执行规则加入知识库；如果新加入的知识与知识库中原有知识矛盾，就要对知识库进行全面调整，一旦发现某个规则不适用，就要删除它。删除知识可能导致其他知识失效，因此需要对知识库进行全面检查。鉴于此，学习系统一般都采用明确、统一的表示形式，如用特征向量、产生式规则等表示知识，以便更新知识库。

（4）易于扩展知识：随着学习系统学习能力的提高，单一的知识表示形式往往不能满足需求，一个学习系统中可能同时使用几种知识表示形式。有时还要求学习系统自我构造新的表示形式，以适应外界信息不断变化的需求。因此，学习系统中需要包含用于构造表示形式的元级知识。现在元级知识也被看作知识库的组成部分。元级知识极大地提升了学习系统的学习能力，使其能够学习更复杂的内容，不断地扩大知识领域，提高执行能力。

学习系统要先具备某些知识，才能理解环境提供的信息。在理解环境提供的信息后，学习系统通过分析比较、做出假设，来检验并修改这些假设。学习系统无法在不具备任何知识的情况下凭空获取知识，只能对现有知识进行扩展和改进。

1.3 机器学习的分类

机器学习机制使得以计算机技术为核心的智能体具有类似人的学习能力，能够像人一样从实例（样本）中学到经验和知识，从而具备判断和预测能力。这里的实例可以是数字、文字、图像、声音等。

按照学习形式，可将机器学习分为三类：监督学习、无监督学习、强化学习。若样本有标签值，则为监督学习。若样本没有标签值，则为无监督学习。在大量没有标签值的样本中混入少量有标签值的样本进行的学习为半监督学习。强化学习则是依赖反馈机制，通过反复试探来进行的学习。

1.3.1 映射函数与样本

机器学习任务的一般流程如图 1-3 所示。

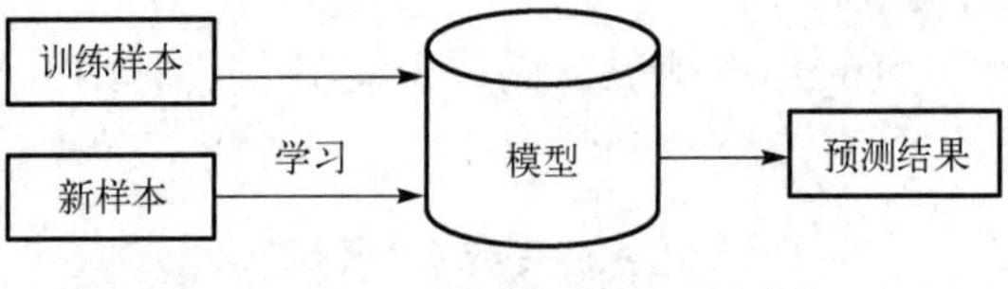

图 1-3 机器学习任务的一般流程

图 1-3 所示的机器学习方式有一个突出的特点：需要先对训练样本进行学习，得到一个函数（也称为模型），然后用这个模型对新样本进行预测。可见，机器学习与其他在计算机上执行的算法的明显区别是需要样本，是一种数据驱动的方法。对大量训练样本进行学习获得模型的过程可以表示为

$$样本+机器建模=学习模型$$

式中，机器建模就是用训练样本训练模型的过程，学习模型是由样本通过机器建模而获得的学习结果，是一种知识模型。

1．映射函数

机器学习的本质是模型的选择及模型参数的确定。在大多数情况下，机器学习的任务是确定一个映射函数 f 及函数的参数 θ，建立如下映射关系：

$$\boldsymbol{y}=f(\boldsymbol{x};\theta)$$

式中，$\boldsymbol{x}$ 为函数的输入值，一般是一个向量；$\boldsymbol{y}$ 为函数的输出值，是一个向量或标量。当映射函数及其参数被确定后，给定一个输入即可产生一个输出。

映射函数可以是最简单的线性函数，也可以是其他函数，没有特定限制。在一般情况下，需要依据问题和数据的特点选择合适的函数。使用映射函数，可以得到推理或决策结果，如预测股票价格、确定邮件是否为垃圾邮件等。

2．样本数据

样本数据，简称样本，是客观事物在计算机中的结构化形式数据，一个样本由若干个属性组成，属性表示样本的固有性质。多个样本组成数据集合，用于在建模过程中训练模型，样本越多，训练出来的模型的正确性越高。一般地，样本应具有海量性。

在模型训练过程中，会用到两种不同的样本——有标签样本和无标签样本。一般而言，训练不同样本得到的模型不同。

（1）有标签样本：是带有特征属性的样本。样本的标签是数据的类别编号，一般从 0 或 1 开始编号。当类型数为 2 时，称之为二分类问题。一般将类别标签设置成+1 和–1，分别对应正样本和负样本。若样本为人脸图像或非人脸图像，则正样本为人脸图像，负样本为非人脸图像。在邮件检测器中，所有邮件都要明确标记为“垃圾邮件”或“非垃圾邮件”，可以规定，在样本中添加一个是、否属性，当该属性值为–1 时，该邮件为垃圾邮件；当该属性值为+1 时，该邮件为非垃圾邮件；每个邮件都用如下格式的样本来描述：

（编号，是、否，收件方，收件方电话，发件方，发件时间，……）

在这种格式的样本中，是、否属性是用于标记样本特征的，被称为标签属性；其他属性只用于训练模型，被称为训练属性。包含标签属性的样本被称为有标签样本。

（2）无标签样本：若样本中的所有属性都是只用于训练模型的训练属性，则称此类样本为无标签样本。也就是说，无标签样本中不包含标签属性。

实际上，训练集是有限的，而大多时候，样本集的所有可能的取值是漫无边际的，是无限集，因此只能选取一部分样本参与训练。整个样本的集合被称为样本空间。

1.3.2　监督学习

在进行监督学习时输入和相应输出在训练前是已知的。监督学习的学习任务是建立一个由输入映射到输出的模型；训练前已有一个带初始参数值的模型框架，通过训练不断调整模型的参数值，直到获得稳定的参数值为止。这种训练需要足够多的样本才能使参数值逐渐收敛。

按照标签值的类型，可将监督学习方法进一步细分为分类问题与回归问题。在比较算法的优劣时，需要使用特定的算法评价指标。分类问题常用的评价指标是准确率，回归问题常用的评价指标是回归误差。

1．样本与训练过程

监督学习的样本由输入值与标签值组成$(\boldsymbol{x},\boldsymbol{y})$，其中 $\boldsymbol{x}$ 为样本的特征向量，是模型的输入值；$\boldsymbol{y}$ 为标签值，用于标识样本的类别，是模型的输出值。标签值可以是整数，也可以是实数，还可以是向量。监督学习的目标是根据给定的训练集确定映射函数：

$$\boldsymbol{y}=f(\boldsymbol{x})$$

确定这个函数的依据是该函数能够很好地解释训练集，使得函数输出值与样本真实标签值之间的误差最小化，或者使得训练集的似然函数最大化。

监督学习训练模型的过程如图 1-4 所示。这类问题需要先收集训练样本，对样本进行标注，并用标注好的样本来训练模型；然后用模型对新样本进行预测推断。例如，手写数字识别使用的机器学习就属于监督学习。在训练模型前，要先定义训练集中的图片表示的数字，以便计算机从数据中提取特征，更好地向标签靠近。监督学习可以被分为分类和回归。例如，手写数字识别属于监督学习中的分类，房价的预测属于监督学习中的回归。

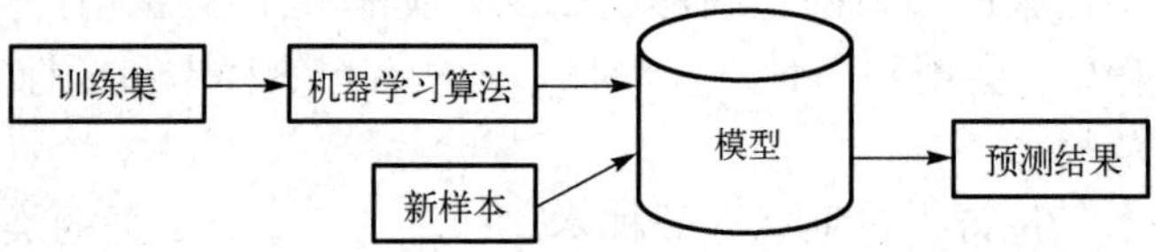

图 1-4　监督学习训练模型的过程

主要的监督学习算法有线性回归、逻辑回归、决策树、贝叶斯方法、支持向量机、神经网络等。日常生活中的很多机器学习应用，如垃圾邮件分类、手写文字识别、人脸识别、语音识别等，都是监督学习。

2．分类

分类是指基于对已知数据（带标签）的学习，实现对新样本标签的预测。样本的标签是离散的、无序的值。将邮件分为垃圾邮件和非垃圾邮件属于二分类问题，假定五角星表示非垃圾邮件，圆表示垃圾邮件，需要训练的模型是如图 1-5（a）所示的能够将垃圾邮件与非垃圾邮件区分开的直线，可将横轴和纵轴理解为区分邮件的两个特征，可以看到，这些数据都是离散的。手写数字识别属于多分类问题。

3．回归

回归是针对连续型输出变量进行的预测。回归通过从大量样本中寻找自变量（输入）和相应连续的因变量（输出）之间的关系，学习这种关系，来实现对未知数据的预测。如图 1-5（b）所示，利用自变量和因变量的关系拟合一条直线，使得训练集与拟合直线之间的距离最短，最常采用的距离是平均平方距离。通过对训练集进行分析，我们可以获取这条直线的斜率和截距，从而可以对未知数据进行预测。

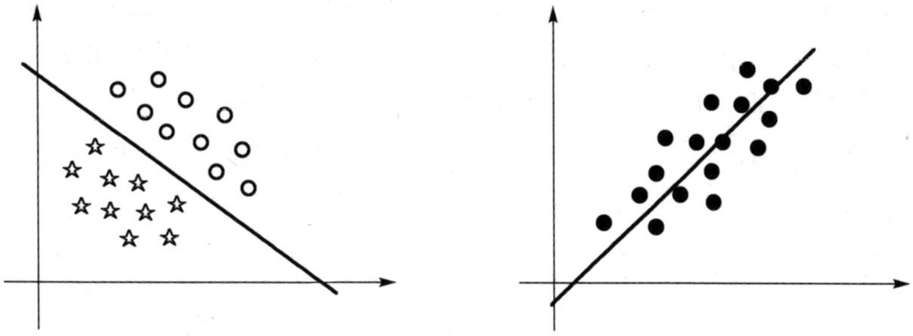

（a）分类示意图　　（b）回归示意图

图 1-5　分类与回归示意图

1.3.3　无监督学习

使用无标签样本来训练模型的学习方法被称为无监督学习。在进行无监督学习训练前仅有用于训练的无标签样本，后期的模型是在建模过程中基于算法不断自我调节、自我更新与自我完善形成的。无监督学习需要有足够多的样本才能使模型逐渐稳定，样本较易获得，但所得到的模型的规范性不足。无监督学习的典型代表是聚类、表征学习和数据降维，这些算法处理的样本都没有标签值。

1. 聚类

聚类也是分类问题，但没有训练过程，是一种探索性的数据分析技术。聚类算法将一批无标签样本划分成多个类，使得每个类中的样本都尽量相似，不同类中的样本之间尽量不同，如图 1-6 所示。聚类算法的样本只有输入向量，没有标签值。

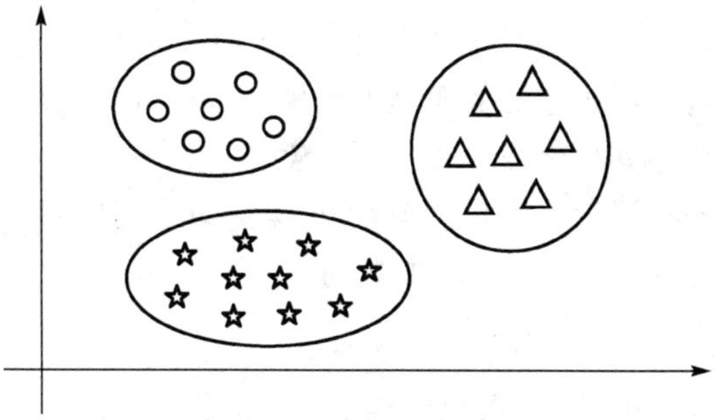

图 1-6　聚类示意图

某些搜索引擎将各种不同的新闻分簇，同一个新闻主题的多个报道网页放到同一个簇中一起展示，这实际上就是聚类算法的应用。

例 1-2　检测 DNA 微阵列数据中每个个体是否拥有某个特定基因。

DNA 微阵列俗称DNA 芯片，是带有 DNA 微阵列涂层的特殊玻璃片，装有数千或数万个核酸探针，可用于在同一时间内定量分析大量基因的表达水平，具有快速、精确、低成本的特点。

假定有一个 DNA 微阵列数据，给定一组不同的个体，其中不同颜色（红、绿、灰等）代表不同个体拥有特定基因的程度，要求检测每个个体是否拥有某个特定基因。

由于并未提前告知算法哪些是第一类人，哪些是第二类人等信息，因此算法面对的是一大堆无标签数据，无法预知这些数据是什么，哪些数据属于哪个类别，甚至不知道总共有多少个类别，其目的就是自动找出这些数据特有的结构。

应用聚类算法，通过一系列无监督学习训练过程确定总共有多少个类别，并将所有性质相同的个体划归为一类。

2. 表征学习

表征学习又称表示学习或特征学习，是另一种无监督学习的典型算法。表征学习通过自主学习得到样本中的有用特征，并利用特征实现分类和聚类等目的。典型的表征学习实现有自动编码器、受限玻尔兹曼机，其输入是无标签值数据（图像、语音等），输出是提取的特征向量。

在表征学习出现之前，需要先用手动特征工程技术为原始数据的领域知识建立特征，然后部署相关的机器学习。与手动特征提取的预测性学习不同，表征学习的目标并非通过学习原始数据来预测结果，而是通过学习数据的底层结构来分析原始数据的固有特性。表征学习可以在学习使用特征的同时学习如何提取特征，也就是说，表征学习可以自动获取学习方法。

很多时候，手动特征提取用于机器学习的效果很好，但实施比较困难，耗时太多且过度依赖于专业知识。表征学习弥补了这个缺陷，使得机器学习不仅能学习到数据的特征，还能利用这些特征来完成具体任务。在实际的机器学习任务中，很多输入数据（文字、图片、声音、视频等）是高维的、成分复杂的、冗余度大的，传统的手动特征提取难以应对，需要借助表征学习。

3. 数据降维

机器学习面对的数据往往是高维的（成百上千维），处理的数据量经常大到现有存储空间难以承受的地步。数据降维可以去掉数据中的噪声及不同维度中的相似特征，最大限度地保留数据的重要信息并将其压缩到一个低维空间中。

数据降维也是一种无监督学习算法，它将 n 维空间中的向量 $\boldsymbol{x}$ 通过某种映射函数映射到更低维的 m 维（$m<<n$）空间中，映射函数为

$$\boldsymbol{y}=\phi(\boldsymbol{x})$$

将数据映射到低维空间中，可以更容易地分析和显示这些数据。若将数据映射到二维空间或三维空间中，则可直观地将数据可视化。

4. 半监督学习

对于某些应用问题，标注训练样本的成本很高。如何利用少量有标签样本与大量无标签样本进行学习是一个需要解决的问题，一种解决方法是半监督学习。半监督学习的训练集是有标签样本与无标签样本的混合，在一般情况下，无标签样本的数量远大于有标签样本的数量。

半监督学习又称混合监督学习。典型的半监督学习算法是先用少量有标签样本进行训练，再用大量无标签样本进行训练。这样做既能解决有标签样本难以获取的问题，又能解决最终模型规范性不足的问题。有一些非典型的半监督学习算法被称为弱监督学习算法。

迁移学习方法是目前常用的一种半监督学习方法，强化学习方法是目前常用的一种弱监督学习算法。

注：目前常用的推荐算法较特殊，既不属于监督学习，也不属于非监督学习，是单独的一类。

1.3.4　强化学习

强化学习又称评价学习或增强学习。强化学习可使智能体在与环境交互的过程中得到最大回报或实现特定目标。

强化学习理论受行为主义心理学启发，侧重在线学习，并努力在探索与利用两种目标之间保持平衡。不同于监督学习和非监督学习，强化学习不要求预先给定数据，而是通过接收环境对动作的奖惩（反馈）获得学习信息并更新模型参数的。

强化学习通过构建一个系统（智能体），并利用系统与环境的交互提高系统的性能。环境的当前状态信息包含反馈信号，根据这个反馈信号对当前系统进行评价，以改善系统。通过与环境交互，系统利用强化学习可以得到一系列动作。

强化学习示意图如图 1-7 所示。强化学习将学习看作试探评价过程，系统选择一个动作作用于环境，环境接受该动作后状态发生变化，同时产生一个强化信号（奖励或惩罚）反馈给系统，系统根据强化信号和环境当前状态选择下一个动作，选择的原则是使受到正强化（奖励）的概率增大。选择的动作不仅影响立即强化值，而且影响环境下一时刻的状态及最终强化值。

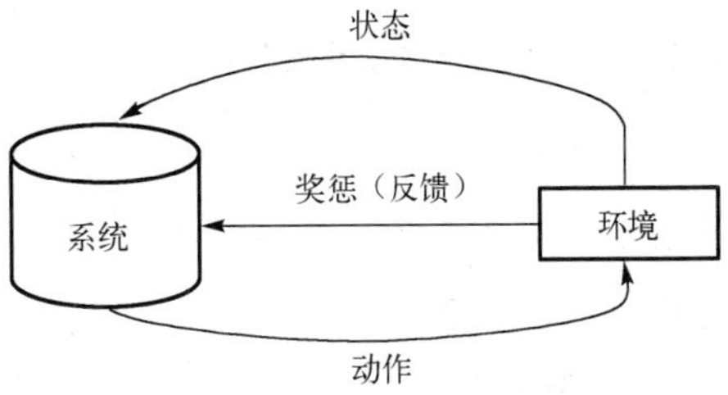

图 1-7　强化学习示意图

强化学习与监督学习的区别主要表现在强化信号上。强化学习的学习目标是动态地调整参数，使得强化信号最大。强化学习中环境提供的强化信号是系统对产生的动作的好坏的一种评价（通常为标量信号）。强化学习通过奖励或惩罚来训练系统，最终使这个系统能够根据环境自主决策。例如，训练一只小白鼠走出迷宫的方法：若小白鼠走错，则拍打它（惩罚）；若小白鼠走对，则给它糖果（奖励），假以时日，小白鼠就会形成条件反射，只往正确的方向走，从而快速地走出迷宫。

由于外部环境提供的信息很少，强化学习过程中的系统必须依靠自身的经历进行学习。系统在边行动边评价的环境中获得知识，改进行动方案以适应环境。强化学习经常用于游戏领域，如围棋比赛，系统根据当前棋盘上的状态决定下一步的落子位置，将游戏结束时的胜负作为激励信号。例如，击败职业围棋选手及围棋世界冠军的人工智能机器人 AlphaGo 就是利用强化学习进行自我训练的。一开始，AlphaGo 并不知道围棋的策略，它自由地在棋盘上自我博弈。随着博弈次数的增加，不断调整策略，提高下一步预测能力，最终赢得比赛。更为惊奇的是，随着训练的不断深入，AlphaGo 独立地发现了围棋规则，走出了新的策略，而这些策略是千年来人类并不知晓的，这促进了人们对围棋的理解。

注：强化学习通过反复试探、不断积累经验来构建预测能力，并在预测过程中不断校正并增强这种能力。不属于监督学习或非监督学习，归入半监督学习也不太合适。考虑到

这种学习方式的特殊性及日益显现出来的重要性，将其与监督学习、非监督学习并列为另一种学习方式。

1.4 深度学习

机器学习是实现人工智能的重要途径，而深度学习是进一步增强机器学习能力的重要途径。深度学习的概念源于对神经网络的研究，包含多个隐藏层的多层感知机就是一种深度学习结构。深度学习通过将低层特征组合成更加抽象的高层的表示属性的类别或特征，来发现数据的分布式特征表示。研究深度学习的动机在于建立模拟人脑进行分析学习的神经网络，以使该神经网络模仿人脑机制解释数据，如图像、声音、文本等。

深度学习是机器学习领域的另一个研究方向。它着力于学习样本的内在规律和表示层次，学习过程中获得的信息有助于解释文字、图像、声音等数据。其最终目标是让机器能够像人一样具有分析学习能力，能够识别和处理文字、图像、声音等数据。一般来说，深度学习算法较为复杂，在语音、图像识别上的效果远远超出之前的相关技术。引入深度学习，有利于机器学习更接近真正的人工智能。

1.4.1 机器学习的困境

机器学习在经历了多年发展之后，取得了很大进展，但对某些复杂问题的处理效果远没有到达实用标准。例如，语音识别、图像识别的经典机器学习算法在精度上存在瓶颈，难以满足大规模使用需求。

1. 特征向量的设计

机器学习算法的输入是特征向量，至于这个向量是什么，以及如何构造这个向量，并无统一法则，是根据具体问题的特点人工设计的。同一种机器学习算法在应用于不同问题时，使用的往往是不同的特征。

（1）在语音识别方面，用 MFCC（Mel-scale Frequency Cepstral Coefficient，梅尔频率倒谱系数）特征来描述声音信号的频率特征。

（2）在自然语言处理方面，用 TF-IDF（Term Frequency - Inverse Document Frequency，词频-逆文本频率）特征来描述单词在文档中的概率分布。

（3）在计算机视觉中：

- 用颜色直方图来描述图像颜色的概率分布。
- 用 Haar 特征（一种类似于哈尔小波变换的数字图像特征）来描述图像在水平方向和垂直方向的变化。
- 用 HOG（Histogram of Oriented Gradient，方向梯度直方图）特征来描述图像的边缘朝向和强度分布。
- 用 Gabor 特征（一种描述图像纹理信息的特征）来描述图像各个方向和尺度的频谱分布等。

机器学习在解决实际问题时分为两步：第一步是提取特征；第二步是使用机器学习算法对特征向量进行训练、预测，如图 1-8 所示。

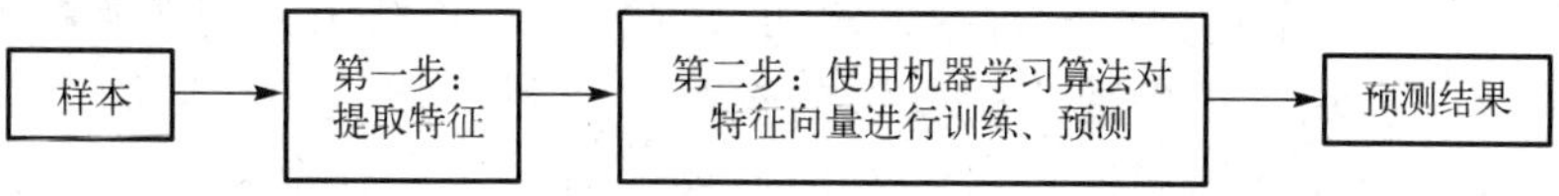

图 1-8　人工标记特征的机器学习算法的处理过程

2. 特征的人工标记问题

在人工标记特征的机器学习方案中，算法只负责分类或回归等，不负责提取特征。特征的设计是依靠有经验的人根据特定领域的知识完成的。这种方法至少存在以下问题。

（1）特征的通用性差。在设计特征时，需要考虑具体问题，除依据相关领域的专业知识外，还要经过反复试验，以确保特征的有效性。例如，有关图像分类的目标检测问题有多种任务，每种任务都需要设计有效特征。例如，将人脸检测中的有效 Haar 特征用于行人检测，效果就不理想，因此需要设计用于行人检测的 HOG 特征。

（2）特征的描述能力不足。在一般情况下，人工设计的特征不会太复杂且多为固定模式，这限制了特征的表达能力。例如，标准 Haar 特征可以描述图像在水平方向和垂直方向的变化，HOG 特征可以描述图像梯度的朝向分布，但不具备旋转不变性。在实际应用中，一个物体旋转后的 HOG 特征与物体旋转之前得到的 HOG 特征存在很大差别。因此，特征的表达能力限制了机器学习算法的精度上限，容易导致过拟合。

（3）维数灾难。在特征向量维数不高时，使用较多的特征可以提高算法的精度。但当特征向量的维数增加到一定量之后，继续增加特征反而会导致算法精度下降，这种现象就是维数灾难。维数灾难的主要诱因是高维空间的数据稀疏性引起的过拟合。

除了人工设计的特征有不足之处，相应的机器学习算法在面向图像、语音识别等复杂任务时也存在瓶颈，在大数据集上，其泛化能力急剧下降。

3. 机器学习算法的泛化能力

泛化能力是指机器学习算法对新样本的适应能力。机器学习的目的是自主寻找数据背后隐藏的规律，将经过训练的智能体（人、机器）用于具有相同规律的除训练集之外的数据，也可以得到合适的输出。泛化能力和表示能力是衡量机器学习算法的两个核心指标。

简单模型在面对复杂问题时，受建模能力限制，即使可以在训练集上得到较好的拟合效果，在测试集上的泛化能力也不好。对于指定维数的输入向量，逻辑回归、支持向量机（线性）等机器学习模型的规模都是确定的，无法人为控制。实践证明，“人工特征+分类器”的机器学习方案不能解决图像识别、语音识别等复杂的感知问题，而这些问题是目前人工智能面对的核心问题。因此，需要研究和应用其他机器学习方法。

若想通过提高模型的复杂度来拟合更复杂的函数，神经网络是最有潜力的方法。同时，万能逼近定理从理论上保证了多层神经网络的逼近能力。在理论上，决策树也能拟合任意函数，但在高维空间容易发生维数灾难。

1.4.2　深度学习机制

若智能体能够通过机器学习自主获取有效特征，同时增加模型的复杂度，则有希望提高机器学习的通用性及其处理复杂问题的能力。这一点，基于神经网络的深度学习可以做到。在理论上，只有一个隐藏层的神经网络可以逼近任意连续函数到任意精度；增加网络的深度及神经元的数量，可以建立更复杂的模型。当然，层次加深的同时会带来一系列问题，如果能解决神经网络层次过多带来的问题，就可以用深层神经网络来执行复杂的任务。

注：除神经网络外，其他机器学习模型都是简单模型。

1．深度学习的概念

深度学习是以人工神经网络为架构，对数据进行表征学习的机器学习方法。它模仿人脑的工作方式来解释各种数据，包括文本、图像、声音、动画、视频等。深度学习最具变革性的特点是，只要向人工神经网络注入足量的样本，就可以自主地提取这些数据的特征。

一般来说，样本是从实际场景中得到的观测值，可以使用多种方式表示。例如，在进行人脸识别时，可将人像表示为每个像素强度值的向量，或者更抽象地表示成一系列边、特定形状的区域等。深度学习以无监督式或半监督式表征学习与分层特征提取高效算法来替代人工获取这些样本的特征。相应的算法可用于无标签数据，由于无标签数据比有标签数据更丰富、更容易获得，因此深度学习是有优势的。

人工神经网络将很多模仿人脑神经元的人工神经元或感知机联结成一个多层结构的整体，逐层进行阶段性学习，如图 1-9 所示。图 1-9 中的圆圈表示人工神经元或感知机。

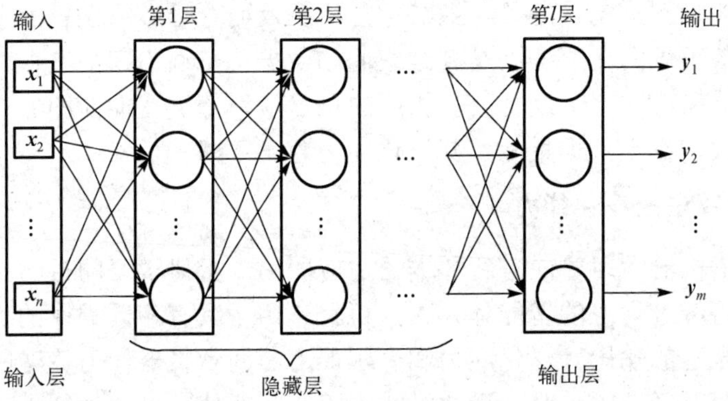

图 1-9　多层结构的人工神经网络

深度学习的基础是机器学习过程中的分散表示。假定观测值是由不同因子相互作用生成的，深度学习进一步假定这一相互作用过程可分为多个层次，代表对观测值的多层抽象。不同的层数和不同的层规模可用于不同程度的抽象，更高层次的概念是从低层次的概念中学习得到的。通过多层处理，逐渐将初始的低层特征表示转化为高层特征表示后，用“简单模型”即可完成复杂的分类等学习任务。

2．深度学习的特点

深度学习学习的是样本的内在规律和表示层次，学习过程中获得的信息有助于解释文字、图像、声音、动画、视频等数据。最终目标是让机器能够像人一样具有分析和学习能力，能够识别和处理各种不同种类的数据。

与其他机器学习方法相比，深度学习的最大优势是不必人工标记特征。对于房价预测之类的学习任务来说，这个优势可有可无。但对于图像、音频等复杂数据来说，人工提取特征很困难，甚至无法进行。

一般来说，运用得当的深度学习系统效果很好，但付出的代价往往很大。一个深度学习系统往往需要巨量的训练样本、庞大的计算资源及较长的训练时间，因此常常需要付出较高的时间、设备和经济成本。

深度学习的“深度”是指从输入层到输出层经历的层数，即隐藏层的层数。一般来说，解决的问题越复杂，机器学习模型需要的层越多，每层的神经元或感知机的数目也越多。深度学习可通过学习一种深层非线性网络结构，实现复杂函数逼近，表征输入数据的概率分布，从而展现强大的从少数样本中学习数据本质特征的能力。多层模型的好处是可以用较少的参数来表示复杂的函数。

深度学习的实质是，通过构建具有很多隐藏层的模型及海量的训练样本来学习更有用的特征，从而提升模型分类或预测的准确性。因此，对于深度学习而言，“深度模型”是手段，“表征学习”是目的。深度学习强调了模型结构的深度，突出了表征学习的重要性，通过逐层特征变换，将样本在原空间的特征表示变换到一个新特征空间中，从而使分类或预测更容易。与人工规则标记特征相比，利用大数据学习特征，能更好地刻画数据的内在信息。

3. 深度学习的种类

时至今日，已有多种深度学习框架被用于计算机视觉、语音识别、自然语言处理、音频识别、生物信息学等领域。

- 卷积神经网络：基于卷积运算的神经网络系统。
- 自编码神经网络：基于多层神经元的神经网络系统，包括自编码神经网络、稀疏编码神经网络两类。后者近年来的关注度颇高。
- 深度置信网络：先以多层自编码神经网络方式进行预训练，然后结合鉴别信息，进一步优化神经网络权值。

卷积神经网络是一种较成功且日趋热络的前馈神经网络深度学习机制。它交替使用卷积层和最大值池化层并加入单纯的分类层作为顶端，在训练过程中无须引入无监督的预训练。卷积神经网络多次在各类模式识别竞赛中取得胜利，甚至在某些识别任务上可与人类竞争。

需要注意的是，虽然目前深度学习是基于人工神经网络进行的，但二者之间还是有所区别的。

广义而言，深度学习的网络结构是一种多层人工神经网络。但传统意义上的多层神经网络只有输入层、隐藏层、输出层。其中，隐藏层的层数根据需要而定，没有明确的用于推导具体层数的理论。而用于深度学习的卷积神经网络在多层神经网络的基础上，加入了模仿人脑信号处理分级的表征学习部分，在原来的全连接层前加入了部分连接的卷积层与降维层（用于降低样本的维度），将多层神经网络的一般工作方式“先人工挑选，再特征映射到值”变成了：

输入样本→自主学习提取特征→输出值

习 题 1

1．机器学习与传统计算机解题方式有什么区别？

2．以判断某个水果是樱桃还是猕猴桃为例，说明机器学习中的训练模型过程。

提示：以颜色、质量分别为纵轴和横轴，找出如下判定规则中的直线：

$$f(x,y)=\begin{cases}+1, & ax+by+c>0\\ -1, & ax+by+c\leqslant 0\end{cases}$$

3．机器学习系统中的目标函数和知识库各有什么作用？

4．监督学习与无监督学习是如何区分的？半监督学习有什么特点？

5．什么是表征学习？表征学习有什么优点？

6．什么是强化学习？强化学习主要用于哪些方面？

7．深度学习的实质是什么？增加模型深度有什么意义？

第2章　数学基础

在实际应用中，机器学习的算法模型往往依赖于以概率统计、线性代数和微积分为代表的数学理论和思想方法。为了提高计算机运算时的效率和准确性，在建立模型时还会采用各种行之有效的数值计算方法。例如，在求解函数极值时，可以使用梯度下降法。

概率统计通过数据来发现客观规律、推测未知事物的思想方法，这与机器学习的主要目标是一致的。因此，机器学习中的思想方法及核心算法往往构建于统计思维方法之上。其中，概率图、条件概率、随机变量、统计推断、随机过程等都是不可或缺的概念和方法。

线性代数是利用空间来投射和表征数据的基本工具。利用线性代数，可以灵活地对数据进行各种变换，从而直观、清晰地挖掘出数据的主要特征和不同维度的信息。线性代数的主干就是空间变换。构筑空间、近似拟合、相似矩阵、数据降维都是与机器学习紧密相关的思想方法。

微积分与最优化是机器学习模型中构造最终解决方案的手段。在经过需求分析，建立算法模型之后，问题的求解往往会涉及优化问题；在搜寻数据空间极值时，需要微分理论和计算方法的支撑才能使模型得以实施。可见，理解微分学的基本概念，掌握一元函数、多元函数的求导方法，掌握最优化技术的实现方法，有助于确定最终解决方案。

2.1　导数与极值

微积分是现代数学的基础，线性代数、矩阵论、概率论、最优化方法等数学分支都会涉及微积分。积分思想方法主要被用于概率论中，如概率密度函数、分布函数等需要借助积分来定义或计算。

机器学习常用的是微分思想方法。例如，机器学习在进行训练或预测时往往将问题归结为求最优解问题，因此需要使用微积分来解函数的极值。机器学习模型中某些函数的选取，也有数学性质方面的考量。

简而言之，机器学习中的微积分主要用于两方面：一方面是求解函数的极值；另一方面是分析函数的性质。

2.1.1　导数及求导法则

导数的定义：设函数 $y=f(x)$在点 x_0 的某个领域内有定义，当自变量 x 在 x_0 处取得增量 Δx 时，相应的函数 y 取得增量$\Delta y=f(x_0+\Delta x)-f(x_0)$。若$\Delta y$ 与Δx 的比在$\Delta x\to 0$ 时存在极限，则称函数 $y=f(x)$在点 x_0 处可导，并称这个极限为函数 $y=f(x)$在点 x_0 处的导数。记作 $f'(x_0)$或 $y'\big|_{x=x_0}$ 或 $\frac{\mathrm{d}y}{\mathrm{d}x}\big|_{x=x_0}$ 或 $\frac{\mathrm{d}f}{\mathrm{d}x}\big|_{x=x_0}$ ，即

$$f'(x_0)=\lim_{\Delta x\to 0}\frac{\Delta y}{\Delta x}=\lim_{\Delta x\to 0}\frac{f'(x_0+\Delta x)-f(x_0)}{\Delta x}$$

导数是函数的局部性质，其本质是通过极限的概念对函数进行局部的线性逼近。$y=f(x)$ 在点 x_0 处的导数 $f'(x_0)$ 代表函数曲线在点 $P(x_0, f(x_0))$处的切线的斜率。在运动学中，物体的位移对于时间的导数就是物体的瞬时速度。

若 $f'(x_0)$ 仍然可导，则可定义 $y=f(x)$的二阶导数，即原函数导数的导数为

$$y''=\frac{\mathrm{d}^2 y}{\mathrm{d}x^2}=\frac{\mathrm{d}^2 f}{\mathrm{d}x^2}=\lim_{\Delta x\to 0}\frac{f'(x+\Delta x)-f'(x)}{\Delta x}$$

若函数 $y=f(x)$在开区间内每一点都可导，则称函数 $y=f(x)$在区间内可导。这时函数 $y=f(x)$ 对于区间内的每一个确定的值都有一个确定的导数值，这就构成了一个新的函数。这个函数被称为原函数 $y=f(x)$的导函数，记作 $f'(x)$或 y'或$\frac{\mathrm{d}y}{\mathrm{d}x}$或$\frac{\mathrm{d}f}{\mathrm{d}x}$，简称导数。

设有函数 u、v 和常数 C 且 $v\neq 0$，则导数的四则运算法则为

$$(Cu)'=Cu'$$

$$(uv)'=u'v+uv'$$

$$(u\pm v)'=u'\pm v'$$

$$\left(\frac{u}{v}\right)'=\frac{u'v-v'u}{v^2}$$

复合函数的求导法则为链式法则：复合函数对自变量的导数等于已知函数对中间变量的导数乘以中间变量对自变量的导数。也就是说，若函数 $y=f(u)$、$u=g(x)$均可导，则有

$$y'=f'(u)g'(x)$$

常用基本函数及其导数如表 2-1 所示。

表 2-1 常用基本函数及其导数

函数名	原函数	导数
常函数	$y=C$	$y'=0$
幂函数	$y=x^u$	$y'=ux^{u-1}$
指数函数	$y=\mathrm{e}^x$	$y'=\mathrm{e}^x$
指数函数	$y=a^x$	$y'=a^x\ln a$
对数函数	$y=\ln x$	$y'=\frac{1}{x}$
对数函数	$y=\log_a x$	$y'=\frac{1}{x\ln a}$
正弦函数	$y=\sin x$	$y'=\cos x$
余弦函数	$y=\cos x$	$y'=-\sin x$
正切函数	$y=\tan x$	$y'=\sec^2 x=\frac{1}{\cos^2 x}$
余切函数	$y=\cot x$	$y'=-\csc^2 x=\frac{1}{\sin^2 x}$

2.1.2 函数的单调性、凹凸性与极值

函数的单调性也称为函数的增减性，可以定性地描述一个指定区间内函数值变化与自

变量变化的关系。函数的凹凸性是指函数图像表现出来的凹凸性，即函数在二元坐标系中表现出来的性质。函数极值的概念来自数学应用中的最大值、最小值问题，函数的极大值与极小值统称为函数的极值，使函数取得极值的点称为极值点。

1．函数的单调性

当函数 $f(x)$的自变量在其定义区间内增大（减小）时，函数值也随之增大（减小），则称该函数在该区间上具有单调性（单调增大或单调减小）。在集合论中，有序集合之间的函数若保持给定的次序，则具有单调性。

从导数的定义可知，导数描述的函数值为其邻域内的变化趋势。可将某一点的导数看作过该点的切线的斜率，根据导数可以看出函数值是增大的还是减小的。因而，导数与函数的单调性密切相关。

对于函数 $y=f(x)$在实数集 **R** 上可导，若 $f'(x_0)=0$，则称$(x_0, f(x_0))$为函数曲线的驻点。若 $x< x_0$ 时 $f'(x_0)<0$，则称函数 $y=f(x_0)$在 $x< x_0$ 时单调递减；若 $x>x_0$ 时 $f'(x_0)>0$，则称函数 $y=f(x_0)$在 $x>x_0$ 时单调递增。

2．函数的凹凸性

从二阶导数定义可知，二阶导数可看作一阶导数在其邻域内的变化趋势，二阶导数是一阶导数的斜率，即函数值变化的快慢程度。二阶导数决定函数的凹凸性。

对于函数 $y=f(x)$在实数集 **R** 上可导，若 $f''(x_0)=0$，则称$(x_0, f(x_0))$为函数曲线的拐点。若 $x<x_0$ 时 $f''(x_0)<0$，则称函数 $y=f(x_0)$在 $x<x_0$ 时是凸函数；若 $x>x_0$ 时 $f''(x_0)>0$，则称函数 $y=f(x_0)$在 $x>x_0$ 时是凹函数。例如，一元二次函数的解析式为 $y=ax^2+bx+c$（$a\neq 0$）。当 $a>0$ 时，二次函数有最小值，所以函数图像表现为凹性；当 $a<0$ 时，二次函数有最大值，所以函数图像表现为凸性。

注：机器学习中函数凹凸性的定义与数学书上常用的定义有所不同：若二阶导数大于 0，则函数为凸函数；若二阶导数小于 0，则函数为凹函数。二阶导数等于 0 且在两侧异号的点称为函数的拐点。

3．函数的极值

定义在一个有界闭区域上的每个连续函数都必然会达到它的最大值和最小值。如何确定函数在哪些点处达到最大值或最小值呢？这些点不是边界点就是内点。求得一个内点成为一个极值点的必要条件是什么呢？

若函数在定义域内可导，则不存在不可导点。从如图 2-1 所示的函数 $y=f(x)$的图像可以看出如下几点。

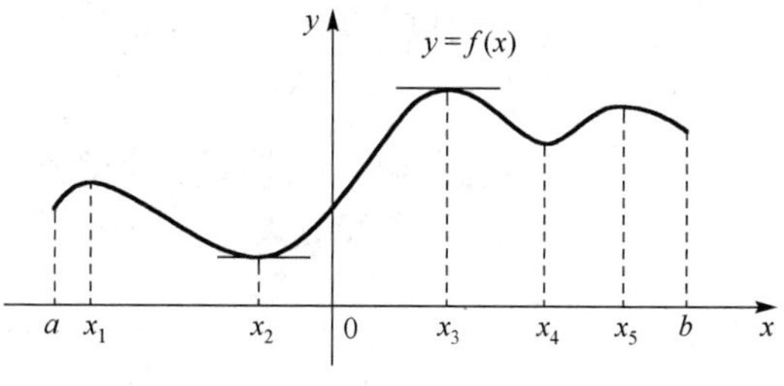

图 2-1　函数 $y=f(x)$的图像

（1）当 $f'(x)=0$ 时，$f(x_0)$为函数 $y=f(x)$的极值。

（2）若在 $x<x_0$ 时，$f'(x)<0$，函数 $y=f(x)$单调递减；在 $x>x_0$ 时，$f'(x)>0$，函数 $y=f(x)$单调递增，则称 $f(x_0)$为函数 $y=f(x)$的极小值。

（3）若在 $x<x_0$ 时，函数 $y=f(x)$单调递增；在 $x>x_0$ 时，函数 $y=f(x)$单调递减，则称 $f(x_0)$为函数 $y=f(x)$的极大值。

对于极大值、极小值的判定还有更简单的方法：若 $f'(x)=0$，则当 $f''(x)>0$ 时，$f(x_0)$为函数 $y=f(x)$的极小值；当 $f''(x)<0$ 时，$f(x_0)$为函数 $y=f(x)$的极大值。

在实际应用中，利用上述方法计算出来的极值点是否合适，还要根据实际问题的要求进一步判断。

2.1.3 偏导数与梯度

导数就是自变量增量与因变量增量的比值，当自变量不止一个时，就代表每一个自变量都可以和因变量有一个比值。多元函数的导数被称为偏导数。梯度是导数对多元函数的推广，是多元函数的各个自变量的偏导数形成的向量。

1. 偏导数

这里以二元函数为例来说明偏导数的定义，可同理扩展至三元或更多元函数的偏导数。对于二元函数 $z=f(x,y)$在(x,y)处关于 x 和 y 的偏导数的定义为

$$z_x = f_x = \frac{\partial f}{\partial x} = \frac{\partial z}{\partial x} = \lim_{\Delta x \to 0} \frac{f(x+\Delta x, y) - f(x,y)}{\Delta x} \text{（存在时）}$$

$$z_y = f_y = \frac{\partial f}{\partial y} = \frac{\partial z}{\partial y} = \lim_{\Delta x \to 0} \frac{f(x, y+\Delta y) - f(x,y)}{\Delta y} \text{（存在时）}$$

与一元函数不同，若函数 $z=f(x,y)$的偏导数 $\frac{\partial f}{\partial x}$ 和 $\frac{\partial z}{\partial y}$ 仍然可导，则它们的偏导数被称为函数 $y=f(x,y)$的二阶偏导数，共有 4 种形式，定义如下：

$$\frac{\partial^2 z}{\partial x^2} = \lim_{\Delta x \to 0} \frac{f_x(x+\Delta x, y) - f_x(x,y)}{\Delta x}$$

$$\frac{\partial^2 z}{\partial y^2} = \lim_{\Delta y \to 0} \frac{f_y(x, y+\Delta y) - f_y(x,y)}{\Delta y}$$

$$\frac{\partial^2 z}{\partial x \partial y} = \lim_{\Delta y \to 0} \frac{f_x(x, y+\Delta y) - f_x(x,y)}{\Delta y}$$

$$\frac{\partial^2 z}{\partial y \partial x} = \lim_{\Delta x \to 0} \frac{f_y(x+\Delta x, y) - f_y(x,y)}{\Delta x}$$

在计算多元函数的一个自变量的偏导数时，先将其他自变量看作常数，然后对相应的自变量求导。多元函数的求导过程与一元函数的求导过程类似。

2. 梯度

连续可微的多元函数 $f(x_1,x_2,\cdots,x_n)$，用矢量表示其在点$(x_1,x_2,\cdots,x_n)$处的梯度为

$$\nabla f(x)=\left(\frac{\partial f}{\partial x_1},\frac{\partial f}{\partial x_2},\cdots,\frac{\partial f}{\partial x_n}\right)$$

沿着梯度方向函数值增长最快。梯度的模表示增长的程度。

负梯度表示为

$$\left(-\frac{\partial f}{\partial x_1},\ -\frac{\partial f}{\partial x_2},\cdots,\ -\frac{\partial f}{\partial x_n}\right)$$

沿着负梯度方向函数值减小最快。

从梯度的定义可知，求梯度需要用到微分。函数 $f(x_1,x_2,\cdots,x_n)$ 的微分表示为

$$\mathrm{d}f=\sum_{i=1}^{n}\frac{\partial f}{\partial x_i}\mathrm{d}x_i=\left(\frac{\partial f}{\partial x_1},\frac{\partial f}{\partial x_2},\cdots,\frac{\partial f}{\partial x_n}\right)\begin{pmatrix}\mathrm{d}x_1\\ \mathrm{d}x_2\\ \vdots\\ \mathrm{d}x_n\end{pmatrix}$$

2.1.4　多元函数的极值

多元函数的极值问题与一元函数的极值问题有所区别。在求解多元函数的无条件极值时，对自变量只有定义域限制，无其他限制。但在实际问题中，有时会遇到对函数的自变量有附加条件的极值问题，称为条件极值问题。有些条件极值问题可以先转化为无条件极值问题再求解；多数条件极值问题可以通过拉格朗日乘数法直接求解。

1．多元函数的无条件极值

若函数 $z=f(x,y)$ 在点 (x_0,y_0) 的某个领域内有 $f(x,y)\leqslant f(x_0,y_0)$（或 $f(x,y)\geqslant f(x_0,y_0)$），则称函数在该点取得极大值（极小值）。极大值和极小值统称为极值。使函数取得极值的点称为极值点。

若函数 $z=f(x,y)$ 在点 (x_0,y_0) 的某个领域内具有一阶导数和二阶导数，且有

$$f_x(x_0,y_0)=0,\quad f_y(x_0,y_0)=0$$

令 $A=f_{xx}(x_0,y_0)$，$B=f_{xy}(x_0,y_0)$，$C=f_{yy}(x_0,y_0)$，则有如下情况。

（1）当 $AC-B^2>0$ 时，有极值：当 $A<0$ 时，取极大值；当 $A>0$ 时，取极小值。

（2）当 $AC-B^2<0$ 时，无极值。

（3）当 $AC-B^2=0$ 时，不能确定是否有极值，需要另行讨论。

例 2-1　求函数 $f(x,y)=x^3-y^3+3x^2+3y^2-9x$ 的极值。

第一步，求驻点。

解方程组 $\begin{cases}\dfrac{\partial f}{\partial x}=3x^2+6x-9=0\\ \dfrac{\partial f}{\partial y}=-3y^2+6y=0\end{cases}$，得驻点为(1,0)、(1,2)、(−3,0)、(−3,2)。

第二步，求二阶偏导数。

$$A=\frac{\partial^2 f}{\partial x^2}=6x+6,\quad B=\frac{\partial^2 f}{\partial y\partial x}=0,\quad C=\frac{\partial^2 f}{\partial y^2}=-6y+6$$

第三步，确定极值。

（1）在点(1,0)处，因为 A=12、B=0、C=6，$AC-B^2$=72>0，所以 $f(x,y)$有极值；又因为 A=12>0，所以 $f(1,0)$=−5 为极小值。

（2）在点(1,2)处，A=12、B=0、C=−6，$AC-B^2$=−72<0，所以 $f(1,2)$不是极值。

（3）在点(−3,0)处，A=−12、B=0、C=6，$AC-B^2$=−72<0，所以 $f(-3,0)$不是极值。

（4）在点(−3,2)处，A=−12、B=0、C=−6，$AC-B^2$=72>0，所以 $f(-3,2)$=31 为极大值。

2. 代入法求多元函数的条件极值

条件极值是指对自变量有附加条件的极值。求函数 $u=f(x,y,z)$在条件 $\varphi(x,y,z)=0$ 下的极值就是条件极值。原则上，先从条件 $\varphi(x,y,z)=0$ 中解出 $z=\psi(x,y)$，再将 $z=\psi(x,y)$代入 $u=f(x,y,z)$，即可转化为 $u=f(x,y,\psi(x,y))$的无条件极值问题。

例 2-2 求表面积为 a^2 的长方体的最大体积。

设长方体的三个棱长分别为 x、y、z，则长方体的体积 $V=xyz$。

由长方体表面积为 a^2 可知，$2(xy+yz+xz)=a^2$，所以有

$$z=\frac{a^2-2xy}{2(x+y)}$$

将上式代入 $V=xyz$，得 $V=xy\dfrac{a^2-2xy}{2(x+y)}$。原问题被转化为只与 x、y 有关的无条件极值。

在很多情形下，将条件极值转化为无条件极值并不像例 2-2 一样简单。

3. 拉格朗日乘数法求多元函数的条件极值

利用拉格朗日乘数法可直接对条件极值求解，不必先把问题转化为无条件极值问题。假设函数 $z=f(x,y)$，约束条件为 $g(x,y)$，应用拉格朗日乘数法求解的过程如下。

（1）构造拉格朗日函数：

$$F(x,y,\lambda)=f(x,y)+\lambda g(x,y)$$

（2）令拉格朗日函数对各个自变量的一阶导数为零，联立方程组并求解。

从方程组 $\begin{cases}\dfrac{\partial F}{\partial x}=f_x(x,y)+\lambda g_x(x,y)=0\\ \dfrac{\partial F}{\partial y}=f_y(x,y)+\lambda g_y(x,y)=0\\ \dfrac{\partial F}{\partial \lambda}=g(x,y)=0\end{cases}$ 中，解出 x、y、λ，其中 (x,y) 就是可能的极值点。

（3）根据问题本身的性质判断所求点是否为极值点。

求解方程组得到(x,y)点后可根据无条件极值的求解过程判定(x,y)是哪一类极值点。

例 2-3 求椭球 $\dfrac{x^2}{a^2}+\dfrac{y^2}{b^2}+\dfrac{z^2}{c^2}=1$ 的内接长方体的最大体积。

这实际上是一个条件极值问题，即在条件 $\dfrac{x^2}{a^2}+\dfrac{y^2}{b^2}+\dfrac{z^2}{c^2}=1$ 下求 $f(x,y,z)=8xyz$ 的极大值。

应用拉格朗日乘数法，将问题转化为

$$F(x,y,z,\lambda)=f(x,y,z)+\lambda g(x,y,z)=8xyz+\lambda\left(\frac{x^2}{a^2}+\frac{y^2}{b^2}+\frac{z^2}{c^2}-1\right)$$

对 $F(x,y,z,\lambda)$求偏导，令各个自变量的一阶导数为零，联立方程：

$$\begin{cases}\dfrac{\partial F(x,y,z,\lambda)}{\partial x}=8yz+\dfrac{2\lambda x}{a^2}=0\\ \dfrac{\partial F(x,y,z,\lambda)}{\partial y}=8xz+\dfrac{2\lambda y}{b^2}=0\\ \dfrac{\partial F(x,y,z,\lambda)}{\partial z}=8xy+\dfrac{2\lambda z}{c^2}=0\\ \dfrac{\partial F(x,y,z,\lambda)}{\partial \lambda}=\dfrac{x^2}{a^2}+\dfrac{y^2}{b^2}+\dfrac{z^2}{c^2}-1=0\end{cases}$$

求解前三个方程得到 $bx=ay$，$az=cx$，将等式代入第四个方程解得

$$x=\frac{\sqrt{3}}{3}a,\quad y=\frac{\sqrt{3}}{3}b,\quad z=\frac{\sqrt{3}}{3}c$$

代入体积公式解得最大体积为

$$V_{\max}=f\left(\frac{\sqrt{3}}{3}a,\frac{\sqrt{3}}{3}b,\frac{\sqrt{3}}{3}c\right)=\frac{8\sqrt{3}}{9}abc$$

2.2 向量与矩阵

在机器学习过程中，线性代数是极其重要的数学工具。机器学习的输入往往是向量（样本的特征向量等）；机器学习中使用的数学公式经常需要通过矩阵的各种运算来化简；机器学习求解的很多问题最终会归结于求解矩阵的特征值和特征向量。向量、空间的概念，矩阵的概念、性质、变换及基本运算规则，向量组的秩及其线性相关性，相似矩阵及其对角化和正定性知识和运算方法等都是重点学习内容。

2.2.1 矩阵及其性质

由 $m\times n$ 个数 a_{ij}（$i=1,2,\cdots,m$；$j=1,2,\cdots,n$）排成的 m 行 n 列的数表：

$$\boldsymbol{A}=\begin{pmatrix}a_{11} & a_{12} & \cdots & a_{1n}\\ a_{21} & a_{22} & \cdots & a_{2n}\\ \vdots & \vdots & & \vdots\\ a_{m1} & a_{m2} & \cdots & a_{mn}\end{pmatrix}$$

称为 m 行 n 列的矩阵，简称 $m\times n$ 矩阵。记作 $\boldsymbol{A}=\begin{pmatrix}a_{11} & \cdots & a_{1n}\\ \vdots & & \vdots\\ a_{m1} & \cdots & a_{mn}\end{pmatrix}$，或者简记作$(a_{ij})_{m\times n}$、$\boldsymbol{A}_{m\times n}$、

$\boldsymbol{A}_{mn}$ 等。其中，$m\times n$ 个数称为矩阵 $\boldsymbol{A}$ 的元素，简称元，数 a_{ij} 位于矩阵 $\boldsymbol{A}$ 的第 i 行第 j 列。元素是实数的矩阵称为实矩阵，元素是复数的矩阵称为复矩阵。行数与列数都为 n 的矩阵称为 n 阶方阵。

1．矩阵相等

具有相同行数和相同列数的矩阵称为同型矩阵。

矩阵相等时，两个矩阵的行数和列数都相等，且每行每列的元素都相等。也就是说，如果两个同型矩阵 $\boldsymbol{A}=\{a_{ij}\}_{m\times n}$ 和 $\boldsymbol{B}=\{b_{ij}\}_{m\times n}$ 在对应位置上的元素都相等，即

$$a_{ij}=b_{ij}\ (i=1,2,\cdots,m;\ j=1,2,\cdots,n)$$

那么矩阵 $\boldsymbol{A}_{m\times n}$ 和矩阵 $\boldsymbol{B}_{m\times n}$ 相等。

2．单位矩阵

主对角线上的元素都是 1，其他元素都是 0 的方阵为单位矩阵，记作 $\boldsymbol{E}$ 或 $\boldsymbol{E}_n$，其中 n 为方阵的阶数。单位矩阵满足以下性质。

（1）$\boldsymbol{E}_m\boldsymbol{A}_{m\times n}=\boldsymbol{A}_{m\times n}$；$\boldsymbol{A}_{m\times n}\boldsymbol{E}_n=\boldsymbol{A}_{m\times n}$。

（2）当 $m=n$ 时，$\boldsymbol{EA}=\boldsymbol{AE}=\boldsymbol{A}$。

（3）$(\boldsymbol{A}+\boldsymbol{E})(\boldsymbol{A}-\boldsymbol{E})=\boldsymbol{A}^2-\boldsymbol{E}$；$(\boldsymbol{A}+\boldsymbol{E})^2=\boldsymbol{A}^2+2\boldsymbol{A}+\boldsymbol{E}$。

3．方阵的行列式

设矩阵 $\boldsymbol{A}$ 为 n 阶方阵且 $\boldsymbol{A}^0=\boldsymbol{E}$，则称 $\boldsymbol{A}^m=\boldsymbol{A}\cdot\boldsymbol{A}\cdot\cdots\cdot\boldsymbol{A}$（$m$ 个）为方阵 $\boldsymbol{A}$ 的 m 次幂。方阵的幂满足：

$$\boldsymbol{A}^k\boldsymbol{A}^l=\boldsymbol{A}^{k+l} \text{ 及 } (\boldsymbol{A}^k)^l=\boldsymbol{A}^{kl}$$

式中，m、k、l 为正整数。由于矩阵乘法不满足交换律，因此 $(\boldsymbol{AB})^k\neq\boldsymbol{A}^k\boldsymbol{B}^k$。

由 n 阶方阵 $\boldsymbol{A}$ 的元素组成的 n 阶行列式为方阵 $\boldsymbol{A}$ 的行列式。若方阵 $\boldsymbol{A}$ 和方阵 $\boldsymbol{B}$ 为同阶方阵，则称 $|\boldsymbol{AB}|$ 为方阵 $\boldsymbol{A}$ 与方阵 $\boldsymbol{B}$ 的乘积矩阵 $\boldsymbol{AB}$ 的行列式，且有 $|\boldsymbol{AB}|=|\boldsymbol{A}||\boldsymbol{B}|$。虽然在一般情况下 $\boldsymbol{AB}\neq\boldsymbol{BA}$，但 $|\boldsymbol{AB}|=|\boldsymbol{BA}|$ 恒成立。

4．对角矩阵

一个 n 阶方阵，若只有对角线上的元素存在非 0 元素而其他元素都为 0，则称该方阵为对角矩阵，表示为

$$\boldsymbol{D}=\begin{pmatrix} a_1 & & & \\ & a_2 & & \\ & & \ddots & \\ & & & a_n \end{pmatrix}=\operatorname{diag}(a_1,a_2,\cdots,a_n)$$

对角矩阵满足如下性质。

（1）$\boldsymbol{D}^k=\begin{pmatrix} a_1^k & & & \\ & a_2^k & & \\ & & \ddots & \\ & & & a_n^k \end{pmatrix}$。

（2）对角矩阵的和、差、数乘、乘积仍为对角矩阵。

2.2.2　矩阵的基本运算

矩阵的基本运算包括矩阵的加减运算、矩阵的数乘运算、矩阵的乘法运算、矩阵的转置。

1．矩阵的加减运算与数乘运算

矩阵的加减运算与数乘运算统称为矩阵的线性运算。矩阵的加减运算只有在两个行列数相同的矩阵之间才能进行。矩阵相加（减）是指对应位置的元素相加（减）。例如：

$$\boldsymbol{C}_{m\times n}=\boldsymbol{A}_{m\times n}\pm\boldsymbol{B}_{m\times n}=(a_{ij})_{m\times n}\pm(b_{ij})_{m\times n}=(c_{ij})_{m\times n}$$

式中，$c_{ij}=a_{ij}\pm b_{ij}$（$i=1,2,\cdots,m$；$j=1,2,\cdots,n$）。

矩阵的数乘运算就是将特定的数与矩阵的每一个元素相乘，数学表述为

$$k\boldsymbol{A}_{m\times n}=k(a_{ij})_{m\times n}=(ka_{ij})_{m\times n}\quad（i=1,2,\cdots,m；\quad j=1,2,\cdots,n）$$

矩阵的加减运算与数乘运算满足以下运算规律。

（1）交换律：$\boldsymbol{A}\pm\boldsymbol{B}=\boldsymbol{B}\pm\boldsymbol{A}$

（2）结合律：$(\boldsymbol{A}\pm\boldsymbol{B})\pm\boldsymbol{C}=\boldsymbol{A}\pm(\boldsymbol{B}\pm\boldsymbol{C})$；$k(l\boldsymbol{A})=(kl)\boldsymbol{A}$

（3）分配律：$k(\boldsymbol{A}\pm\boldsymbol{B})=k\boldsymbol{A}\pm k\boldsymbol{B}$；$(k\pm l)\boldsymbol{A}=k\boldsymbol{A}\pm l\boldsymbol{A}$

2．矩阵的乘法运算

只有左矩阵的列数与右矩阵的行数相等，两个矩阵才能进行乘法运算。两个矩阵的乘积也是一个矩阵，其第 i 行第 j 列的元素为左矩阵第 i 行元素与右矩阵第 j 列元素乘积之和。矩阵 $\boldsymbol{A}_{m\times n}$ 和矩阵 $\boldsymbol{B}_{n\times s}$ 的乘积 $\boldsymbol{C}_{m\times s}$ 为

$$\boldsymbol{C}_{m\times s}=\boldsymbol{A}_{m\times n}\boldsymbol{B}_{n\times s}=\begin{pmatrix}a_{11}&\cdots&a_{1n}\\\vdots&&\vdots\\a_{m1}&\cdots&a_{mn}\end{pmatrix}\begin{pmatrix}b_{11}&\cdots&b_{1s}\\\vdots&&\vdots\\b_{n1}&\cdots&b_{ns}\end{pmatrix}=\begin{pmatrix}c_{11}&\cdots&c_{1s}\\\vdots&&\vdots\\c_{m1}&\cdots&c_{ms}\end{pmatrix}=(c_{ij})_{m\times s}$$

式中，$c_{ij}=\sum_{k=1}^{s}a_{ik}b_{kj}$（$i=1,2,\cdots,m$；$j=1,2,\cdots,n$）。

矩阵的乘法运算规律如下。

（1）结合律：$(\boldsymbol{AB})\boldsymbol{C}=\boldsymbol{A}(\boldsymbol{BC})$。

（2）分配律：$(\boldsymbol{A}\pm\boldsymbol{B})\boldsymbol{C}=\boldsymbol{AC}\pm\boldsymbol{BC}$；$\boldsymbol{C}(\boldsymbol{A}\pm\boldsymbol{B})=\boldsymbol{CA}\pm\boldsymbol{CB}$。

（3）常数与矩阵乘法的结合律：$k(\boldsymbol{AB})=(k\boldsymbol{A})\boldsymbol{B}=\boldsymbol{A}(k\boldsymbol{B})$。

矩阵的乘法运算需要注意以下几点。

（1）矩阵的乘法运算是有顺序的，不满足交换律，即在一般情况下 $\boldsymbol{AB}\neq\boldsymbol{BA}$，因此，在一般情况下$(\boldsymbol{A}+\boldsymbol{B})(\boldsymbol{A}-\boldsymbol{B})\neq\boldsymbol{A}^2-\boldsymbol{B}^2$ 且$(\boldsymbol{A}\pm\boldsymbol{B})\neq\boldsymbol{A}^2\pm2\boldsymbol{AB}+\boldsymbol{B}^2$。

（2）由 $\boldsymbol{AB}=\boldsymbol{0}$ 推不出 $\boldsymbol{A}=\boldsymbol{0}$ 或 $\boldsymbol{B}=\boldsymbol{0}$ 或 $\boldsymbol{A}=\boldsymbol{B}=\boldsymbol{0}$。

（3）矩阵的乘法不满足消去律，即由 $\boldsymbol{A}\neq\boldsymbol{0}$、$\boldsymbol{AB}=\boldsymbol{AC}$ 不能推出 $\boldsymbol{B}=\boldsymbol{C}$。

3．转置矩阵

将矩阵 $\boldsymbol{A}_{m\times n}$ 的行换成同序数的列得到的矩阵 $\boldsymbol{B}_{m\times n}$ 就是矩阵 $\boldsymbol{A}_{m\times n}$ 的转置矩阵，记作 $\boldsymbol{A}^{\mathrm{T}}$，即

$$b_{ij}=a_{ij}\ (i=1,2,\cdots,n;\ \ j=1,2,\cdots,m)$$

转置矩阵有如下性质。

（1）$(\boldsymbol{A}^{\mathrm{T}})^{\mathrm{T}}=\boldsymbol{A}$。

（2）$(\boldsymbol{A}+\boldsymbol{B})^{\mathrm{T}}=\boldsymbol{A}^{\mathrm{T}}+\boldsymbol{B}^{\mathrm{T}}$。

（3）$(k\boldsymbol{A})^{\mathrm{T}}=k\boldsymbol{A}^{\mathrm{T}}$。

（4）$(\boldsymbol{AB})^{\mathrm{T}}=\boldsymbol{B}^{\mathrm{T}}\boldsymbol{A}^{\mathrm{T}}$。

4．伴随矩阵

由矩阵 $\boldsymbol{A}$ 的行列式$|\boldsymbol{A}|$的代数余子式构成的矩阵：

$$\boldsymbol{A}^{*}=\begin{bmatrix} A_{11} & A_{21} & \cdots & A_{n1} \\ A_{12} & A_{22} & \cdots & A_{n2} \\ \vdots & \vdots & & \vdots \\ A_{1n} & A_{2n} & \cdots & A_{nn} \end{bmatrix}$$

称为矩阵 $\boldsymbol{A}$ 的伴随矩阵。

例 2-4 求矩阵 $\boldsymbol{A}=\begin{pmatrix} a & b \\ c & d \end{pmatrix}$的伴随矩阵。

$$A_{11}=(-1)^{1+1}M_{11}\overset{a\text{的余子式}}{\underset{\text{非第1行非第1列元素}}{=}}\begin{pmatrix} \underline{a} & \underline{b} \\ \underline{c} & d \end{pmatrix}=d$$

$$A_{12}=(-1)^{1+2}M_{12}\overset{b\text{的余子式}}{\underset{\text{非第1行非第2列元素}}{=}}-\begin{pmatrix} \underline{a} & \underline{b} \\ c & \underline{d} \end{pmatrix}=-c$$

$$A_{21}=(-1)^{2+1}M_{21}\overset{c\text{的余子式}}{\underset{\text{非第2行非第1列元素}}{=}}-\begin{pmatrix} \underline{a} & b \\ \underline{c} & \underline{d} \end{pmatrix}=-b$$

$$A_{22}=(-1)^{2+2}M_{22}\overset{d\text{的余子式}}{\underset{\text{非第2行非第2列元素}}{=}}\begin{pmatrix} a & \underline{b} \\ \underline{c} & \underline{d} \end{pmatrix}=a$$

矩阵 $\boldsymbol{A}$ 的伴随矩阵 $A^{*}=\begin{pmatrix} A_{11} & A_{12} \\ A_{21} & A_{22} \end{pmatrix}=\begin{pmatrix} d & -c \\ -b & a \end{pmatrix}^{\mathrm{T}}=\begin{pmatrix} d & -b \\ -c & a \end{pmatrix}$

5．逆矩阵

对于方阵 $\boldsymbol{A}$，若存在方阵 $\boldsymbol{B}$，使得 $\boldsymbol{AB}=\boldsymbol{BA}=\boldsymbol{E}$，则称方阵 $\boldsymbol{A}$ 为可逆矩阵，且方阵 $\boldsymbol{B}$ 称为方阵 $\boldsymbol{A}$ 的逆矩阵，记作 $\boldsymbol{B}=\boldsymbol{A}^{-1}$。方阵 $\boldsymbol{A}$ 为可逆矩阵的充分必要条件是其行列式$|\boldsymbol{A}|\neq 0$：

$$\boldsymbol{A}^{-1}=\frac{1}{|\boldsymbol{A}|}\boldsymbol{A}^{*}$$

设矩阵 $\boldsymbol{A}$、矩阵 $\boldsymbol{B}$ 为同阶方阵，则可逆矩阵满足如下性质。

（1）若 $\boldsymbol{A}$ 可逆，则 $\boldsymbol{A}^{-1}$ 也可逆且$(\boldsymbol{A}^{-1})^{-1}=\boldsymbol{A}$。

（2）若 $\boldsymbol{A}$、$\boldsymbol{B}$ 都可逆，则 $\boldsymbol{AB}$ 也可逆且$(\boldsymbol{AB})^{-1}=\boldsymbol{B}^{-1}\boldsymbol{A}^{-1}$。

（3）若 $\boldsymbol{A}$ 可逆，则 $\boldsymbol{A}^{\mathrm{T}}$ 也可逆且$(\boldsymbol{A}^{\mathrm{T}})^{-1}=(\boldsymbol{A}^{-1})^{\mathrm{T}}$。

（4）若 $\boldsymbol{A}$ 可逆，常数 $k\neq0$，则 $k\boldsymbol{A}$ 也可逆且$(k\boldsymbol{A})^{-1}=\dfrac{1}{k}\boldsymbol{A}^{-1}$。

（5）若 $\boldsymbol{A}^{-1}\boldsymbol{A}=\boldsymbol{E}$，则$|\boldsymbol{A}^{-1}\boldsymbol{A}|=|\boldsymbol{A}^{-1}||\boldsymbol{A}|=|\boldsymbol{E}|=1$，则 $\left|\boldsymbol{A}^{-1}\right|=\dfrac{1}{|\boldsymbol{A}|}$。

（6）若 $\boldsymbol{A}$ 可逆，则 $\boldsymbol{A}$ 的伴随矩阵 $\boldsymbol{A}^{*}$也可逆且$\left(\boldsymbol{A}^{*}\right)^{-1}=\dfrac{1}{|\boldsymbol{A}|}\boldsymbol{A}$。

例 2-5　求矩阵 $\boldsymbol{A}=\begin{pmatrix}1 & 2\\ -1 & -3\end{pmatrix}$的逆矩阵。

矩阵 $\boldsymbol{A}$ 的伴随矩阵：

$$\left.\begin{aligned}A_{11}&=(-1)^{1+1}\times(-3)=-3\\A_{12}&=(-1)^{1+2}\times(-1)=1\\A_{21}&=(-1)^{2+1}\times(2)=-2\\A_{11}&=(-1)^{2+2}\times(1)=1\end{aligned}\right\}\Rightarrow\begin{pmatrix}-3 & 1\\ -2 & 1\end{pmatrix}\underset{\text{得到伴随矩阵}}{\overset{\text{转置}}{\Rightarrow}}\begin{pmatrix}-3 & -2\\ 1 & 1\end{pmatrix}$$

矩阵 $\boldsymbol{A}$ 的行列式：

$$\begin{vmatrix}1 & 2\\ -1 & -3\end{vmatrix}=1\times(-3)-(-1)\times2=-1$$

矩阵 $\boldsymbol{A}$ 的逆矩阵：

$$\boldsymbol{A}^{-1}=\frac{\boldsymbol{A}^{*}}{|\boldsymbol{A}|}=\begin{pmatrix}-3 & -2\\ 1 & 1\end{pmatrix}\Big/-1=\begin{pmatrix}3 & 2\\ -1 & -1\end{pmatrix}$$

2.2.3　向量组与线性相关性

n 个数 $a_1,a_2,\cdots,a_n$ 组成的有序数组$(a_1,a_2,\cdots,a_n)$称为 n 维向量。$\boldsymbol{\alpha}=(a_1,a_2,\cdots,a_n)$称为行向量，$\boldsymbol{\alpha}=\begin{pmatrix}a_1\\ a_2\\ \vdots\\ a_n\end{pmatrix}$称为列向量。类似于矩阵相等，当且仅当 $a_i=b_i$（$i=1,2,\cdots,n$）时，向量 $\boldsymbol{\alpha}=\begin{pmatrix}a_1\\ a_2\\ \vdots\\ a_n\end{pmatrix}$与 $\boldsymbol{\beta}=\begin{pmatrix}b_1\\ b_2\\ \vdots\\ b_n\end{pmatrix}$相等恒成立，记作 $\boldsymbol{\alpha}=\boldsymbol{\beta}$。记$(a_1,a_2,\cdots,a_n)^{\mathrm{T}}=\begin{pmatrix}a_1\\ a_2\\ \vdots\\ a_n\end{pmatrix}$。

1．向量的数乘运算与加减运算

向量的数乘运算和加减运算统称为向量的线性运算。

设向量 $\boldsymbol{\alpha}=(a_1,a_2,\cdots,a_n)^{\mathrm{T}}$，$\boldsymbol{\beta}=(b_1,b_2,\cdots,b_n)^{\mathrm{T}}$，$k$ 为常数，则向量的数乘运算定义为

$$k\boldsymbol{\alpha}=(ka_1,ka_2,\cdots,ka_n)^{\mathrm{T}}$$

向量的加减运算定义为

$$\boldsymbol{\alpha} \pm \boldsymbol{\beta} = (a_1 \pm b_1, a_2 \pm b_2, \cdots, a_n \pm b_n)$$

2. 向量的线性相关性

如果$\boldsymbol{\alpha}_1, \boldsymbol{\alpha}_2, \cdots, \boldsymbol{\alpha}_m$为 m 个 n 维向量组成的向量组，$k_1, k_2, \cdots, k_m$为 m 个实数，则称向量：

$$k_1\boldsymbol{\alpha}_1 + k_2\boldsymbol{\alpha}_2 + \cdots + k_m\boldsymbol{\alpha}_m$$

为这 m 个向量的线性组合。

对于给定的 n 维向量组$\boldsymbol{\alpha}_1, \boldsymbol{\alpha}_2, \cdots, \boldsymbol{\alpha}_m$及$\boldsymbol{\beta}$，若存在 m 个实数$k_1, k_2, \cdots, k_m$，使得

$$\boldsymbol{\beta} = k_1\boldsymbol{\alpha}_1 + k_2\boldsymbol{\alpha}_2 + \cdots + k_m\boldsymbol{\alpha}_m$$

则称向量$\boldsymbol{\beta}$可由向量组$\boldsymbol{\alpha}_1, \boldsymbol{\alpha}_2, \cdots, \boldsymbol{\alpha}_m$线性表示，或者称向量$\boldsymbol{\beta}$是向量组$\boldsymbol{\alpha}_1, \boldsymbol{\alpha}_2, \cdots, \boldsymbol{\alpha}_m$的线性组合。

对于 n 维向量组$\boldsymbol{\alpha}_1, \boldsymbol{\alpha}_2, \cdots, \boldsymbol{\alpha}_m$，如果存在一组不全为零的数$k_1, k_2, \cdots, k_m$，使得

$$k_1\boldsymbol{\alpha}_1 + k_2\boldsymbol{\alpha}_2 + \cdots + k_m\boldsymbol{\alpha}_m = \boldsymbol{0}$$

恒成立，则称向量组$\boldsymbol{\alpha}_1, \boldsymbol{\alpha}_2, \cdots, \boldsymbol{\alpha}_m$线性相关。

当且仅当$k_1 = k_2 = \cdots = k_m = 0$时：

$$k_1\boldsymbol{\alpha}_1 + k_2\boldsymbol{\alpha}_2 + \cdots + k_m\boldsymbol{\alpha}_m = \boldsymbol{0}$$

恒成立，则称向量组$\boldsymbol{\alpha}_1, \boldsymbol{\alpha}_2, \cdots, \boldsymbol{\alpha}_m$线性无关。

根据向量的线性相关与线性无关性，可以得出如下结论。

（1）含有零向量的向量组必然线性相关。

（2）由单个向量组成的向量组线性相关的充分必要条件是此向量为零向量。

（3）由两个向量组成的向量组线性相关的充分必要条件是两个向量对应的分量成比例，即一个向量是另一个向量的某倍。

3. 向量的秩

设 A 是由$\boldsymbol{\alpha}_1, \boldsymbol{\alpha}_2, \cdots, \boldsymbol{\alpha}_m$ m 个 n 维向量组成的向量组。选取向量组 A 中的 r 个向量$\boldsymbol{\alpha}_1, \boldsymbol{\alpha}_2, \cdots, \boldsymbol{\alpha}_r$，如果满足$\boldsymbol{\alpha}_1, \boldsymbol{\alpha}_2, \cdots, \boldsymbol{\alpha}_r$线性无关，且任取向量组 A 中 r+1 个向量都线性相关，那么称$\boldsymbol{\alpha}_1, \boldsymbol{\alpha}_2, \cdots, \boldsymbol{\alpha}_r$为向量组 A 的一个极大线性无关组，简称极大无关组。

向量组的秩定义为向量组 A 的极大线性无关组中包含的向量的个数，记作 $R(A)=r$。根据向量组的秩的定义可以得出如下结论。

（1）若向量组的秩等于向量组本身包含的向量的个数，则该向量组为线性无关向量组（满秩向量组）；反之亦然。

（2）向量组$\boldsymbol{\alpha}_1, \boldsymbol{\alpha}_2, \cdots, \boldsymbol{\alpha}_m$线性无关的充分必要条件是其极大线性无关组就是其本身（满秩向量组）。

（3）向量组$\boldsymbol{\alpha}_1, \boldsymbol{\alpha}_2, \cdots, \boldsymbol{\alpha}_m$线性无关的充分必要条件是$R(\boldsymbol{\alpha}_1, \boldsymbol{\alpha}_2, \cdots, \boldsymbol{\alpha}_m) = m$。

一个向量组的极大线性无关组不一定是唯一的，但各极大线性无关组中包含的向量的个数是唯一确定的，即向量组的秩是唯一确定的。

4. 向量空间

设 V 为 n 维向量的非空集合：

$$V=\{\boldsymbol{\alpha}=(x_1,x_2,\cdots,x_n)\mid x_i\in\mathbf{R},\quad i=1,2,\cdots,n\}$$

若集合 V 对于向量的加法与数乘运算是封闭的，则称集合 V 为实数集 $\mathbf{R}$ 上的向量空间。其中封闭是指若 $\boldsymbol{\alpha},\boldsymbol{\beta}\in V$，$k\in\mathbf{R}$，则有 $\boldsymbol{\alpha}+\boldsymbol{\beta}\in V$，$k\boldsymbol{\alpha}\in V$。

设 V 为向量空间。若 V 中的 r 个向量 $\boldsymbol{\alpha}_1,\boldsymbol{\alpha}_2,\cdots,\boldsymbol{\alpha}_r$ 满足以下两个条件：

- $\boldsymbol{\alpha}_1,\boldsymbol{\alpha}_2,\cdots,\boldsymbol{\alpha}_r$ 线性无关。
- 任取 $\boldsymbol{\alpha}\in V$，总存在 r+1 个向量 $\boldsymbol{\alpha}_1,\boldsymbol{\alpha}_2,\cdots,\boldsymbol{\alpha}_r,\boldsymbol{\alpha}_{r+1}$ 线性相关，或者 $\boldsymbol{\alpha}$ 能由 $\boldsymbol{\alpha}_1,\boldsymbol{\alpha}_2,\cdots,\boldsymbol{\alpha}_r$ 线性表示。

则称向量组 $\boldsymbol{\alpha}_1,\boldsymbol{\alpha}_2,\cdots,\boldsymbol{\alpha}_r$ 为向量空间 V 的一个基，r 为向量空间 V 的维数，并称向量空间 V 为 r 维向量空间。

与极大线性无关组类似，向量空间的基一般不是唯一确定的，但每个基中包含的向量的个数是唯一确定的，即向量空间的维数是唯一的。假定 V 是数域 F 上的向量空间，若 V 中至少包含一个非零向量 $\boldsymbol{\alpha}$，则向量空间 V 中包含无限多个向量。其原因是，当向量空间 V 中至少包含两个向量时，至少有一个是非零向量 $\boldsymbol{\alpha}$，因此向量空间 V 中包含

$$\boldsymbol{\alpha},2\boldsymbol{\alpha},3\boldsymbol{\alpha},\cdots,n\boldsymbol{\alpha}$$

这些向量互不相等，因此向量空间 V 中必然包含无穷多个向量。

注：若一个向量有 n 个分量，则称该向量为 n 维向量。由 n 维向量构成的向量子空间的维数是指基中所有向量的个数，可能是 $0,1,2,\cdots,n$。可以肯定，由 n 维向量构成的向量空间 V 的维数不会超过 n。其原因是，超过 n 维的向量一定是线性相关的。

例 2-6 线性空间的基与维数。

对于线性空间 $V_1=\left\{(x,0,z)^{\mathrm{T}}\,|\,x,z\in\mathbf{R}\right\}$，$\boldsymbol{\alpha}_1=\begin{pmatrix}1\\0\\0\end{pmatrix}$ 和 $\boldsymbol{\alpha}_2=\begin{pmatrix}0\\0\\1\end{pmatrix}$ 为一组基，故线性空间 V_1 的维数为 2。其他向量都可以由 $\boldsymbol{\alpha}_1$ 和 $\boldsymbol{\alpha}_2$ 表示。例如：

$$\boldsymbol{\alpha}_3=\begin{pmatrix}\sqrt{2}\\0\\\sqrt{7}\end{pmatrix}=\sqrt{2}\begin{pmatrix}1\\0\\0\end{pmatrix}+\sqrt{7}\begin{pmatrix}0\\0\\1\end{pmatrix}=\sqrt{2}\boldsymbol{\alpha}_1+\sqrt{7}\boldsymbol{\alpha}_2$$

注：线性空间 V_1 是 2 维的，但 $\boldsymbol{\alpha}_1$、$\boldsymbol{\alpha}_1$ 和 $\boldsymbol{\alpha}_3$ 是 3 维向量。

对于线性空间 $V_2=\left\{(x,y,z)^{\mathrm{T}}\,|\,x,y,z\in\mathbf{R}\text{且}x+y+z=0\right\}$，$\boldsymbol{\alpha}_1=\begin{pmatrix}-1\\1\\0\end{pmatrix}$ 和 $\boldsymbol{\alpha}_2=\begin{pmatrix}-1\\0\\1\end{pmatrix}$ 为一组基，故线性空间 V_2 的维数为 2。其他向量都可以通过 $\boldsymbol{\alpha}_1$ 和 $\boldsymbol{\alpha}_2$ 表示出来。例如：

$$\boldsymbol{\alpha}_3=\begin{pmatrix}2\\5\\-7\end{pmatrix}=5\cdot\begin{pmatrix}-1\\0\\1\end{pmatrix}+(-7)\cdot\begin{pmatrix}-1\\0\\1\end{pmatrix}=5\boldsymbol{\alpha}_1+(-7)\boldsymbol{\alpha}_2$$

2.2.4 正交向量与相似矩阵

通过两个向量的内积是否为 0，可以判断这两个向量是否正交。一个正交向量组一定是线性无关的向量组。矩阵实际上是向量的一种变换方式，矩阵的特征向量是经过某一矩阵变换后方向不变的向量，而矩阵的特征值是一个伸缩倍数。在机器学习中，很多问题都会归结于求解矩阵的特征值和特征向量。

线性变换通过指定基下的矩阵来表示（线性函数其实就是线性变换）。表示同一个线性变换的不同基下的矩阵称为相似矩阵。

1. 向量的内积

设 $\boldsymbol{\alpha}=\begin{pmatrix}x_1\\x_2\\\vdots\\x_n\end{pmatrix}$ 与 $\boldsymbol{\beta}=\begin{pmatrix}y_1\\y_2\\\vdots\\y_n\end{pmatrix}$ 为两个 n 维实向量，则向量 $\boldsymbol{\alpha}$ 和向量 $\boldsymbol{\beta}$ 的内积为对应元素的乘积之和，记作 $[\boldsymbol{\alpha},\boldsymbol{\beta}]=\sum_{i=1}^{n}x_i y_i=\boldsymbol{\alpha}^{\mathrm{T}}\boldsymbol{\beta}$。

向量内积的性质如下。

（1）$[\boldsymbol{\alpha},\boldsymbol{\beta}]=[\boldsymbol{\beta},\boldsymbol{\alpha}]$。

（2）$[\boldsymbol{\alpha}+\boldsymbol{\gamma},\boldsymbol{\beta}]=[\boldsymbol{\alpha},\boldsymbol{\beta}]+[\boldsymbol{\gamma},\boldsymbol{\beta}]$。

（3）$[k\boldsymbol{\alpha},\boldsymbol{\beta}]=k[\boldsymbol{\alpha},\boldsymbol{\beta}]$（$k$ 为任意实数）。

2. 向量的正交

对于两个 n 维实向量 $\boldsymbol{\alpha}$ 和 $\boldsymbol{\beta}$，如果满足$[\boldsymbol{\alpha},\boldsymbol{\beta}]=0$，则称向量 $\boldsymbol{\alpha}$ 与向量 $\boldsymbol{\beta}$ 正交。如果向量组 $\boldsymbol{\alpha}_1,\boldsymbol{\alpha}_2,\cdots,\boldsymbol{\alpha}_s$ 中任意两个向量都正交，且每个向量都不为零向量，则称向量组 $\boldsymbol{\alpha}_1,\boldsymbol{\alpha}_2,\cdots,\boldsymbol{\alpha}_s$ 为正交向量组。

正交向量组的性质如下。

（1）正交向量组一定为线性无关向量组。

（2）若向量组 $\boldsymbol{\alpha}_1,\boldsymbol{\alpha}_2,\cdots,\boldsymbol{\alpha}_s$ 为线性无关向量组，则一定存在一个正交向量组 $\boldsymbol{\beta}_1,\boldsymbol{\beta}_2,\cdots,\boldsymbol{\beta}_s$ 使 $\boldsymbol{\beta}_1,\boldsymbol{\beta}_2,\cdots,\boldsymbol{\beta}_s$ 与 $\boldsymbol{\alpha}_1,\boldsymbol{\alpha}_2,\cdots,\boldsymbol{\alpha}_s$ 等价。

3. 向量的范数与单位向量

设 $\boldsymbol{\alpha}=\begin{pmatrix}x_1\\x_2\\\vdots\\x_n\end{pmatrix}$ 为 n 维实向量，则称 $\|\boldsymbol{\alpha}\|=\sqrt{(\boldsymbol{\alpha},\boldsymbol{\alpha})}$ 为向量 $\boldsymbol{\alpha}$ 的长度或范数。若 $\|\boldsymbol{\alpha}\|=1$，则称向量 $\boldsymbol{\alpha}$ 为单位向量。

4. 向量单位正交化的过程

计算与线性无关向量组 $\boldsymbol{\alpha}_1,\boldsymbol{\alpha}_2,\cdots,\boldsymbol{\alpha}_s$ 等价的单位正交向量组 $\boldsymbol{\beta}_1,\boldsymbol{\beta}_2,\cdots,\boldsymbol{\beta}_s$ 的过程如下。

（1）正交化：$\beta_1=\alpha_1$，$\beta_2=\alpha_2-\dfrac{[\alpha_2,\beta_1]}{[\beta_1,\beta_1]}\beta_1$，$\beta_3=\alpha_3-\dfrac{[\alpha_3,\beta_1]}{[\beta_1,\beta_1]}\beta_1-\dfrac{[\alpha_3,\beta_2]}{[\beta_2,\beta_2]}\beta_2$，…，$\beta_r=\alpha_r-\dfrac{[\alpha_r,\beta_1]}{[\beta_1,\beta_1]}\beta_1-\dfrac{[\alpha_r,\beta_2]}{[\beta_2,\beta_2]}\beta_2-\cdots-\dfrac{[\alpha_r,\beta_{r-1}]}{[\beta_{r-1},\beta_{r-1}]}\beta_{r-1}$（$r=2,3,\cdots,s$）。

（2）单位化：$\beta_1=\dfrac{\beta_1}{\|\beta_1\|},\beta_2=\dfrac{\beta_2}{\|\beta_2\|},\cdots,\beta_s=\dfrac{\beta_s}{\|\beta_s\|}$。

设 $\boldsymbol{A}$ 为 n 维实矩阵（矩阵中的所有数都是实数），若满足 $\boldsymbol{A}^{\mathrm{T}}\boldsymbol{A}=\boldsymbol{E}$，则称矩阵 $\boldsymbol{A}$ 为正交矩阵，其中，$\boldsymbol{E}$ 为单位矩阵。

正交矩阵满足以下性质。

（1）由于 $\boldsymbol{A}^{\mathrm{T}}\boldsymbol{A}=\boldsymbol{E}$，故 $|\boldsymbol{A}^{\mathrm{T}}|=|\boldsymbol{A}|=|\boldsymbol{A}|^2=|\boldsymbol{E}|=1$，可得出 $|\boldsymbol{A}|=\pm1$。

（2）$\boldsymbol{A}^{\mathrm{T}}=\boldsymbol{A}^{-1}$，且 $\boldsymbol{A}^{\mathrm{T}}$、$\boldsymbol{A}^{-1}$、$\boldsymbol{A}^{*}$ 也为正交向量。

（3）若 $\boldsymbol{A}$、$\boldsymbol{B}$ 为同阶正交矩阵，则 $\boldsymbol{AB}$ 也为正交矩阵。

5. 矩阵的特征值与特征向量

设 $\boldsymbol{A}$ 为 n 维实矩阵，如果存在一个数 λ 和一个非零列向量 $\boldsymbol{x}$，使得 $\boldsymbol{Ax}=\lambda\boldsymbol{x}$，则称 λ 为 $\boldsymbol{A}$ 的特征值，列向量 $\boldsymbol{x}$ 为 $\boldsymbol{A}$ 的特征向量。

特征向量与特征值有以下性质。

（1）矩阵 $\boldsymbol{A}$ 与矩阵 $\boldsymbol{A}^{\mathrm{T}}$ 有相同的特征值。

（2）设 $\lambda_1,\lambda_2,\cdots,\lambda_n$ 为矩阵 $\boldsymbol{A}$ 的 n 个特征值，则有 $|\boldsymbol{A}|=\prod_{i=1}^{n}\lambda_i$，$\operatorname{tr}(\boldsymbol{A})=\sum_{i-1}^{n}\lambda_i$，其中 $\operatorname{tr}(\boldsymbol{A})$ 为矩阵的 $\boldsymbol{A}$ 的迹。记作 $\operatorname{tr}(\boldsymbol{A})=\sum_{i-1}^{n}a_{ii}$。

（3）设 $\lambda_1,\lambda_2,\cdots,\lambda_m$ 为矩阵 $\boldsymbol{A}$ 的 m 个不同特征值，$\boldsymbol{\alpha}_1,\boldsymbol{\alpha}_2,\cdots,\boldsymbol{\alpha}_m$ 分别属于 $\lambda_1,\lambda_2,\cdots,\lambda_m$ 的特征向量，则向量组 $\boldsymbol{\alpha}_1,\boldsymbol{\alpha}_2,\cdots,\boldsymbol{\alpha}_m$ 线性无关。

6. 矩阵的相似

设 $\boldsymbol{A}$、$\boldsymbol{B}$ 同为 n 阶方阵，若存在 n 阶可逆矩阵 $\boldsymbol{P}$ 使 $\boldsymbol{P}^{-1}\boldsymbol{AP}=\boldsymbol{B}$，则称 $\boldsymbol{A}$ 与 $\boldsymbol{B}$ 相似。矩阵相似于对角矩阵的条件如下。

（1）n 阶方阵 $\boldsymbol{A}$ 相似于对角矩阵 $\boldsymbol{A}=\begin{pmatrix}\lambda_1 & & & \\ & \lambda_2 & & \\ & & \ddots & \\ & & & \lambda_n\end{pmatrix}=\operatorname{diag}(\lambda_1,\lambda_2,\cdots,\lambda_n)$ 的充分必要条件是 $\boldsymbol{A}$ 有 n 个线性无关的特征向量 $\boldsymbol{P}_1,\boldsymbol{P}_2,\cdots,\boldsymbol{P}_n$，令 $\boldsymbol{P}=(\boldsymbol{P}_1,\boldsymbol{P}_2,\cdots,\boldsymbol{P}_n)$，则有 $\boldsymbol{P}^{-1}\boldsymbol{AP}=\boldsymbol{A}$。

（2）若 n 阶方阵 $\boldsymbol{A}$ 恰有 n 个相异的特征值 $\lambda_1,\lambda_2,\cdots,\lambda_n$，则矩阵 $\boldsymbol{A}$ 必定相似于对角矩阵 $\boldsymbol{A}=\operatorname{diag}(\lambda_1,\lambda_2,\cdots,\lambda_n)$。

（3）n 阶方阵 $\boldsymbol{A}$ 与对角矩阵相似的充分必要条件是对于每个 n 重特征值 λ_i，$R(\boldsymbol{A}-\lambda_i\boldsymbol{E})=n-n_i$，即 n 重特征值 λ_i 对应 n_i 个线性无关特征向量。

2.3 概 率 统 计

若将机器学习过程中处理的变量看作随机变量，则可应用概率论方法来构建模型。实际上，机器学习的主要理论是构建在统计学之上的，机器学习中的大多数算法都是基于某种概率假设构建的。

概率论的基础理论和统计学的基本方法是机器学习知识和技术的重要支撑，需要优先理解和掌握的内容如下。

- 随机事件与概率的基本概念及其相关性质。
- 条件概率与贝叶斯公式。
- 随机变量的概率分布，包括离散型分布（伯努利分布、二项分布、多项分布）、连续型分布（正态分布）等。
- 数学期望、方差和协方差的概念及相关性质。
- 中心极限定理和极大似然估计。

2.3.1 随机事件与概率

对现象的观察或为此而进行的实验称为试验，观察的结果称为事件或结局。对随机现象的观察称为随机试验。随机试验必须满足以下三个条件。

（1）相同条件下可重复的试验。

（2）每次试验结果不唯一。

（3）试验的全部结果已知，但试验之前不知道会产生哪种结果。

样本空间就是随机试验产生的所有可能结果，一般记作 S。样本空间 S 中的元素称为样本点，也称为基本事件。样本点的集合称为随机事件，简称事件。由于样本空间 S 包含随机试验发生的所有可能的结果，所以样本空间 S 也称为必然事件。空集$\varnothing$称为不可能事件。

1. 事件之间的关系与运算

设 A、B、A_k（$k=1,2,\cdots,n$）为样本空间 S 中的随机事件，随机事件之间的关系及运算包括如下几种。

（1）包含关系：记作 $A\subset B$，表示若事件 A 发生事件 B 必然发生，即事件 A 包含事件 B。

（2）相等关系：记作 $A=B$，表示事件 A 与事件 B 相互包含，即 $A\subset B$ 且 $B\subset A$。

（3）和事件：两个事件的和事件记作 $A\cup B$，表示事件 A 和事件 B 至少发生一个；多个事件的和事件记作 $\bigcup_{k=1}^{n} A_k$，表示事件 A_k（$k=1,2,\cdots,n$）至少发生一个。

（4）积事件：两个事件的积事件表示为 $A\cap B$ 或 AB，表示事件 A、事件 B 同时发生；多个事件的积事件记作 $\bigcap_{k=1}^{n} A_k$，表示事件 A_k（$k=1,2,\cdots,n$）同时发生。

（5）两个事件的差事件：记作 $A-B$，表示事件 A 发生而事件 B 不发生。

（6）互斥事件：表示事件 A、事件 B 不同时发生，即当 $AB=\varnothing$时，事件 A、事件 B 互为互斥事件。

（7）对立事件：若 $AB=\varnothing$ 且 $A\cup B=S$，则事件 A、事件 B 为对立事件，记作 $A=\overline{B}$ 或 $B=\overline{A}$。

2．事件关系的性质

事件关系的性质如下：

$$A\subset A\bigcup B \qquad A\bigcup A=A \qquad A-B\subset A$$

$$A\bigcap\overline{A}=\varnothing \qquad A\bigcup\overline{A}=S \qquad \overline{A}=S-A$$

$$\overline{\overline{A}}=A \qquad A\bigcap A=A \qquad A\bigcup\varnothing=A$$

$$A\bigcup S=S \qquad A\bigcap S=A \qquad A\bigcap\varnothing=\varnothing$$

$$(A-B)\bigcup A=A \qquad (A-B)\bigcup\overline{B}=A\bigcup\overline{B} \qquad A-B=A\overline{B}$$

其中，S 为样本空间。

3．概率及其性质

概率就是样本空间 S 的子集在[0,1]区间中的映射，一般将概率记作 P。若满足以下三个条件，则称 $P(A)$为事件 A 发生的概率。

（1）$P(A)>0$。

（2）$P(S)=1$。

（3）若 $A_{ij}=\varnothing$（$i\neq j$，$i,j=1,2,\cdots,\infty$），则 $P(\bigcup_{k=1}^{n}A_k)=\sum_{k=1}^{n}P(A_k)$。

概率具有以下性质。

（1）$P(\varnothing)=0$。

（2）若 $A_1,A_2,\cdots,A_n$ 两两互斥，则 $P(\bigcup_{k=1}^{n}A_k)=\sum_{k=1}^{n}P(A_k)$。

（3）$P(\overline{A})=1-P(A)$。

（4）对于事件 A、事件 B，若 $A\subset B$，则由 $A\subset A\bigcup B$ 可知，$P(B-A)=P(B)-P(A)$。一般来说，即 $A\not\subset B$，有 $P(B-A)=P(B-AB)=P(B)-P(AB)$。

（5）对于事件 A、事件 B，由 $A\subset A\bigcup B$ 可知，$P(A\bigcup B)=P(A)+P(B)-P(AB)$。

2.3.2　条件概率与贝叶斯公式

设 A、B 为两个随机事件，若 $P(A)>0$，则在事件 A 发生的条件下，事件 B 发生的条件概率公式为

$$P(B\mid A)=\frac{P(AB)}{P(A)}$$

若 $P(AB)=P(A)P(B)$，则称事件 A、事件 B 相互独立。显然，当事件 A 和事件 B 相互独立时，$\{A,\overline{B}\}$、$\{\overline{A},B\}$、$\{\overline{A},\overline{B}\}$ 间也两两独立。推广到任意 k 个随机事件 $A_1,A_2,\cdots,A_k$，若 $P(A_1,A_2,\cdots,A_k)=P(A_1)P(A_2)\cdots P(A_k)$，则称事件 $A_1,A_2,\cdots,A_k$ 相互独立。事件 A、事件 B 相互独立是 $P(B|A)=P(B)$的充分必要条件。

1. 乘法公式

对于事件 A、事件 B，若 $P(A)>0$，$P(B)>0$，则可以根据条件概率推导出乘法公式：

$$P(AB)=P(A|B)P(B)=P(B|A)P(A)$$

推广到任意 n 个随机事件 $A_1,A_2,\cdots,A_n$，乘法公式为

$$P(A_1A_2\cdots A_n)=P(A_1)P(A_2\mid A_1)P(A_3\mid A_1A_2)\cdots P(A_n\mid A_1A_2\cdots A_{n-1})$$

2. 全概率公式

若事件组 $B_1,B_2,\cdots,B_n$ 满足以下条件，则称事件组 $B_1,B_2,\cdots,B_n$ 是样本空间 S 的一个划分。

（1）$B_1,B_2,\cdots,B_n$ 两两互斥，即 $B_i\cap B_j=\varnothing$，$i\neq j$（$i,j=1,2,\cdots,n$）且 $P(B_i)>0$。

（2）$B_1\cup B_2\cup\cdots\cup B_n=S$。

设事件组 $B_1,B_2,\cdots,B_n$ 是样本空间 S 的一个划分，则对于任意事件 $A\in S$，全概率公式为

$$P(A)=\sum_{i=1}^{n}P(AB_i)=\sum_{i=1}^{n}P(A\mid B_i)P(B_i)$$

3. 贝叶斯公式

与全概率公式解决的问题相反，贝叶斯公式建立在条件概率的基础上，用于寻找事件发生的原因（在事件 A 已经发生的条件下，小事件 B_i 发生的概率）。结合条件概率公式和全概率公式，可以推导出贝叶斯公式。

设事件组 $B_1,B_2,\cdots,B_n$ 是样本空间 S 的一个划分，则对任一事件 A（$P(A)>0$）有

$$P(B_i\mid A)=\frac{P(AB_i)}{P(A)}=\frac{P(A\mid B_i)P(B_i)}{\sum_{i=1}^{n}P(AB_i)}=\frac{P(A\mid B_i)P(B_i)}{\sum_{i=1}^{n}P(A\mid B_i)P(B_i)}$$

式中，$P(B_i)$为先验概率；$P(A|B_i)$为条件概率；$P(B_i|A)$为后验概率。因此，贝叶斯公式可以理解为在已知先验概率与条件概率的情况下，求得后验概率。

注： 贝叶斯公式探讨的问题中的事件 A 和事件 B 均为某一实验的不同结果集合。将事件 B 分为 n 小份，每一小份也是结果集合，只不过这些小集合一定位于 B 集合内部，每一小份结果集合称为 B_i（$i=1,2,\cdots,n$），B_i 之间两两互斥，所有 B_i 并起来就是 B。

例 2-7 甲车间、乙车间、丙车间三个车间生产同一种产品，各车间产量分别占总产量的 25%、35%、40%，各车间次品率依次为 5%、4%、2%。现从待出厂产品中检查出一个次品，判断该次品是由甲车间生产的概率。

设 A_1、A_2、A_3 分别表示产品由甲车间、乙车间、丙车间生产，B 表示产品为次品，A_1、A_2、A_3 构成完备事件组。依题意有

$$P(A_1)=25\%，\ P(A_2)=35\%，\ P(A_3)=40\%$$

$$P(B\mid A_1)=5\%，\ P(B\mid A_2)=4\%，\ P(B\mid A_3)=2\%$$

$$P(A_1 \mid B)=\frac{P(A_1)P(B \mid A_1)}{P(A_1)P(B \mid A_1)+P(A_2)P(B \mid A_2)+P(A_3)P(B \mid A_3)}$$
$$=\frac{0.25\times 0.05}{0.25\times 0.05+0.35\times 0.04+0.4\times 0.02}\approx 0.3623$$

2.3.3　随机变量的概率分布

对于随机变量 X，$x\in\mathbf{R}$，称 $F(x)=P(X\leqslant x)$为随机变量 X 的分布函数。随机变量的分布函数反映了随机变量的统计规律性。

分布函数 $F(x)$的性质如下。

（1）$F(x)$是一个非递减函数。

（2）$0<F(x)<1$ 且 $F(-\infty)=0$，$F(+\infty)=1$。

（3）$F(x)$是右连续函数。

据此可推导出：

$$P(x_1 \leqslant X \leqslant x_2)=P(X \leqslant x_2)-P(X \leqslant x_1)=F(x_2)-F(x_1)$$

随机变量可取值有限个或无限个。有限个取值就是离散型随机变量，无限个取值就是连续型随机变量。

1. 随机变量的概率分布

假设离散型随机变量 X 的所有可能取值为 $x_1,x_2,\cdots,x_k$，且有 $P(X=x_i)=P_i$（$i=1,2,\cdots,k$），则随机变量 X 的概率分布（分布律）必须满足以下两个条件。

（1）$0\leqslant P_i\leqslant 1$（$i=1,2,\cdots,k$）。

（2）$\sum_{i=1}^{k}P_i=1$。

随机变量 X 的概率分布可以表示为

$$X\sim\begin{pmatrix} x_1 & x_2 & \cdots & x_k \\ P_1 & P_2 & \cdots & P_k \end{pmatrix}$$

根据 X 的概率分布，X 的分布函数表示为

$$F_x(x)=P(X\leqslant x_i)=\sum_{x_i<x}P(X\leqslant x_i)\quad（i=1,2,\cdots,k）$$

2. 伯努利(0-1)分布

伯努利（0-1）分布和二项分布是比较常见的离散型分布。在一次伯努利试验中，只有两种可能的结果：发生、不发生。记发生为 1，不发生为 0，则随机变量在一次伯努利试验后的取值只有 0 和 1，且满足

$$F_x(x)\begin{cases} P(X=0)=1-p \\ P(X=1)=p \end{cases}$$

即可称随机变量 X 服从伯努利（0-1）分布，记作 $X\sim b(1,p)$。

3. 二项分布

设随机变量 X 表示在 n 重伯努利试验中事件发生的次数，p 为在一次伯努利试验中事件 A 发生的概率，则在 n 重伯努利试验中事件 A 恰好发生 k 次的概率为

$$P(X=k)=C_n^k p^k (1-p)^{n-k} \quad (k=1,2,\cdots,n)$$

则称随机变量 X 服从二项分布，记作 $X \sim b(n,p)$。

从二项分布与伯努利分布的定义可知：二项分布是伯努利分布的推广；伯努利分布是二项分布的特殊情况。也就是说，当 n=1 时，二项分布退化为伯努利分布；将伯努利分布对应的伯努利试验重复 n 次，就形成了二项分布。

4. 多项分布

多项分布是二项分布的推广。随机变量 $X=(X_1,X_2,\cdots,X_n)$满足下列条件。

- $X_i \geqslant 0$（$1 \leqslant X_i \leqslant n$），且 $\sum_{i=1}^{n} X_i = N$。
- 设 $m_1,m_2,\cdots,m_n$ 为任意非负整数，且 $\sum_{i=1}^{n} m_i = N$，则有如下等式

$$P\{X_1=m_1,X_2=m_2,\cdots,X_n=m_n\}=\frac{N!}{m_1!m_2!\cdots m_n!}p_1^{m_1}p_2^{m_2}\cdots p_n^{m_n}$$

式中，$p_i \geqslant 0$（$1 \leqslant i \leqslant n$），$\sum_{i=1}^{n} p_i = 1$，则称随机变量 $X=(X_1,X_2,\cdots,X_n)$服从多项分布，记作 $X \sim \text{Multinomial}(N,p_1,p_2,\cdots,p_n)$。

5. 连续型随机变量与连续型分布

对于随机变量 X 的分布函数 $F(x)$，若存在非负可积函数 $f(x)$，使得 $\forall x \in \mathbf{R}$，有

$$F(x)=\int_{-\infty}^{x} f(t)\mathrm{d}t$$

则称随机变量 X 为连续型随机变量。式中，函数 $f(x)$称为 X 的概率密度函数，简称概率密度。概率密度函数 $f(x)$具有以下性质。

（1）$f(x) \geqslant 0$。

（2）$\int_{-\infty}^{+\infty} f(x)\mathrm{d}x = 1$。

（3）对于任意实数 $x_1<x_2$，有

$$\begin{aligned}P(x_1 \leqslant X \leqslant x_2) &= P(x_1 < X \leqslant x_2) = P(x_1 \leqslant X < x_2) = P(x_1 < X < x_2)\\ &= F(x_2)-F(x_1)=\int_{x_1}^{x_2} f(x)\mathrm{d}x\end{aligned}$$

（4）若概率密度函数 $f(x)$连续，则 $F'(x)=\frac{\mathrm{d}F(x)}{\mathrm{d}x}=f(x)$。

6. 正态分布

机器学习中最常用的连续型分布当属正态分布。很多随机现象都可以用正态分布描述或挖掘。数理统计中的某些常用分布是由正态分布推导得到的。在一定条件下，某些概率

分布可以利用正态分布近似计算。

若连续型随机变量 X 的概率密度函数为

$$f(x)=\frac{1}{\sqrt{2\pi}\sigma}\mathrm{e}^{-\frac{(x-\mu)^2}{2\sigma^2}} \quad (x\in\mathbf{R})$$

则称随机变量 X 服从均值为 μ、方差为 σ^2 的正态分布，记作 $X\sim N(\mu,\sigma^2)$。式中，σ（$\sigma>0$）为随机变量 X 的标准差，μ 和 σ 都是常数。

均值为 μ、标准差为 σ 的正态分布的概率密度函数图像如图 2-2 所示。

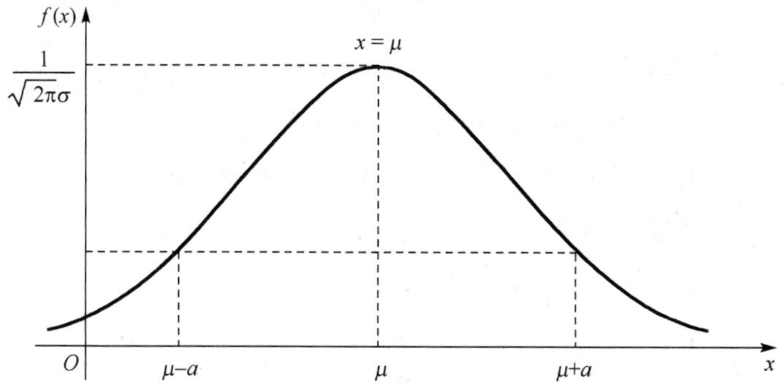

图 2-2　正态分布的概率密度函数图像

由图 2-2 可以看出，不管 μ 和 σ 为多少，正态分布的概率密度函数始终是对称的，其对称轴为 $x=\mu$，即 μ 的大小决定了正态分布概率密度函数的对称轴的位置，μ 越大，对称轴越靠近 x 轴右端；还可以看出，σ 越大，概率密度函数图像越“矮胖”；σ 越小，概率密度函数图像越“瘦高”。

通常参数 $\mu=0$、$\sigma^2=1$ 的正态分布被称为标准正态分布，记作 $X\sim N(0,1)$。标准正态分布的概率密度函数为

$$f(x)=\frac{1}{\sqrt{2\pi}}\mathrm{e}^{-\frac{x^2}{2}} \quad (x\in\mathbf{R})$$

对应的分布函数为

$$\varPhi(x)=\int_{-\infty}^{x}f(t)\mathrm{d}t=\int_{-\infty}^{x}\frac{1}{\sqrt{2\pi}}\mathrm{e}^{-\frac{t^2}{2}}$$

由对称性可知，$\varPhi(-x)=1-\varPhi(x)$。若随机变量 $X\sim N(0,1)$，则当 $\forall a,b\in\mathbf{R}$ 且 $a<b$ 时，有 $P(a<X<b)=\varPhi(b)-\varPhi(a)$。

7. 计算非正态分布的概率

在计算非正态分布的概率时，由于非正态分布的概率密度函数比较复杂，可将非正态分布转化为标准正态分布。

对于随机变量 $X\sim N(\mu,\sigma^2)$，$Y=\dfrac{X-\mu}{\sigma}\sim N(0,1)$。当 $\forall a,b\in\mathbf{R}$ 且 $a<b$ 时，有

$$P(a < X \leqslant b) = P\left(\frac{a-\mu}{\sigma} < \frac{X-\mu}{\sigma} \leqslant \frac{b-\mu}{\sigma}\right) = P\left(\frac{a-\mu}{\sigma} < Y \leqslant \frac{b-\mu}{\sigma}\right)$$

$$= \Phi\left(\frac{b-\mu}{\sigma}\right) - \Phi\left(\frac{a-\mu}{\sigma}\right)$$

8. 拉普拉斯分布

拉普拉斯分布的概率密度函数为

$$f(x) = \frac{1}{2\lambda} \mathrm{e}^{-\frac{|x-\mu|}{\lambda}}$$

式中，μ 为位置参数；λ 为尺度参数。上式包含绝对值符号，表明拉普拉斯分布实际上是由两个指数分布构成的，故拉普拉斯分布又称双指数分布。

不同参数下的拉普拉斯分布的概率密度函数图像如图 2-3 所示，图中 μ 取 0，λ 分别取 1（峰最高）、2、0.5（峰最低）。

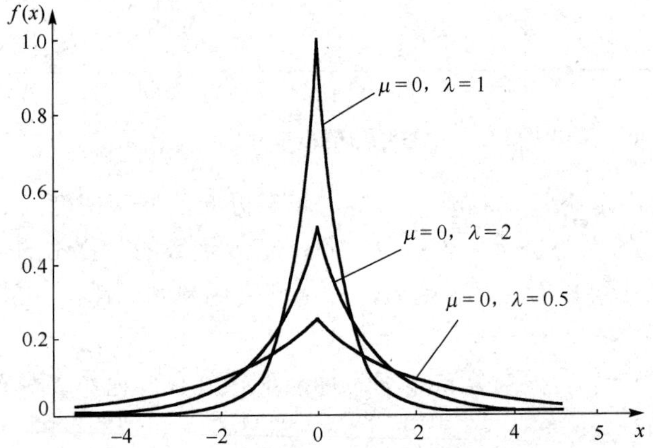

图 2-3 不同参数下的拉普拉斯分布的概率密度函数图像

拉普拉斯分布和正态分布的概率密度函数图像对比如图 2-4 所示。由图 2-4 可以看出，拉普拉斯分布的概率密度函数图像与正态分布的概率密度函数图像很相似，但拉普拉斯分布的概率密度函数图像有尖峰和轻微的厚尾。

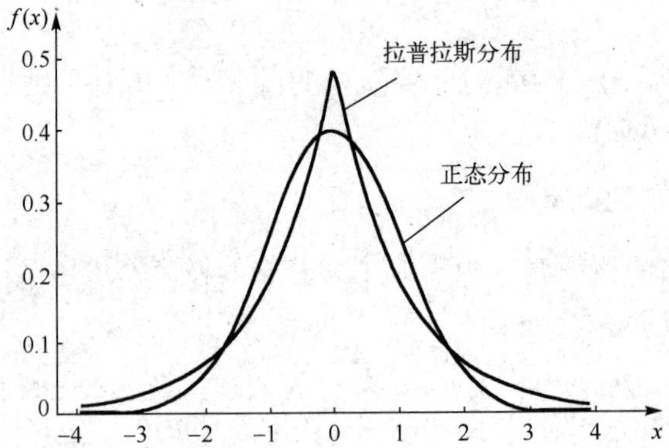

图 2-4 拉普拉斯分布与正态分布的概率密度函数图像对比

2.3.4　随机变量的数字特征

随机变量的分布函数往往不易求得，也不必求得，相较而言，随机变量的数字特征更简单易求，并且能满足研究分析问题的需求。通过随机变量的数学期望和方差，可以引入协方差的概念；通过协方差可将一元正态分布推广到多元正态分布。

1．数学期望

对于离散型随机变量 X，若 X 的概率分布为 $P(X=x_i)=P_i$（$i=1,2,\cdots,k$），则随机变量 X 的数学期望为

$$E(X)=\sum_{i=1}^{k}x_i p_i$$

对于连续型随机变量 X，其概率密度函数为 $f(x)$，则随机变量 X 的数学期望为

$$E(X)=\int_{-\infty}^{+\infty}xf(x)\mathrm{d}x$$

对于二维离散型随机变量 (X,Y)，其联合分布律为 $P(X=x_i,Y=y_i)=P_{ij}$，则

$$E(X)=\sum_i\sum_j x_i p_{ij}\text{，}\quad E(y)=\sum_i\sum_j y_i p_{ij}$$

对于二维连续型随机变量 (X,Y)，其联合概率密度函数为 $f(x,y)$，则

$$E(X)=\int_{-\infty}^{+\infty}\int_{-\infty}^{+\infty}xf(x,y)\mathrm{d}x\mathrm{d}y\text{，}\quad E(Y)=\int_{-\infty}^{+\infty}\int_{-\infty}^{+\infty}yf(x,y)\mathrm{d}x\mathrm{d}y$$

2．数学期望的性质

无论随机变量是离散型变量还是连续型变量，对于随机变量 X 和 Y，其数学期望都有以下性质。

（1）$E(C)=C$（C 为常数）。

（2）$E(CX)=CE(X)$（C 为常数）。

（3）对于任意两个随机变量 X 和 Y，$E(X\pm Y)=E(X)\pm E(Y)$。

（4）对于相互独立的随机变量 X 和 Y，$E(XY)=E(X)E(Y)$。

3．方差

对于随机变量 X，方差定义为 $D(X)=E\left[(x-E(x))^2\right]$。根据离散型随机变量数学期望的定义，离散型随机变量的方差可以写成

$$D(X)=\sum_{i=1}^{k}\left[x-E(x)\right]^2 p_i$$

根据连续型随机变量的数学期望的定义，连续型随机变量的方差的定义式可以写成

$$D(X)=\int_{-\infty}^{+\infty}\left[x-E(x)\right]^2 f(x)\mathrm{d}x$$

根据数学期望的性质，方差可以表示为

$$\begin{aligned}D(X) &= E\left[(X-E(x))^2\right] \\ &= E\left[(X^2-2XE(X))+E(X)^2\right] \\ &= E(X)^2-2\left[E(X)\right]^2+E\left[E(X)^2\right] \\ &= E(X)^2-\left[E(X)\right]^2\end{aligned}$$

上面的方差推导式将复杂的方差计算转化为两个数学期望的计算，减少了计算量，而且既适用于离散型随机变量，也适用于连续型随机变量。

类似于数学期望，对于二维离散型随机变量(X,Y)，其联合分布律为$P(X=x_i,Y=y_i)=P_{ij}$，则

$$D(X)=\sum_i\sum_j[x_i-E(X)]^2p_{ij}\text{，}\quad D(Y)=\sum_i\sum_j[y_i-E(Y)]^2p_{ij}$$

对于二维连续型随机变量(X,Y)，其联合概率密度函数为$f(x,y)$，则随机变量X和Y的方差分别为

$$D(X)=\int_{-\infty}^{+\infty}\int_{-\infty}^{+\infty}\left[x-E(X)\right]^2f\left(x,y\right)\mathrm{d}x\mathrm{d}y$$

$$D(Y)=\int_{-\infty}^{+\infty}\int_{-\infty}^{+\infty}\left[y-E(Y)\right]^2f\left(x,y\right)\mathrm{d}x\mathrm{d}y$$

4．方差的性质

对于随机变量X和Y，无论它是离散型变量还是连续型变量，其方差都有以下性质。

（1）$D(C)=0$（C为常数）。

（2）$D(CX)=C^2D(X)$（C为常数）。

（3）设有任意两个随机变量X和Y，随机变量$X\pm Y$的方差为

$$D(X\pm Y)=D(X)+D(Y)\pm 2E[(X-E(X)(Y-(E(Y))]$$

若X和Y相互独立，则随机变量$X\pm Y$的方差为

$$D(X\pm Y)=D(X)\pm D(Y)$$

（4）$D(X)=0$是$P(X=E(X))=1$的充分必要条件。

5．协方差

对于二维随机变量(X,Y)，若存在$E\{[X-E(X)][Y-E(Y)]\}$，则称其为随机量X和Y的协方差，记作$\mathrm{Cov}(X,Y)$，并称

$$\rho_{XY}=\frac{\mathrm{Cov}(X,Y)}{\sqrt{D(X)D(Y)}}\text{（}D(X)\neq 0,\quad D(Y)\neq 0\text{）}$$

为随机变量X和Y之间的相关系数。若$\rho_{XY}\neq 0$，则当$\mathrm{Cov}(X,Y)\neq 0$时，称随机变量X和Y相关；若$\rho_{XY}=0$，则当$\mathrm{Cov}(X,Y)=0$时，称随机变量X和Y不相关。

6. 协方差的性质

与数学期望和方差类似，对于随机变量 X 和 Y，无论它是离散型变量还是连续型变量，其协方差都有以下性质。

（1）$\mathrm{Cov}(X,Y)=\mathrm{Cov}(Y,X)$。

（2）$\mathrm{Cov}(AX,BY)=AB\mathrm{Cov}(Y,X)$（$A$、$B$ 为常数）。

（3）$\mathrm{Cov}(X_1+X_2,Y)=\mathrm{Cov}(X_1,Y)+\mathrm{Cov}(X_2,Y)$。

（4）$D(X\pm Y)=D(X)+D(Y)\pm 2\mathrm{Cov}(X,Y)$。

（5）$\mathrm{Cov}(X,Y)=E\{[X-E(X)][Y-E(Y)]\}=E(XY)-E(X)E(Y)$。

根据协方差与相关系数的计算公式，可将 ρ_{XY} 看作标准化随机变量：

$$\frac{X-E(X)}{\sqrt{D(X)}}与\frac{Y-E(Y)}{\sqrt{D(Y)}}$$

的协方差。若随机变量 X、Y 相互独立，$E(XY)=E(X)E(Y)$，则由协方差公式可知 $\mathrm{Cov}(X,Y)=0$，$\rho_{XY}=0$，即随机变量 X、Y 不相关；反之，若随机变量 X、Y 不相关，则可能出现 $E(XY)=E(X)=E(Y)=0$ 的情况，随机变量 X、Y 不一定相互独立。

相关性反映的是随机变量 X、Y 之间有线性关系，而独立性反映的是随机变量 X、Y 之间没有关系。可见，随机变量 X、Y 不相关只能说明随机变量 X、Y 之间没有线性关系，并不代表它们之间没有其他函数关系。因此，与相关性相比，独立性是更严格的条件。

2.3.5 中心极限定理

客观世界的某些现象往往受到许多相互独立的随机因素的影响。如果每个因素的影响都很微小，总的影响就可以看作服从正态分布。中心极限定理从数学上证明了这一现象。

中心极限定理：给定足够大的样本量，无论变量在总体中的分布如何，变量均值的抽样分布都将近似于正态分布。具体地，给定一个任意分布的总体，从中抽取 n 个样本，总共随机抽取 m 次，计算 m 次抽取的样本的均值，则这些均值的分布服从正态分布，并且这些均值的均值近似等于总体均值，均值的方差为总体方差除以 n。

例 2-8　估算全校学生的数学平均成绩。

中心极限定理的一个重要用途是根据样本均值估计总体均值。要估算全校学生的数学平均成绩，有两种做法。

（1）一种做法是先收集每个学生的数学成绩，然后加总，再除以学生总数。这种做法工作量大，成本也高。

（2）另一种做法是应用中心极限定理，步骤如下。

- 随机抽取 50 个学生的数学成绩，计算平均成绩，记为 x_1。
- 再随机抽取 50 个学生的数学成绩，计算平均成绩，记为 x_2。
- ……
- 再随机抽取 50 个学生的数学成绩，计算平均成绩，记为 x_m。

依据中心极限定理可知，$x_1,x_2,\cdots,x_m$ 服从正态分布，它们的均值就是全校学生的数学平均成绩

$$\overline{x}=\frac{1}{m}\sum_{i=1}^{n}x_i \quad （i=1,2,\cdots,m）$$

中心极限定理有多种形式，机器学习中常用的是列维-林德伯格定理，即独立同分布的中心极限定理。设随机变量 $X_1,X_2,\cdots,X_n$ 相互独立且服从同一分布，即独立同分布。其数学期望和方差分别为 $E(X_i)=\mu$，$D(X_i)=\sigma^2$（$i=1,2,\cdots,n$）。随机变量之和 $\sum_{i=1}^{n}X_i$ 的标准化量为

$$Y_n=\frac{\sum_{i=1}^{n}X_i-E\left(\sum_{i=1}^{n}X_i\right)}{\sqrt{D\left(\sum_{i=1}^{n}X_i\right)}}=\frac{\sum_{i=1}^{n}X_i-n\mu}{\sqrt{n}\sigma}$$

则 Y_n 的分布函数 $F_n(x)$ 为

$$\lim_{n\to\infty}F_n(x)^n=\lim_{n\to\infty}P\left\{\frac{\sum_{i=1}^{n}X_i-n\mu}{\sqrt{n}\sigma}\leqslant x\right\}=\frac{1}{\sqrt{2\pi}}\int_{-\infty}^{x}\mathrm{e}^{-\frac{t^2}{2}}\mathrm{d}t=\varPhi(x)$$

这个定理说明，当 n 足够大时，在给定条件下有 $\frac{\sum_{i=1}^{n}X_i-n\mu}{\sqrt{n}\sigma}$ 近似服从分布 $N(0,1)$，或者 $\frac{\bar{X}-\mu}{\sqrt{n}\sigma}$ 近似服从分布 $N(0,1)$，或者 $\bar{X}$ 近似服从分布 $N\left(\mu,\frac{\sigma^2}{n}\right)$。也就是说，只要样本足够大，可以假设总体样本服从正态分布。

在应用中心极限定理时，要注意以下几点。

- 总体的分布是任意的，可以是指数分布、均匀分布等。
- 从总体中抽取 n 个样本，总共抽取 m 次，这里 m 和 n 都要求足够大。
- 抽取的 m 次样本的均值的分布是正态分布，这种分布叫作抽样分布。
- 这些样本均值的均值近似为总体均值，表明要求两次均值。

2.3.6 极大似然估计

极大似然估计是统计学中常用的参数估计方法，其目的为利用已知的样本结果，反推最有可能（最大概率）导致此结果的参数值。这种方法主要通过给定观察数据来评估模型参数，即当“模型已定，参数未知”时，先进行若干次试验，并观察试验结果，再利用试验结果评估究竟哪个参数值能够使样本出现的概率最大。

对于总体 X，其概率分布为 $P(X=x;\theta)=p(x;\theta)$，其中 θ 为未知参数。同时设 $X_1,X_2,\cdots,X_n$ 为总体 X 中的样本，则 $X_1,X_2,\cdots,X_n$ 独立同分布。样本的联合概率密度函数称为似然函数，记作

$$L(x_1,x_2,\cdots,x_n;\theta)=\prod_{i=1}^{n}P(X=x_i;\theta)$$

极大似然估计的任务就是寻找最大概率对应的参数，记作

$$\hat{\theta}=\arg\max_{\theta}L(x_1,x_2,\cdots,x_n;\theta)$$

式中，$\hat{\theta}$ 称为极大似然估计量。极大似然估计求解的主要过程如下。

1．确定总体 X 中待估计的参数的个数

为了方便，设未知参数为 $\theta_1,\theta_2,\cdots,\theta_k$，则可将似然函数写成：

$$L(x_i;\theta_1,\theta_2,\cdots,\theta_k)=\prod_{i=1}^{n}P(x_i;\theta_1,\theta_2,\cdots,\theta_k)$$

式中的连乘可能导致函数最高次数过大且求导过于复杂，为了解决这个问题，通常对上式两端取对数，得到对数似然函数：

$$\begin{aligned}\log L(x_i;\theta_1,\theta_2,\cdots,\theta_k)&=\log\prod_{i=1}^{n}P(x_i;\theta_1,\theta_2,\cdots,\theta_k)\\&=\sum_{i=1}^{n}\log P(x_i;\theta_1,\theta_2,\cdots,\theta_k)\end{aligned}$$

2．求极大似然估计量

求未知参数 $\theta_1,\theta_2,\cdots,\theta_k$ 的极大似然估计量的方法为求函数极值的一般方法，即求解对数似然函数的驻点，也就是求其偏导数并令偏导数为零，构造对数似然方程组，求得的解就是所求参数。对数似然方程组为

$$\begin{cases}\dfrac{\partial L(x_i;\theta_1,\theta_2,\cdots,\theta_k)}{\partial\theta_1}\\\dfrac{\partial L(x_i;\theta_1,\theta_2,\cdots,\theta_k)}{\partial\theta_2}\\\cdots\\\dfrac{\partial L(x_i;\theta_1,\theta_2,\cdots,\theta_k)}{\partial\theta_k}\end{cases}$$

若未知参数还有某些限制，则可以利用拉格朗日乘数法构造拉格朗日函数求解参数极值，从而得到 θ 的极大似然估计：参数 $\hat{\theta}_i=\theta(x_1,x_2,\cdots,x_n)$。

例 2-9　正态分布均值 μ 的极大似然估计。

设样本服从正态分布 $N(\mu,\sigma^2)$，则极大似然函数为

$$L(\mu,\sigma^2)=\prod_{i=1}^{n}\frac{1}{\sqrt{2\pi}\sigma}\mathrm{e}^{-\frac{(x_i-\mu)^2}{2\sigma^2}}=(2\pi\sigma^2)^{-\frac{n}{2}}\mathrm{e}^{-\frac{1}{2\sigma^2}\sum_{i=1}^{n}(x_i-\mu)^2}$$

两边取对数，得

$$\ln L(\mu,\sigma^2)=-\frac{n}{2}\ln(2\pi)-\frac{n}{2}\ln(\sigma^2)-\frac{1}{2\sigma^2}\sum_{i=1}^{n}(x_i-\mu)^2$$

两边求导并令其为 0，得方程组

$$\begin{cases}\dfrac{\partial\ln L(\mu,\sigma^2)}{\partial u}=\dfrac{1}{\sigma^2}\displaystyle\sum_{i=1}^{n}(x_i-\mu)=0\\\dfrac{\partial\ln L(\mu,\sigma^2)}{\partial\sigma^2}=-\dfrac{n}{2\sigma^2}+\dfrac{1}{2\sigma^4}\displaystyle\sum_{i=1}^{n}(x_i-\mu)^2=0\end{cases}$$

解方程组得

$$\begin{cases}\mu^* = \overline{x} = \dfrac{1}{n}\sum_{i=1}^{n} x_i \\ \sigma^{2*} = \overline{x} = \dfrac{1}{n}\sum_{i=1}^{n}(x_i - \overline{x})^2\end{cases}$$

似然方程有唯一解 (μ^*,σ^{2*})，而且是极大值点，原因是当 $\mu \to \infty$ 或 $\sigma^2 \to \infty$、$\sigma \to 0$ 时，非负函数 $L(\mu,\sigma^2) \to 0$。

因此，μ 和 σ 的极大似然估计为 (μ^*,σ^{2*})。

2.4 凸优化

机器学习中的很多问题可以看作求最优解问题。对一个机器学习问题建模后，往往需要求解出一组参数，使得其损失函数取最小值。一个能有效地解决问题的模型至少需要满足以下两个条件。

- 能找到最优解，即该模型中存在一组参数，使其损失函数取得极小值或最小值。
- 收敛，即可以找到获取最优解的算法。

损失函数往往比较复杂，很难得到闭式解，只能使用迭代算法求解，而且经常因存在“维数灾难”，而不能使用穷举算法。一般的解决办法都是先随机选取一个起始点，然后沿着梯度方向逐步更新，直到收敛到某一点为止，这时沿任何方向移动损失函数的值都不会再减小。

若步长合理，则沿着梯度方向每次更新后得到的目标函数都比上一次小。在极值点沿任何方向移动（包括梯度方向）目标函数的值都不会再减小。假定 x^*是极小值，则从 x^*出发去定义域内任意一点 a 的向量与梯度的内积大于或等于 0。这个状态可以表示为

$$\nabla f(x^*)'(a - x^*) \geqslant 0\,,\quad \forall a \in \Omega$$

也就是说，从 x^*出发到定义域内任意一点 a（步长为 $a–x^*$）沿梯度方向都使得函数值增大或不变。

有什么依据呢？可将这个内积看作向量 $\boldsymbol{a}–\boldsymbol{x}^*$在梯度向量支撑起的超平面上的投影。梯度的特点是函数 $f(x)$沿着负梯度是下降的，沿着正梯度是上升的。故向量 $\boldsymbol{a}–\boldsymbol{x}^*$在梯度上的投影会使函数值增大，而 a 是任意取值的，这表明 x^*是一个极小值。若 $f(x)$是一个凸函数，则 x^*不仅是局部极小值，还是全局最小值。

可见，梯度指出了一个能够不断降低损失函数值的方向，如何保证沿着这个方向一定能够找到极值呢？如果目标函数是凸函数，就一定能找到极值；如果目标函数是非凸函数，就可能收敛到一个局部最优解而非全局最优解。好比让一个盲人去山顶，他自然会选择向海拔升高的方向行走。至于最后能不能到达山顶，取决于地形。如果地形是一个中间高而四周低的山包（相当于凸函数），那么肯定可以到达山顶；如果地形是高低起伏的群山（相当于非凸函数），就只能到达一座山峰的顶（极值）而不能保证到达最高峰。

由于凸函数的极值点就是最值点，因此常将目标函数表示成凸函数，其定义的空间也必须是凸集。好比要求地形是凸的，走过的路构成的集合也必须是凸的。

1. 凸集与凸函数

凸集中任意两点的连线在这个集合内，如图 2-5 所示。

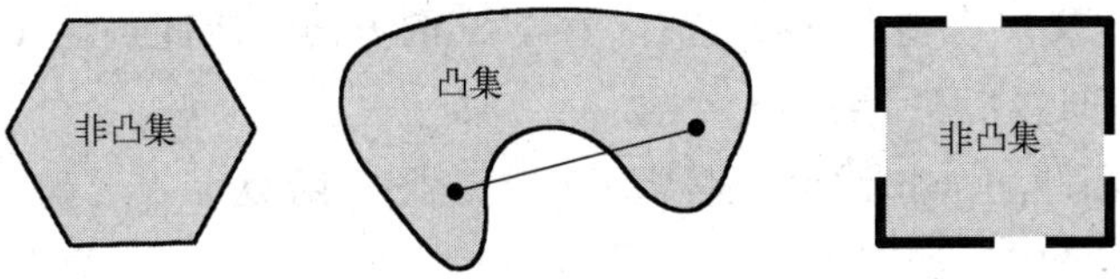

图 2-5　凸集与非凸集

凸集有一个性质（以二维空间为例），如果任意一点 y 不属于这个集合，那么一定存在一条线将该点与凸集分开。

2. 凸函数

凸函数及其弦与切线如图 2-6 所示，从图中可以看出凸函数具有如下两个性质。

（1）弦上的点大于函数值。如图 2-6（a）所示，用凸函数两点之间连线上的一点 C 来替代相应的函数值 A，必然有 $C>A$。

（2）切线上的点小于函数值。如图 2-6（b）所示，用凸函数切线上的一点 C 来替代函数值 A，必然有 $C<A$。

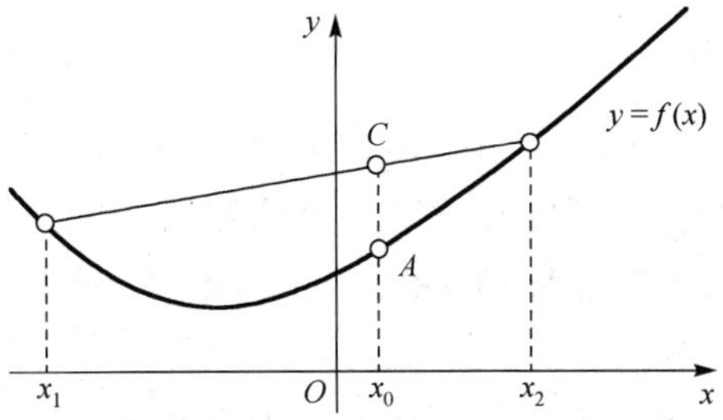

（a）

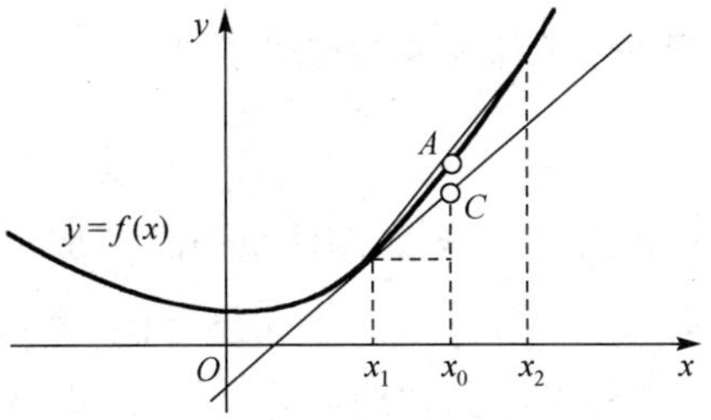

（b）

图 2-6　凸函数及其弦与切线

可将“弦上的点大于函数值”扩展为多个点的线性组合：

$$f\left(\sum_{i=1}^{m}\alpha_i x^i\right) \leqslant \sum_{i=1}^{m}\alpha_i f(x^i)$$

式中，α_i 取值为 0～1，α_i 的和为 1。

根据“切线上的点小于函数值”，有

$$f(y) \geqslant f(x^*) + \nabla f(x^*)(y - x^*) \geqslant f(x^*)$$

可以从两个层面来理解这个公式。第一，x^*是极值，即任取定义域内一点得到的 $f(y)>f(x^*)$。第二，定义域内任取一点 y，沿着 $\boldsymbol{y}-\boldsymbol{x}^*$的方向一定能到达 x^*。在未知 $\boldsymbol{y}-\boldsymbol{x}^*$的方向的情况下，可以通过梯度找到 x^*。

为了将凸函数和凸集一起讨论，需要了解上镜图。函数 f 的上镜图就是该函数上方所有点构成的集合（区域），如图 2-7 所示。

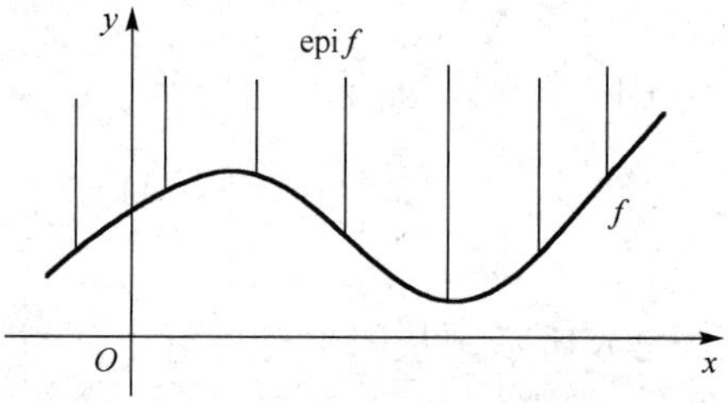

图 2-7　函数 f 的上镜图

可以通过函数图像的上镜图来判断函数的凸性：当且仅当一个函数的上镜图是凸集时，该函数为凸函数。这就与“切线上的点小于函数值”联系起来了。

3．分割定理与支撑定理

二维空间中的直线对应为多维空间中的超平面。将“切线上的点小于函数值”扩展到多维空间就是存在一个超平面，可以支撑起这个函数对应的上镜图，而且这个超平面和函数有一个交点。这个超平面叫作支撑超平面。

凸集的两个重要性质如下。

- 分割定理：凸集可以被一个超平面将凸集和凸集外一点区分开（存在分离超平面）。
- 支撑定理：凸集边缘上任意一点都对应一个与凸集相切的超平面（将整个空间分成含凸集与不含凸集两部分）（存在支撑超平面）。

4．对偶

分割定理通过函数上镜图概念与凸函数联系在一起，成为凸优化中对偶性的基础。对偶性通过对偶变换将原函数变成另一个函数（一定是凸函数）。

对函数 $y=f(x)$来说，其对偶函数是以切线斜率 k 为自变量，以切线与 y 轴交点 y^*为值的函数。对应到多维函数，其对偶函数以其支撑超平面（切平面）为正交方向向量，函数值是这个超平面和函数值对应坐标轴的交点，可以表示为

$$h(y) \triangleq \sup_{x \in S}\left[\langle x, y\rangle - f(x)\right] = -\inf_{x \in S}\left[f(x) - \langle y, x\rangle\right], \quad \forall y \in \Omega$$

式中，sup 或 inf 表示选择最大值或最小值。

对偶函数满足对偶不等式：

$$\langle x, y\rangle \leqslant f(x)+h(y)$$

当 y 取值对应到切平面时取等号。这时 y 就是支撑切平面的正交方向向量，即梯度。

考察这个对偶不等式，若有一些约束使得$<x,y>=0$，则 $f(x)$的最小值就与$-h(y)$的最大值相等，从而将求解 $\min\{f(x)\}$ 问题转化成求解 $\max\{-h(y)\}=\min\{h(y)\}$ 的问题。这里求解 $\min\{f(x)\}$的问题称为原问题，求解 $\min\{h(y)\}$的问题称为对偶问题。也就是说，在某些条件下，可以通过求解对偶问题间接求解原问题。当然，前提是对偶问题更便于求解。

5. 拉格朗日对偶

对偶研究中常用的方法是拉格朗日对偶，它有如下几个特点。

- 无论原问题是否为凸问题，对偶问题都是凸优化问题。
- 对偶问题至少给出了原问题最优解的下界。
- 在满足一定条件时，对偶问题与原问题的解完全等价。
- 对偶问题通常更容易求解。

基于这样的特点，拉格朗日对偶经常被用来求解最优化问题，而机器学习的背后都是优化问题。

拉格朗日对偶的第一步是按照拉格朗日乘数构造拉格朗日函数：

$$L(x, \lambda, v)=f(x)+\sum_{i=1}^{m} \lambda_{i} g_{i}(x)+\sum_{i=1}^{m} v_{i} h_{i}(x)$$

可以看到，拉格朗日函数是一个关于 x、λ、v 的函数。其中，x 是原问题的自变量；λ、v 是拉格朗日乘子，是标量。

在这个式子中，第一项是原问题的目标函数 $f(x)$，第二项是所有不等式约束的线性组合，第三项是所有等式约束的线性组合。其中，拉格朗日乘子必须满足 $\lambda_i \geqslant 0$ 的约束。

可以使用拉格朗日函数求解最优解 p^*：

$$\theta_{p}(y)=\max _{\lambda, v,\ \lambda_{i} \geqslant 0} L(x, \lambda, v)$$

$$p^{*}=\max _{x} \theta_{p}(x)$$

可以证明，该式与原问题的解相同。

6. KKT 条件

KKT（Karush Kuhn Tucker）条件是 Karush 及 Kuhn 和 Tucker 先后独立发表出来的，但在 Kuhn 和 Tucker 发表之后才逐渐受到重视，故常记载为库恩-塔克（Kuhn-Tucker）条件。KKT 条件其实是拉格朗日对偶的扩展形式。

对偶问题的解是原问题解的下界。实际上，若原问题是一个完全等式约束的最优化问题，则对偶间隙一定为 0，可以用拉格朗日乘数求解。对于添加了不等式约束的问题，引入 KKT 条件，满足 KKT 条件的最优化问题为强对偶问题。

KKT 条件（在最优解 x^* 处，满足这些条件）为

$$\nabla_x L(x^*, \lambda^*, v^*) = 0$$
$$\lambda_i g_i(x^*) = 0$$
$$g_i(x^*) \leqslant 0$$
$$\lambda_i \geqslant 0$$
$$h_i(x^*) = 0$$

可见，KKT 条件多了 $\lambda_i g_i(x^*)=0$ 项，该项意为若 $g_i(x^*)=0$，则 λ_i 取任意值，最优解在边界处取得；若 $g_i(x^*)<0$，则 $\lambda_i=0$，最优解在可行域内部取得。

总而言之，只要目标函数和约束函数可微，任一原问题和对偶问题的解都满足 KKT 条件。

习 题 2

1．求函数的导数。

（1） $y = 2x^2 - 3\ln x + \cos x + \sin\dfrac{\pi}{2}$。

（2） $y = \arcsin x$。

提示：先求解 $\sin x$ 的导数，再求解其倒数。

（3） $y = (x^2 + 2x)^3$。

提示：令 $u = x^2 + 2x$，求 $\dfrac{\mathrm{d}}{\mathrm{d}u}u^2 \cdot \dfrac{\mathrm{d}u}{\mathrm{d}x}$。

（4） $y = \sqrt[3]{ax^2 + bx + c}$。

提示：令 $u = ax^2 + bx + c$，求 $\dfrac{\mathrm{d}}{\mathrm{d}u}u^{\frac{1}{3}} \cdot \dfrac{\mathrm{d}u}{\mathrm{d}x}$。

（5） $y = \ln \cos \mathrm{e}^x$。

提示：该函数可看作由 $y = \ln u$、$u = \cos v$、$v = \mathrm{e}^x$ 复合而成的。

2．求函数的极值。

（1） $f(x) = (x^2 - 1)^3 + 1$。

提示：求导数并令其为 0，求得一个或多个驻点；判断各驻点左、右导数的正、负，先正后负就是极大值，先负后正就是极小值。

（2） $f(x) = 1 - (x-2)^{\frac{2}{3}}$。

提示：求导数并令其为 0，求得所有驻点及不可导点；判断各驻点是否为极值点；判断不可导点是否为极值点。

3．设 $z = x^y$（$x > 0$，$x \neq 1$），求证 $\dfrac{x}{y}\dfrac{\partial z}{\partial x} + \dfrac{1}{\ln x}\dfrac{\partial z}{\partial y} = 2z$。

提示：$(a^x)' = a^x \ln a$。

4．求 $z = \dfrac{x}{\sqrt{x^2 + y^2}}$ 的偏导数。

提示：$\left((x^2+y^2)^{-\frac{1}{2}}\right)'_x=-\frac{1}{2}\cdot(x^2+y^2)^{-\frac{1}{2}-1}\cdot 2x$。

5．设 $xu-yv=0$，$yu+xv=1$，求 $\frac{\partial u}{\partial x}$、$\frac{\partial u}{\partial y}$、$\frac{\partial v}{\partial x}$、$\frac{\partial v}{\partial y}$。

提示：两边求导并移项 $\begin{cases} x\frac{\partial u}{\partial x}-y\frac{\partial v}{\partial x}=-u \\ y\frac{\partial u}{\partial x}-x\frac{\partial v}{\partial x}=-v \end{cases}$，用克莱姆法则，通过系数行列式求解。

6．求由方程 $x^2+y^2+z^2-2x+2y-4z-10=0$ 确定的函数 $z=f(x,y)$的极值。

提示：解方程组 $f_x(x,y)=0$，$f_y(x,y)=0$，求出实数解，得到驻点；对每个驻点求二阶偏导数的值；先确定 $AC-B^2$ 的符号，再判定是否极值。

7．设 $\boldsymbol{\alpha}=(1,-1,1,-1)^{\mathrm{T}}$，$\boldsymbol{\beta}=(1,2,2,1)^{\mathrm{T}}$。

（1）将 $\boldsymbol{\alpha}$、$\boldsymbol{\beta}$ 转化为单位向量。

（2）判断向量 $\boldsymbol{\alpha}$、$\boldsymbol{\beta}$ 是否正交。

8．计算。

（1）$3\begin{pmatrix} 2 & 4 & 7 \\ 1 & 3 & 2 \end{pmatrix}-\begin{pmatrix} 6 & 10 & 12 \\ 0 & 9 & 3 \end{pmatrix}$。

（2）$\begin{pmatrix} 3 & 1 & 1 \\ 2 & 1 & 2 \\ 1 & 2 & 3 \end{pmatrix}-\begin{pmatrix} 1 & 1 & -1 \\ 2 & -1 & 1 \\ 1 & 0 & 1 \end{pmatrix}$。

（3）$\begin{pmatrix} d_1 & 0 & \cdots & 0 \\ 0 & d_2 & \cdots & 0 \\ \vdots & \vdots & & \vdots \\ 0 & 0 & \cdots & d_m \end{pmatrix}\begin{pmatrix} a_{11} & a_{12} & \cdots & a_{1n} \\ a_{21} & a_{22} & \cdots & a_{2n} \\ \vdots & \vdots & & \vdots \\ a_{m1} & a_{m2} & \cdots & a_{mn} \end{pmatrix}$。

9．已知 $\boldsymbol{A}=(1,1,0,2)$、$\boldsymbol{B}=(4,-1,2,1)^{\mathrm{T}}$，求 $\boldsymbol{AB}$ 与 $\boldsymbol{A}^{\mathrm{T}}\boldsymbol{B}^{\mathrm{T}}$。

10．设向量组 $\boldsymbol{\alpha}_1,\boldsymbol{\alpha}_2,\boldsymbol{\alpha}_3$ 线性相关，向量组 $\boldsymbol{\alpha}_2,\boldsymbol{\alpha}_3,\boldsymbol{\alpha}_4$ 线性无关。

（1）$\boldsymbol{\alpha}_1$ 能否用 $\boldsymbol{\alpha}_2$、$\boldsymbol{\alpha}_3$ 线性表示，证明或举出反例。

（2）$\boldsymbol{\alpha}_4$ 能否用 $\boldsymbol{\alpha}_1$、$\boldsymbol{\alpha}_2$、$\boldsymbol{\alpha}_3$ 线性表示，证明或举出反例。

11．求矩阵的秩。

（1）$\begin{pmatrix} 1 & -1 & 5 & -1 \\ 1 & 1 & -2 & 3 \\ 3 & -1 & 8 & 1 \\ 1 & 3 & -9 & 7 \end{pmatrix}$。

（2）$\begin{pmatrix} 0 & 1 & 1 & -1 & 2 \\ 0 & 2 & -2 & -2 & 0 \\ 0 & -1 & -1 & 1 & 1 \\ 1 & 1 & 0 & 1 & -1 \end{pmatrix}$。

12．判断向量组是否线性相关。如果线性相关，求出向量组的一个极大线性无关组，并将其余向量用这个极大线性无关组表示。

（1）$\boldsymbol{\alpha}_1=(1,1,1)^{\mathrm{T}}$，$\boldsymbol{\alpha}_2=(1,2,3)^{\mathrm{T}}$，$\boldsymbol{\alpha}_3=(1,3,6)^{\mathrm{T}}$。

提示：用三个向量作为列构造矩阵；对矩阵进行初等行变换（第 3 行减第 1 行再减第 2 行；第 2 行减第 1 行）。

（2）$\boldsymbol{\alpha}_1=(1,-1,2,4)^{\mathrm{T}}$，$\boldsymbol{\alpha}_2=(0,3,1,2)^{\mathrm{T}}$，$\boldsymbol{\alpha}_3=(3,0,7,14)^{\mathrm{T}}$。

提示：用三个向量作为列构造矩阵；对矩阵进行初等行变换（两行乘以倍数，再通过加减进行消元）。

13．利用初等变换求矩阵的逆矩阵。

（1）$\begin{pmatrix}1&1&1&1\\1&1&-1&-1\\1&-1&1&-1\\1&-1&-1&1\end{pmatrix}$。

（2）$\begin{pmatrix}1&3&0&0\\2&1&1&0\\0&1&2&1\\0&0&1&2\end{pmatrix}$。

14．已知 $P(A)=0.4$，$P(B)=0.7$，$P(AB)=0.3$，求 $P(A-B)$、$P(A\cup B)$、$P(A\mid B)$、$P(\overline{A}\mid B)$。

15．玻璃杯成箱出售，每箱 20 件。假定一箱中包含 0 件、1 件、2 件残次品的概率分别为 0.8、0.1、0.1。某位顾客买一箱玻璃杯，随机从中抽出 4 件进行检查，若没有发现残次品，则买下这一箱；否则，退回。

（1）求该顾客买下该箱玻璃杯的概率是多少？

（2）求该顾客买下的该箱玻璃杯无残次品的概率是多少？

提示：设 A=“顾客买下这一箱”，B=“箱中恰好有 i 件残次品”（i=0,1,2），则有 $P(B_0)=0.8$，$P(B_1)=0.1$，$P(B_2)=0.1$，$P(A|B_0)=1$。

16．设离散型随机变量 X 的分布律如表 2-2 所示。

表 2-2　离散型随机变量 X 的分布率

X	1	2	3
P_k	$\frac{1}{4}$	$\frac{1}{2}$	$\frac{1}{4}$

（1）求 X 的分布函数 $F(x)$。

（2）求 $P\left(X\leqslant\frac{1}{2}\right)$、$P\left(X<\frac{1}{2}\right)$、$P\left(\frac{3}{2}<X\leqslant\frac{5}{2}\right)$、$P(2\leqslant X\leqslant 3)$。

（3）求 $P(X=2)$、$P(X=2.5)$。

17．已知随机变量 X 的概率密度函数为 $f_x(x)=\begin{cases}kx^2 & 0<x<2\\0 & \text{其他}\end{cases}$。

（1）求 k 的值。

（2）求 $P(1 < X < 3)$。

（3）求分布函数、$E(X)$、$D(X)$。

（4）求 $Y = \sqrt{X}$ 的概率密度函数和 $E(\sqrt{X})$。

18．已知 $X \sim B(5,0.5)$（二项分布），$Y \sim N(2,36)$，求 $E(X+Y)$。

19．已知总体 X 的概率密度函数为

$$f(x;\theta) = \begin{cases} (\theta+1)x^{\theta} & 0 < x < 1 \\ 0 & \text{其他} \end{cases}$$

式中，$\theta > -1$ 为未知参数。假设 $x_1,x_2,\cdots,x_n$ 是 X 的一组样本观测值，求参数 θ 的极大似然估计值。

提示：θ 的极大似然估计值为 $\hat{\theta} = -\dfrac{n}{\sum_{i=1}^{n} \ln x_i} - 1$。

20．举例说明凸函数的极值性质及其应用。

21．已知 $a^2 + b^2 = 1$，求 $(a+1)(b+1)$ 的最大值。

提示：$F_{(a,b)} = (a+1)(b+2) + \lambda(a^2 + b^2 - 1)$。

第 3 章　Python 程序设计

Python 是一种常用的程序设计语言，其功能丰富多彩、编程方式灵活多样，既可以像 C++、Java 等语言一样用于常规的程序设计，也可以像 ASP.NET、PHP 等语言一样用于网站（或网页）设计，还可以与其他高级语言（如 C 语言）编写的程序互相调用。

Python 是一种开放源代码的解释性高级语言，相对于其他高级语言（如 C++语言）来说，其中的关键字、表达式及语句的一般形式等更接近人们惯用的自然语言或数学语言。使用 Python 编程时，既可以像其他高级语言（如 C 语言或 C++语言）那样先编辑好源程序文件，再调用解释器来解释执行；也可以通过命令行方式直接执行。除此之外，Python 还可以与其他高级语言（如 C 语言或 C++语言）混合编程。

3.1　Python 程序的编辑与运行

Spyder 是一种支持 Python 程序设计的编程环境，它将整个程序设计过程中涉及的各种必要的功能有机地结合起来，构成一个图形化操作界面，如图 3-1 所示。

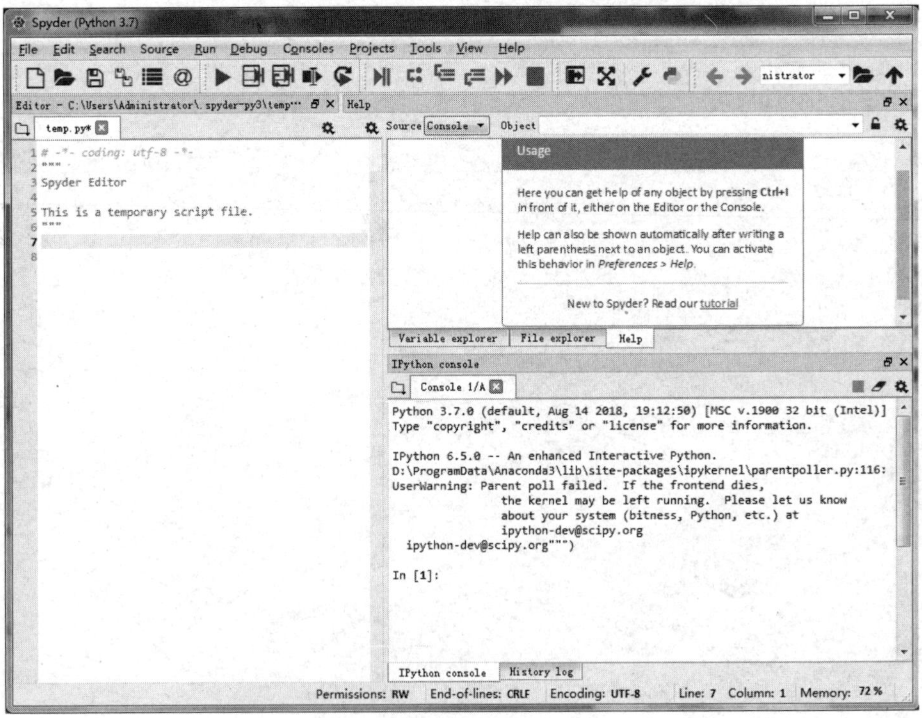

图 3-1　Spyder 的操作界面

Spyder 的操作界面由多个窗格构成，具体如下。

（1）编辑器（Editor）：用于编写程序，可使用标签页的形式编辑多个程序文件。

（2）控制台（IPython console）：用于评估程序、显示程序或语句的运行结果。

（3）变量管理器（Variable explorer）：用于显示 Python 控制台中的变量列表。

（4）对象检查器（Object）：用于查看对象的说明文档和源代码。

（5）文件浏览器（File explorer）：用于打开程序文件或切换当前路径。

（6）帮助窗格（Help）：用于显示或查询帮助信息。

用户可以根据自己的喜好调整窗格的位置和大小。在如图 3-2 所示的 View 菜单中可以设置是否显示这些窗格。当多个窗格出现在一个区域中时，将以标签页的形式显示。

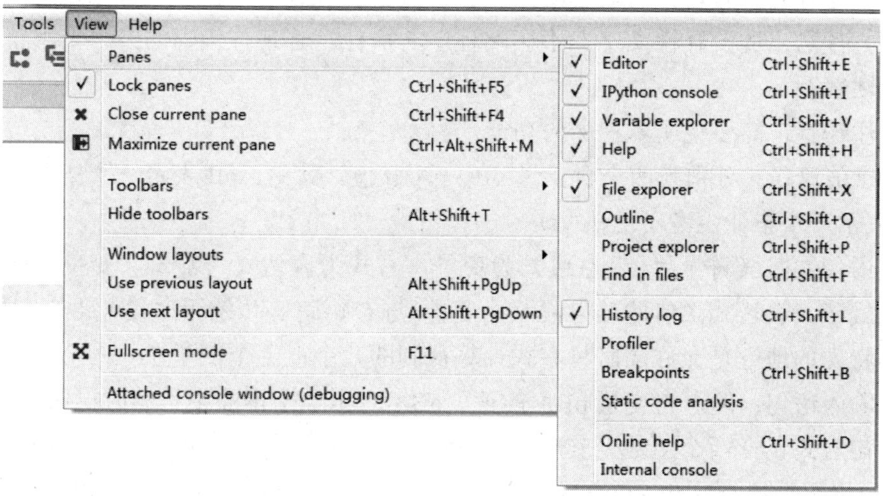

图 3-2 设置窗格的 View 菜单

例 3-1 在 100 个毕业生中有 80 个毕业生签约（工作合同），一个毕业生在签约后又考研（报考研究生）的概率为 30%，100 个考研的毕业生中只有 10 个毕业生是已签约的。如果一个毕业生已签约，那么他仍然考研的概率是多少？

1．解题方法

设 $P(A)$表示一个毕业生考研的概率，$P(B)$表示一个毕业生签约的概率，则有

$$P(B)=0.8，P(A)=0.3$$

$P(B|A)$表示一个考研的毕业生签约的概率为

$$P(B|A)=0.1$$

根据贝叶斯公式，一个毕业生签约后仍然考研的概率为

$$P(A\,|\,B)=\frac{P(B\,|\,A)P(A)}{P(B)}=\frac{0.1\times 0.3}{0.8}=0.0375$$

2．Python 程序

求解本题的 Python 程序如下：

```
# -*- coding: utf-8 -*-
#例 3-1_计算签约毕业生考研的概率
pB, pA=0.8, 0.3
```

```
pBA=float(input("考研时已签约的概率？"))
pAB=(pBA*pA)/pB
print("已签约仍考研的概率：", pAB)
```

注：Python 是区分大小写的，如 ab、Ab、aB、AB 是 4 个不同的名字。

本程序各行的功能依次如下。

（1）注释行：以符号“#”开头，说明本程序采用机内码 UTF-8 来存储和处理字符。

Python 程序在执行时，自动忽略注释（符号“#”之后的内容）。也就是说，注释是为阅读程序方便给出的解释性文字，不影响程序的执行。若某行代码的第 1 个字符是“#”，则该行为注释行。

（2）注释行：简要说明本程序的功能。

（3）赋值语句：分别为两个自变量 pB、pA 赋值。其中，pB 表示一个毕业生签约的概率，pA 表示一个毕业生考研的概率。

赋值语句左式（符号“=”左边）为变量，右式为表达式（常量、变量、函数或由它们组成的式子），表达式求值的结果被赋予变量。与 C 语言等传统程序设计语言相比，Python 赋值语句特殊的地方是允许同时将右式计算得到的几个值逐个赋予左式的几个变量。

（4）输入语句：输入自变量 pBA 的值。pBA 表示一个毕业生考研时已签约的概率。

该语句右式包括两个函数。其中，input()函数会暂停程序的执行，等待用户键入一个数字（按一串字符接收）；float()函数将用户键入的数字串转换为浮点数（带小数点的实数），作为自变量 pBA 的值。

（5）赋值语句：右式依据贝叶斯公式 $\dfrac{P(B|A)P(A)}{P(B)}$ 求值，并赋值给左式的因变量 pAB。

（6）输出计算结果：print 语句中的两个输出项——字符串"已签约仍考研的概率："与 pAB 变量的值输出在一行，凑成一句话。

在 Spyder 的 Editor 窗格中键入并编辑本程序，如图 3-3 所示。

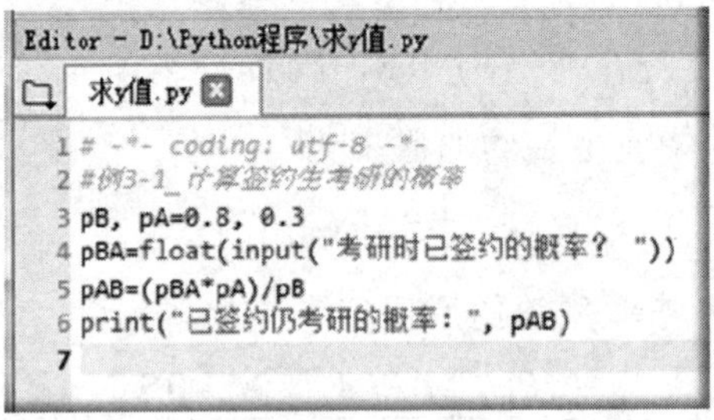

图 3-3　Editor 窗格中的 Python 程序

3．运行 Python 程序

按以下步骤运行本程序。

（1）在 Spyder 主窗口中，选择菜单项 Run，或者单击工具栏上的 Run file（右三角）按钮，或者按键盘上的 F5 键，运行本程序。

若程序中有错误，则 Console 窗格中将会显示相应的提示信息。此时，在 Editor 窗格中修改程序，修改完成后再单击 Run file 按钮运行程序。

若程序正确无误，则 Python 将逐行读取 Editor 窗格中的语句，每行都从最左边的字符开始辨认并执行，自动忽略注释（每行中“#”之后的内容）。对于本程序，在读取并执行第 4 行代码（输入语句）时，将会暂停程序的执行，显示提示信息（input()函数中的字符串）：

```
考研时已签约的概率？
```

等待用户键入一个数字。

（2）按程序提示，键入一个数字（$P(B|A)$的概率，即 0.1），并按 Enter 键，程序继续运行，输出计算结果：

```
已签约仍考研的概率：0.0375
```

Console 窗格中 Python 程序的运行结果如图 3-4 所示。

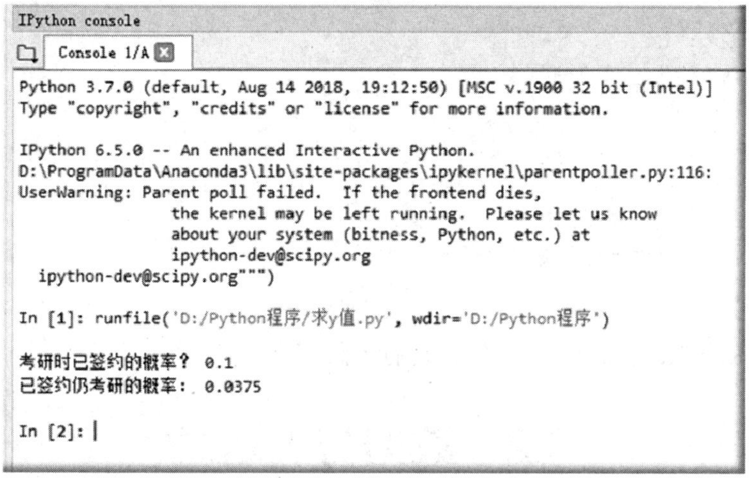

图 3-4 Console 窗格中 Python 程序的运行结果

4. 修改并再次运行 Python 程序

（1）修改上述程序：先定义一个函数 main()，将主要语句放入其中；然后将函数名单独写在一行，成为一个函数调用语句：

```
# -*- coding: utf-8 -*-
#例 3-1_计算签约生考研的概率
def main():
    pB, pA=0.8, 0.3
    pBA=float(input("考研时已签约的概率？ "))
    pAB=(pBA*pA)/pB
    print("已签约仍考研的概率：", pAB)
main()
```

（2）单击 Run file 按钮或按 F5 键，运行本程序。修改后 Python 程序的运行过程如图 3-5 所示。

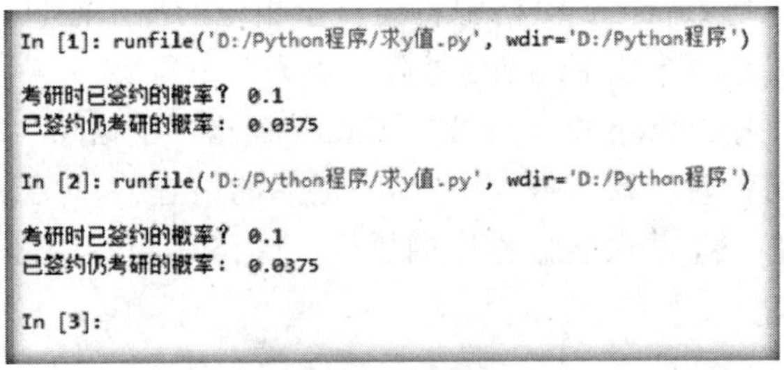

图 3-5　修改后 Python 程序的运行结果

5. 再次修改并运行 Python 程序

（1）再次修改上述程序。在定义函数 main()时，在其中定义一个参数（写在括号中，称为形参数）；将 main()函数中的键盘输入语句单独拿出来，放在函数调用语句之前；修改原来的函数调用语句，括号中放一个参数（称为实参，其值传递给对应的形参）：

```
# -*- coding: utf-8 -*-
#例 3-1_计算签约生考研的概率
def main(pBA):
    pB, pA=0.8, 0.3
    pAB=(pBA*pA)/pB
    print("已签约仍考研的概率：", pAB)
p=float(input("考研时已签约的概率？ "))
main(p)
```

（2）单击 Run file 按钮或按 F5 键，运行本程序。

3.2　数据与表达式

数据是程序中参与运算（计算或其他操作）的对象，大体上可以分为常量和变量两大类。常量是直接写出来的数字、字符或字符串等运算对象，变量是用符号表示的运算对象，程序在执行时可按需要改变其值。常量和变量都是组成程序的元素，在 Python 中被称为对象。对象的类型有数字、字符、逻辑值、字符串、变量、列表、字典、元组、文件等。

为便于用户构造相应的表达式来实现各种运算，Python 提供了多种不同形式的运算符（如四则运算符）。为便于用户实现现有运算符无法执行的多种多样的运算，Python 预定义了许多具有各种功能的函数。

3.2.1　常量

常量是具体的数据，在程序执行过程中值不会变。Python 中的常量主要是指字面量，即书写形式直接反映其值和意义的数据。例如，数字 2、1.823、10.25E-3 等，都是按照固定不变的字面意义上的值来使用的常量。

1. 字面量

字面量就是字面意义上的常量。例如，数字 2，它表示的是固定不变的字面意义上的值。又如，数字 15、1.823、10.25E-3，或者字符串"How are you"和"It's a square!"等。Python 中的两个逻辑常量 True（逻辑真值）和 False（逻辑假值）也属于字面量。

2. 数字

Python 中有 3 种类型的数字：整数（int）、浮点数（float）、复数（complex），举例如下。

- –1、0 和 29 都是整数，0xE8C6 是十六进制整数。
- 8.23 和 19.3E-4 都是浮点数（带小数点的实数），其中，字母 E 表示 10 的幂，19.3E-4 表示 19.3×10^{-4}。
- –5+4j 和 2.3–4.6j 是复数。

3. 字符串

字符串是字符的序列，由英文的单引号、双引号或三引号标记。

（1）使用单引号的字符串：其中所有的空白（空格或制表符）都按原样保留，如'Quote me on this'。

（2）使用双引号的字符串：与使用单引号的字符串用法相同，如"What's your name?"。

（3）使用三引号（'''或"""）的字符串：三个连续引号标记的内容称为文档字符串。利用三引号，可以指定一个多行的字符串；还可以在三引号中自由地使用单引号和双引号。文档字符串由于可以方便地保留文本中的换行信息，便于在程序中书写大段的说明，因此经常被用于块注释。举例如下：

```
doc1="""Spring Festival is not only a time for family reunions, but it also brings with it a string of entertainment, from traditional to modern.
      Pi Ying, or "shadow play" used to be one of the most popular performing arts across China.
      Combining fine arts, opera, music and drama, it's seen by some as a rudimentary form of the motion picture.
"""
```

若一个字符串中包含一个单引号或双引号，则需要使用转义符“\”来表示它。例如，字符串'What\'s your name?'中第 2 个单引号前面的“\”表示该单引号就是单引号，不是字符串的标识符。

4. 常量的使用

常量的用法比较简单，通过本身的书写格式即可判断所属数据类型。Python 中的常量都属于 Python 内置的数据类型，可按特定语法生成。例如，运行语句：

```
>>> 293.56
```

实际上运行的是一个常量表达式，这个表达式生成并返回一个新的浮点数对象。这就是 Python 生成这个对象的特定语法。

注：常量是指一旦初始化，就不能修改的固定值。有些语言（如 C 语言）可以定义符号常量，如定义 PI 为值为 3.14159265 的常量。这种常量可以简单地被理解为定义后不允许变值的变量。

一旦创建了一个对象，该对象就占据一定内存空间且绑定一个特定的操作集合。例如，创建一个整数对象之后，就可以用它来进行四则运算。

3.2.2 变量

变量就是参与运算的数据，由变量名标识出来，其值存入若干个内存单元。每个变量在使用之前都必须赋值。变量在被赋值后才会创建。每个变量都属于某种特定的数据类型。Python 中的变量的数据类型就是赋予它的值的类型。

注：Python 中的变量不必像 C 语言那样预先声明。

1. 变量的赋值

一个变量可以随时赋予分属于不同数据类型的值。

例如，语句：

```
X=9.9
```

其定义了变量 X，赋予其值 9.9，根据这个值确定变量 X 为浮点型变量。

又如，语句：

```
Y=X+10
```

该语句用于计算表达式 X+10，表达式的值被赋予左式的变量 Y，根据这个表达式确定变量 Y 的数据类型。

2. 标识符命名

标识符用于标识某种运算对象。例如，赋值语句：

```
yNumber=9.6
```

其中，左式的变量名 yNumber 就是符合 Python 语法的标识符。标识符还可以标识函数名、类名等运算对象。在为标识符命名时，要遵循以下规则。

- 第一个字符必须是字母表中的字母（大写或小写）或下画线“_”。
- 其他部分可以由字母、下画线“_”或数字（0～9）组成。
- Python 标识符对大小写是敏感的；如 name 和 Name 是两个不同的标识符。

3. 变量引用

在内存储器中，系统为一个数据分配包含若干个存储单元的内存空间，把称为对象的数据放入其中。如果放入的数据是整数，就属于整型对象；如果放入的数据是字符串，就属于字符串型对象。赋予对象一个变量名后，该变量随即成为指向该对象的指示器，同时获得该对象的数据类型。这种通过地址间接访问对象数据的方式，被称为引用。

例 3-2　变量与两个引用对象之间的关系。

执行语句：

```
x=35.69
```

执行之后，Python 创建一个值为 35.69 的浮点数对象，并将该对象分配给变量 x，使得 x 成为引用该浮点数的指示器，如图 3-6（a）所示。可以简单地想象一下：将值为 35.69 的浮点数对象分配给变量 x，其实就是将浮点数 35.69 的首地址（假定为 1000）赋值给变量 x，如图 3-6（a）和图 3-6（c）所示。也就是说，变量中存放的是值对象所在的存储空间的地址。

再执行语句：

```
x=33
```

执行之后，Python 创建一个值为 33 的整数对象，并将该对象分配给变量 x。此后，可用变量名 x 来引用这个整数对象。

值得注意的是，当变量 x 引用的对象从浮点数 35.69 变为整数 33 时，实际操作是另外开辟一个存储空间，向该空间中存入值为 33 的整数，并将这个整数对象的首地址（假定为 2000）赋值给变量 x，如图 3-6（b）和图 3-6（c）所示。

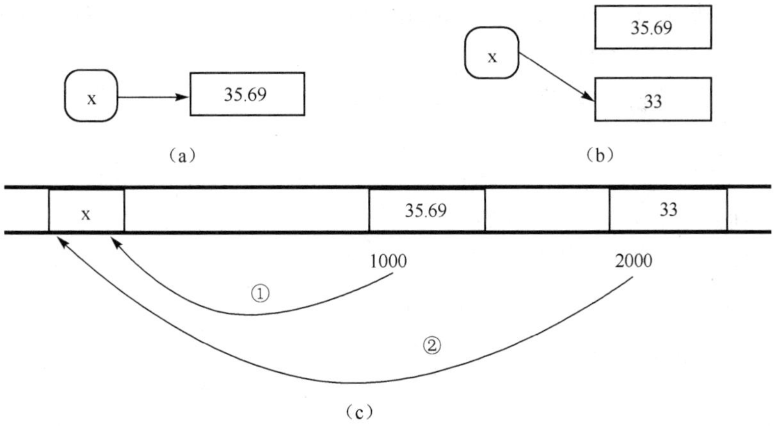

图 3-6　变量引用示意

因为 Python 程序中变量本身的数据类型不固定，所以 Python 被称为动态语言，与之对应的是静态语言。在使用静态语言定义变量时必须指定变量的数据类型，而且只能将同类型的常量赋值给变量，如果在赋值时类型不匹配，系统就会报错。C 语言是典型的静态语言。

3.2.3　数据的输入/输出

在 Python 中使用 input 函数实现键盘输入数据，其一般形式为

```
<变量名>=input(<提示信息>)
```

其中，“变量名”为符合 Python 语法的标识符；“提示信息”为双引号、单引号括起来的字符串或由字符串运算符连接起来的字符串表达式。

例如：

```
sName= input("请输入学生的姓名：")
```

其功能为在屏幕上显示提示信息“请输入学生的姓名：”，等待用户键入一串字符并将键入的字符串赋给 sName 变量。

又如，语句：

```
Math= int(input("请输入数学成绩："))
```

其功能为在屏幕上显示提示信息“请输入数学成绩：”，等待用户键入一个数字。Python 系统将用户键入的数字当作数码（阿拉伯数字 0,1,2,…,9）组成的字符串，int 函数会将这个字符串转换为整数并将其赋给 Math 变量。还可以用 float 函数或 complex 函数将输入的字符串转换为实数或复数。

再如，语句：

```
sClass=input("请问第"+str(3)+ "个学生属于哪个班级？")
```

其功能为在屏幕上显示提示信息“请问第 3 个学生属于哪个班级？”，等待用户键入一串字符并将键入的字符串赋给 sClass 变量。该语句右式中的括号中是一个由连接运算符“+”连接起来的字符串表达式，其中使用了 str()函数，将数值 3 转换为字符“"3"”并与它前面和后面的字符串连接为一个长字符串。

Python 的输出使用 print 函数实现，其一般形式为

```
print(<表达式列表>)
```

其中，“表达式列表”是用逗号隔开的表达式。

例如，语句：

```
X=6
print("结果：",3,X,3+X)
```

运行结果：

```
结果：3  6  9
```

在默认情况下，执行 print 语句后会自动换行。若想使多个 print 语句的输出连续，可以通过在“表达式列表”中包含“end=" "”表达式来实现。

例如，语句：

```
X=6
print("结果：",end=" ")
print(3,X,3+X)
```

运行结果：

```
结果：3  6  9
```

例 3-3　变量的输入、计算与输出。

与 C 语言等传统程序设计语言相比，Python 的编写、执行都非常灵活。例如，先在 Control 窗格中键入两个语句：

```
x, y=float(input("x=? ")), 2*x+1
print("x+y=", x+y)
```

然后按两次 Enter 键后，也可以运行，如图 3-7 所示。

```
In [7]:

In [7]: x, y=float(input("x=? ")), 2*x+1
   ...: print("x+y=", x+y)
   ...:
   ...:

x=? 9.7
x+y= 29.7

In [8]: |
```

图 3-7　变量的赋值、计算与输出

前一个语句先将键盘输入的浮点数赋值给变量 x，再用变量 x 计算变量 y 的值；后一个语句计算并输出 x+y 的值。

3.2.4　常用函数

为了完成数据输入、计算及其他各种操作，常需要使用各种函数。Python 中预定义了许多函数，可以通过函数名及相应参数（自变量）来调用它们，从而实现必要的功能。例如，调用 input 函数实现键盘输入，调用 print 函数实现输出。

1. 数字工厂函数

为实现某种特定的运算需要使用相应的运算对象，否则，将无法进行，或者得到错误的结果。

例如，运行语句：

```
x=input("请输入一个整数：")
print(x+1)
```

显示如图 3-8 所示的信息。

```
In [1]: x=input("请输入一个整数：")
   ...: print(x+1)
   ...:
   ...:

请输入一个整数：10
Traceback (most recent call last):

  File "<ipython-input-1-15d95a05ee58>", line 2, in <module>
    print(x+1)

TypeError: can only concatenate str (not "int") to str

In [2]:
```

图 3-8　程序运行时产生的错误信息

由图 3-8 可知，错误信息为 int 对象和 str 对象混用。input 函数接收键盘输入的数字并把它作为字符串赋予变量 x，print 函数中的表达式 x+1 因数据类型不匹配（试图将字符串与数字相加）而发生错误。

使用数据工厂函数可以解决这一类问题，下面是几个调用这类函数的示例。

```
type(<表达式>)          #获得表达式的数据类型
int('34')               #转换为整数
int('1101', 2)          #将二进制字符串转换为十进制整数
float('43.4')           #转换为浮点数
str(34)                 #转换为字符串
bin(43)                 #将十进制整数转换为二进制数
```

注：在 C 语言等大多数程序设计语言中这类函数被称为数据类型转换函数，Python 将其命名为数字工厂函数的原因是，函数执行的结果并未真正改变自变量的数据类型，只是在该对象的基础上返回一个新的对象。例如，int(56.78)会创建一个新的值为 56 的整数对象。

2. 数学函数

为了进行求幂、三角函数等数学运算，需要调用 Python 标准库中的 math 模块。方法是，在使用数学函数之前，先在程序中包含语句行：

```
import math
```

然后便可以使用 math 模块提供的数学函数了。下面是几个调用数学函数的示例。

```
math.log10(10)          #以 10 为底的对数
math.sin(math.pi/2)     #正弦函数，单位为弧度
math.pi                 #常数 pi，为 3.141592653589793
math.exp(8)             #e 的 8 次幂
math.pow(32,4)          #32 的 4 次幂
math.sqrt(2)            #2 开平方
math.cos(math.pi /3)    #余弦函数
math.fabs(-32.90)       #求绝对值
math. factorial(n)      #求 n 的阶乘
```

在 Editor 窗格中，输入“math.”，将光标移到“.”上稍待一会儿即可打开 math 列表。

3. Python 标准库

Python 标准库是随 Python 附带安装的，包含大量有用模块。

- os 模块提供了很多与操作系统相关的函数。
- glob 模块提供了一个函数，用于在目录通配符搜索过程中生成文件列表。
- re 模块为高级字符串处理提供了正则表达式工具。对于复杂的匹配和处理，正则表达式提供了简洁、优化的解决方案。
- math 模块为浮点运算提供了对底层 C 函数库的访问。
- random 模块提供了生成随机数的工具。
- 有几个模块用于访问互联网及处理网络通信协议。其中最简单的两个模块是用于处理从 URL 接收的数据的 urllib2 和用于发送电子邮件的 smtplib。

- datetime 模块提供了简单和复杂的处理日期和时间的方法。该模块在支持日期和时间算法的同时，将实现的重点放在更有效地处理和格式化输出。该模块还支持时区处理。
- zlib、gzip、bz2、zipfile 及 tarfile 模块直接支持通用的数据打包和压缩格式。

实际上，函数和表达式都是通过施加在运算对象上的特定操作得到运算结果的。它们的形式和使用方式虽然有差别，有时候却可以互相替代。例如，Python 表达式：

```
10 % 9
```

其运行结果为 10 除以 9 的余数。若不提供这种算符而是提供一个形式如下的预定义函数：

```
Mod(<被除数>,<除数>)
```

可以通过执行：

```
Mod(10,9)
```

得到同样的结果。

3.2.5　运算符与表达式

运算是对数据进行加工的过程，运算的不同种类用运算符来描述，参与运算的数据称为操作数。表达式由运算符和操作数构成。最简单的表达式是单个常量、单个变量和单个函数，复杂的表达式是由用运算符组合起来的简单表达式构成的。

1. 运算符

表 3-1 中列出了 Python 中的运算符。

表 3-1　Python 中的运算符

运算符	名称	说明	示例
+	加	两个对象相加	3+5 返回 8；'a' + 'b'返回'ab'
-	减	返回负数或一个数减去另一个数的值	–5.2 返回一个负数；50 – 24 返回 26
*	乘	返回两个数相乘的值或返回一个重复若干次的字符串	2*3 返回 6；'la' * 3 返回'lalala'
**	幂	返回 x 的 y 次幂	3**4 返回 81，即 3×3×3×3=81
/	除	返回 x 除以 y 的值	4/3 返回 1（整数除法得到的结果是整数）；4.0/3 或 4/3.0 返回 1.3333333333333333
//	整除	返回商的整数部分	4//3.0 返回 1.0
%	取模	返回除法的余数	8%3 返回 2；–25.5%2.25 返回 1.5
<<	左移	返回一个二进制数左移几位后的值（内存中的数都是由 0、1 构成的二进制数）	2<<2 返回 8，即二进制数 10 变为 1000
>>	右移	返回一个二进制数右移几位后的值	11>>1 返回 5，即二进制数 1011 变为 101
&	按位与	返回数按位与的结果	5&3 返回 1
|	按位或	返回数按位或的结果	5|3 返回 7
^	按位异或	返回数按位异或的结果	5^3 返回 6
～	按位翻转	返回 x 按位翻转后的结果 $-(x+1)$	～5 返回–6

续表

运 算 符	名 称	说 明	示 例
<	小于	判定左式是否小于右式。返回 1 表示真，返回 0 表示假。1 和 0 分别与常量 True 和 False 等价	5<3 返回 0，即 False；3<5 返回 1，即 True；3<5<7 返回 1，即 True
>	大于	判定左式是否大于右式。返回 1 表示真，返回 0 表示假	5>3 返回 True
<=	小于或等于	判定左式是否小于或等于右式	当 x=3，y=6 时，x<=y 返回 True
>=	大于等于	判定左式是否大于或等于右式	当 x=4，y=3 时，x>=y 返回 True
==	等于	判定左式与右式是否相等	当 x=2，y=2 时，x==y 返回 True；当 x='str'、y='stR'时，x==y 返回 False
!=	不等于	判定左式与右式是否不等	当 x=2，y=3 时，x!=y 返回 True
not	逻辑非	若 x 为 True，则返回 False；若 x 为 False，则返回 True	当 x=True 时，not y 返回 False
and	逻辑与	若 x 为 False，则 x and y 返回 False；否则，返回 y 的计算值	当 x=False，y=True 时，x and y 返回 False（Python 不必计算 y，因为表达式肯定是 False 值，这就是短路计算）
or	逻辑或	若 x 是 True，则返回 True；否则返回 y 的计算值	当 x=True，y=False 时，x or y 返回 True。这也是短路计算

2．运算符的优先级

Python 中的运算符十分丰富。当一个表达式中出现多个运算符时，需要考虑运算顺序。表 3-2 列出了各种运算符的优先级：从最低的优先级（最松散的结合）到最高的优先级（最紧密的结合）。这意味着如果一个表达式中没有括号，Python 会先计算表 3-2 中居下的运算符，然后计算表 3-2 中居上的运算符。在编程时可以用圆括号将运算符和操作数分组，明确指出运算的先后顺序。

表 3-2 运算符优先级表

运 算 符	描 述
lambda	Lambda 表达式
or	布尔或
and	布尔与
not x	布尔非
in，not in	成员测试
is，is not	同一性测试
<，<=，>，>=，!=，==	比较
|	按位或
^	按位异或
&	按位与
<<，>>	移位
+，-	加法与减法
*，/，%	乘法、除法、取余
+x，-x	正负号
～x	按位翻转
**	指数

续表

运　算　符	描　　述
x.attribute	属性参考（引用）
x[index]	下标
x[index:index]	寻址段
f(arguments...)	函数调用
(expression,...)	绑定或元组显示
[expression,...]	列表显示
{key:datum,...}	字典显示
'expression,...'	字符串转换

3．运算顺序

在默认情况下，运算符按优先级表中的顺序进行计算。具有相同优先级的运算符按照从左向右的顺序计算。利用圆括号可以改变运算次序。

例 3-4　混合多种运算符的复杂表达式。

运行程序段：

```
X=6
C1='A'
C2='B'
L=False
Result= X+1>10 or C1+C2>'AA' and not L
print(Result)
```

运行结果为 True，其中表达式：

```
X+1>10 or C1+C2>'AA' and not L
```

的运算过程大致如下。

（1）X+1 得 7，C1+C2 得'AB'。

（2）X+1>10 得 False，C1+C2>'AA'得 True。

（3）not L 得 True，True and True 得 True，False or True 得 True。

3.3　序列和字典

在程序设计过程中，经常需要对成批的相互关联的数据进行处理，在这种情况下就需要使用序列或字典。一个序列中可以容纳有序排列且可以通过下标偏移量来访问的多个数据。序列的两个主要操作符是索引操作符和切片操作符。索引操作符可用于从序列中抓取一个特定数据；切片操作符可用于获取序列中的一部分数据。

字符串、列表和元组都是序列。

3.3.1　字符串

字符串是程序中的常用元素。单个字符可以被看作最简单的字符串。利用各种不同的字符串运算，可以实现字符串的连接、取子字符串（取出某个字符串中的一部分）、字符串中的字符的大小写转换、字符串与数值的转换等各种操作。

1. 字符串的连接

通过加运算符“+”可以实现字符串的连接运算。例如：

```
s0 = "Python"
s1 = 'C++'
s2=s0+"  "+s1
print(s2)
```

输出结果为

```
Python  C++
```

2. 取子字符串

取子字符串的一般形式为

```
<字符串名>[<起始位置> : <终止位置> : <步长>]
```

其中：

- <起始位置>可以省略，表示起始位置为 0。
- <终止位置>可以省略，表示终止位置为末尾。
- <步长>可以省略，表示步长为 1。

取子字符串的功能为得到从起始位置开始，间隔步长，直至终止位置前一个字符结束的字符串。

例如，语句：

```
f='abcdefghijklmnopqrstuvwxyz'
```

定义了字符串变量 f。字符串变量 f 的值为由 26 个小写字母构成的字符串，则

```
f[5]
```

的值为 'f'。

```
f[0:10:2]
```

的值为 'acegi'。

```
f[0:10:2]
```

的值为 'acegi'。

```
f[0:10]
```

的值为 'abcdefghij'。

```
f[:10]
```

的值为 'abcdefghij'。

```
f[10:]
```

的值为 'klmnopqrstuvwxyz'。

```
len(f)
```

的值为 26，len()为求字符串长度的函数。

3. 其他字符串处理函数

其他字符串处理函数如下。

（1）ord('a')：返回字符串的 ASCII 的十进制数。

（2）chr(97)：返回整数对应的字符串。

4. string 库中的字符串处理函数

上面的字符串处理函数可以直接使用，如果要进行字符串的大小写转换、查找等操作，需要引入 string 库。在程序开头写 import string 后，即可使用 string 库中的字符串处理函数。

例如，程序段：

```
import string
f='abcdefghijklmnopqrstuvwxyz' #定义一个字符串
f.upper()                      #转换为大写
f.find('f')                    #返回 f 的索引（在字符串中从 0 开始的序号）
f.replace('b', 'boy')          #返回 b 被 boy 替换后的字符串
```

string 库中的其他字符串处理函数如表 3-3 所示。

表 3-3　string 库中的其他字符串处理函数

S.capitalize()	S.ljust(width [, fill])
S.center(width [, fill])	S.lower()
S.count(sub [, start [, end]])	S.lstrip([chars])
S.encode([encoding [,errors]])	S.maketrans(x[, y[, z]])
S.endswith(suffix [, start [, end]])	S.partition(sep)
S.expandtabs([tabsize])	S.replace(old, new [, count])
S.find(sub [, start [, end]])	S.rfind(sub [,start [,end]])
S.format(fmtstr, *args, **kwargs)	S.rindex(sub [, start [, end]])
S.index(sub [, start [, end]])	S.rjust(width [, fill])
S.istitle()	S.rpartition(sep)
S.isupper()	S.rsplit([sep[, maxsplit]])
S.isalnum()	S.rstrip([chars])
S.isalpha()	S.split([sep [,maxsplit]])
S.isdecimal()	S.splitlines([keepends])
S.isdigit()	S.startswith(prefix [, start [, end]])
S.isidentifier()	S.strip([chars])
S.islower()	S.swapcase()
S.isnumeric()	S.title()
S.isprintable()	S.translate(map)
S.isspace()	S.upper()
S.join(iterable)	S.zfill(width)

3.3.2 列表

列表（list）是一批对象的有序集合。列表中的内容与列表的长度都可以改变。列表定义的一般形式为

```
<列表名称>[<列表项>]
```

其中，多个列表项用逗号隔开，各列表项的类型可以相同也可以不同，还可以是其他列表。例如：

```
Date=[2012, 8, 8, 9, 36]
```

定义了列表 Date。

列表通过

```
<列表名>[索引号]
```

的形式来引用，索引号从 0 开始，也就是说，列表中的 0 号成员实际上是第 1 个元素。例如，Date[0]的值是 2012，Date[2]的值是 8。列表也可以整体引用，例如：

```
print(Date)
```

将按顺序输出 Date 列表中的所有元素。

常见的列表运算如表 3-4 所示。

表 3-4 常见的列表运算

运算格式/示例	说明/结果
L1=[]	空列表
L2=[2011, 2, 9, 19, 54]	5 项，整数列表，索引号为 0～4
L3= ['sun',['mon','tue','wed']]	嵌套列表
L2[i],L3[i][j]	索引，L2[1]的值为 2，L3[1][1]的值为'tue'
L2[i:j]	分片，取索引号为 i 到 j–1 的项
Len(L2)	求列表 L2 的长度
L1+L2	合并列表 L1 和 L2
L2*3	重复，列表 L2 重复 3 次
for x in L2	循环，x 取列表 L2 中的每个成员执行循环体
19 in L2	判定 19 是否是列表 L2 的成员
L2.append(4)	增加 4 作为列表 L2 的成员，即在列表中增加一项
L2.sort()	排序，结果为[2, 9, 19, 54, 2011]
L2.index(9)	得到 9 在列表 L2 中的索引号，结果为 2
L2.reverse()	逆序，结果为[2011, 54, 19, 9, 2]
Del L2[k]	删除索引号为 k 的项
L2[i:j]=[]	删除 i 到 j–1 的项
L2[i]=1	修改索引号为 i 的项的值

续表

运算格式/示例	说明/结果
L2[i:j]=[4,5,6]	修改 i 到 j–1 的项的值，在项数多于序号时，自动插入多余项
L4=range(5,20,3)	生成整数列表 L4，结果为[5,8,11,14,17]

例 3-5　列表的定义及操作。

程序段：

```
Date=[2012,8,8,9,36]        #一批数字构成列表 Date
Day=['sun','mon','tue','wed','thi','fri','sat']  #一批字符串构成列表 Day
print(Date[0:3],end=",")#从索引号为 0 的项开始，以 3 为步长输出列表 Date 中的元素
print(Day[3])               #输出列表 Day 中索引号为 3 的元素
Data=[Date,Day]             #两个列表构成二维列表 Data
#输出第 0 维列表中的元素，输出第 1 维列表中的索引号为 3 的元素
print(Data[0][0:3],",",Data[1][3])
 Today=[2012,8,8,'wed']  #数字、字符串构成列表 Today
print(Today)                #输出 Today 列表
```

上面的程序定义和引用了几个一维列表和一个二维列表，其中二维列表 Data 如图 3-9 所示。

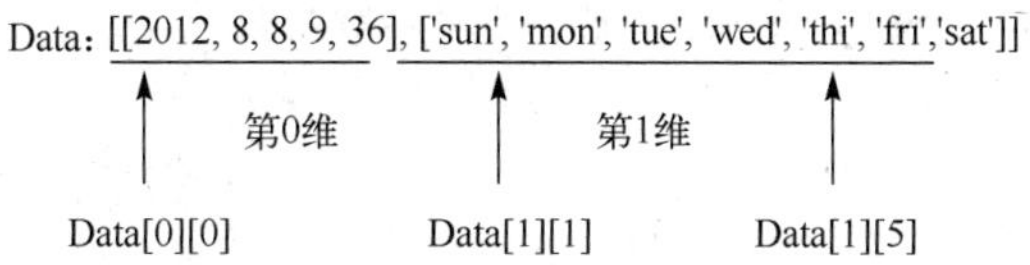

图 3-9　程序中定义的二维列表 Data

程序的运行结果如下：

```
[2012,8,8],wed
[2012,8,8],wed
[2012,8,8,'wed']
```

3.3.3　元组

元组（tuple）与列表的定义和操作方式类似。元组通过圆括号来定义，各元素间用逗号分隔。元组和字符串一样是不可变的，即定义后不能再修改。也就是说，元组与列表的不同之处在于：在定义时使用一对圆括号，而且不能删除、添加或修改其中的元素。

例如，语句：

```
garden=("rose" ,"tulip", "lotus","olive", "Sunflower")
```

定义了元组 garden。

两个函数：

```
print ('Number of flowers in the garden is', len(garden))
print('flower',k,'is',garden[k-1])
```

引用了元组 garden。

元组的运算如表 3-5 所示。

表 3-5　元组的运算

运算格式/示例	说明/结果
T1()	空元组
T2=(2011)	有一项的元组
T3=(2011, 2, 9, 19, 54)	5 项，整数元组，索引号为 0～4
T4= ('sun',('mon','tue','wed'))	嵌套元组
T3[i],T4[i][j]	索引，T3[1]的值为 2，T4[1][1]的值为'tue'
T3[i:j]	分片，取索引号为 i 到 j–1 的元素
len(T3)	求元组的长度
T3+T4	合并元组
T3*3	重复，T3 重复 3 次
for x in T3	循环，x 取 T3 中的每个成员执行循环体
19 in T3	判定 19 是否是 T3 中的成员

例 3-6　元组的定义及操作。

程序段：

```
Stu=('张军','王芳','李玲','赵珊','陈东','刘贤')
print("共有",len(Stu),"个学生。")
i=2
print("第",i,"个学生：",Stu[i-1])
newStu=('张明','王琳','李玉')
print("新来的学生：",newStu)
com21Stu=(Stu,newStu)
print("最后一个座位上的学生：",com21Stu[1][2])
```

的运行结果：

```
共有 6 个学生。
第 2 个学生：王芳
新来的学生：('张明','王琳','李玉')
最后一个座位上的学生:李玉
```

3.3.4　字典

字典是无序的对象集合，通过键进行操作。就像由一行一行的记录构成的通讯录一样，利用字典可以通过姓名查找记录。这时，姓名就是能够代表记录的键。当然，如果通讯录中有姓名相同的人，那么姓名就不能作为键了。

字典定义的一般形式为

```
<字典名>={键 1:值 1,键 2:值 2,键 3:值 3,…}
```

其中，键 1、键 2、键 3 各不相同；值可以是任何类型的数据，也可以是列表或元组。字典中的项用逗号隔开，每个项有键和值两部分，键和值之间用冒号隔开。字典只可以使用简单的对象作为键，而且不能改变，但可以用不可变或可变的对象作为值。

注：字典定义中使用的是大括号；字典也是一种序列。

例如，语句：

```
Addr={'张军': 'zhang001@188.com',
      '王芳': 'wang010@128.com',
      '李明': 'li022@236.com',
      '赵强': 'zhao333@hotmail.com'
     }
```

定义了字典 Addr。语句：

```
print(Addr['张军'])
```

的执行结果为

```
zhang001@188.com
```

又如，语句：

```
Addr2={'张军':['zhang001@188.com',82230909],
       '王芳':['wang010@128.com',83330908],
       '李明':['li022@236.com',82661100],
       '赵强':['zhao333@hotmail.com',83631208],
      }
```

定义了字典 Addr。语句：

```
print(Addr2['张军'],Addr2['王芳'])
```

的执行结果为

```
['zhang001@188.com', 82230909] ['wang010@128.com', 83330908]
```

字典的运算如表 3-6 所示。

表 3-6　字典的运算

运算格式/示例	说明/结果
d1={}	空字典
d2={'class':'jianhuan','year':'2011'}	有两项的字典
d3={'xjtu':{'class':'huagong','year':'2011'}}	字典的嵌套
d2['class'], d3['xjtu']['class']	按键使用字典
d2.keys()	获得键的列表
d2.values()	获得值的列表
len(d2)	求字典的长度
d2['year']=2020	添加或改变字典的值
del d2['year']	删除键

3.4 程序的控制结构

程序中经常需要根据条件来确定某个语句是否执行或某些语句的执行顺序，这种任务可以使用分支语句（if 语句）来完成。程序中可能还需要反复执行某些语句，这种任务可以使用循环语句来完成。while 语句和 for 语句是常用的循环语句。

3.4.1 分支语句

分支语句以 if 开头，其中包含一个条件和两个分别称为 if 块和 else 块的语句组，一般形式为

```
if  <条件>:
     <if 块>
else:
     <else 块>
```

其中，条件不需要加括号（如 a==b），但后面的冒号“:”必不可少；else 后也有一个必不可少的冒号。if 块、else 块要以缩进的格式书写。因为在 Python 中，缩进量相同的是同一块。

if 语句的功能是检验一个条件，若条件为真（条件表达式为逻辑真值），则执行 if 块的语句，否则执行 else 块的语句。else 部分可以省略。

例如，语句：

```
if x>=0:
      y=2*x+1
else:
      y=-x
```

的功能为当变量 x 的值大于或等于 0 时，计算 2x+1 并将其值赋予变量 y；否则计算–x 并将其值赋予变量 y。

注：也可以用表达式

```
y=2*x+1 if x>=0 else -x
```

来实现同样的功能。

又如，语句：

```
if Name=="王大中":
     print("找到了:", Name)
```

的功能为当变量 Name 的值为“王大中”时，输出其值及前导提示信息。

if 语句中还可以包含多个条件，从而构成两个以上的多分支结构。if <条件>之后的其他条件用 elif 引出。

例 3-7 程序中的多分支结构。

在购物时，应付的货款常会根据所购物品数量享受相应折扣，这可以通过多分支语句来实现。

```
n=float(input('请输入物品件数：'))
p=float(input('请输入物品单价：'))
if n<10:
    money=n*p        #10 件以下原价
elif n<20:
    money=n*p*0.9    #10~20 件 9 折
elif n<30:
    money=n*p*0.85   #20~30 件 85 折
elif n<60:
    money=n*p*0.8    #30~60 件 8 折
else:
    money=n*p*0.75   #60 件以上 75 折
print('您应付',money,'元！')
```

程序运行结果如下：

```
请输入物品件数：88
请输入物品单价：99
您应付 6534.0 元!
```

3.4.2　while 语句

while 语句是一种常用的循环语句，一般形式为

```
while  <条件>:
    <循环体>
```

其中，条件后有一个冒号，循环体要使用缩进格式。while 语句的功能为当条件成立时，先执行循环体，再检验条件，如果还成立，再次执行循环体，如此循环往复，直至条件不成立跳出该循环，转去执行后面的语句。

程序段如下：

```
x=1
Sum=0
while x<=100:
    Sum=Sum+x
    x=x+1
print(Sum)
```

运行结果如下：

```
5050
```

其中，while 语句中嵌入了条件 x<=100，循环体中包含两个语句。当条件成立时，先将 x 的值累加到 Sum 变量中，然后 x 加 1 得到新的值，若新的 x 值大于 100，则跳出该循环，转而执行后面的 print 语句。

例 3-8 求解 $Sum=\frac{1}{1\times 2}-\frac{1}{2\times 3}+\frac{1}{3\times 4}-\frac{1}{4\times 5}+\ldots-\frac{1}{(k-1)\times k}+\frac{1}{k\times(k+1)}-\ldots$，要求当 $\frac{1}{n\times(n+1)}<0.0001$ 时终止。

在进行级数求和时，可以按照累加器算法来编写程序。这种程序的基本结构相同，个体差别主要在于循环结束的条件和当前项的计算方法。在书写条件时，应使条件尽量简短且易于理解。

程序段如下：

```
n=1
Sum=0
flag=1
while n*(n+1)<=1000:                  #当 1/(n*(n+1))>=0.0001 时，继续求累加和
    Sum=Sum+flag*1/n/(n+1)            #累加当前项
    n=n+1                             #项数加 1
    flag=-flag                        #改变符号，准备累加下一项
print("累加和：",Sum)
print("项数：",n)
```

运行结果如下：

```
累加和：0.386782404416
项数：32
```

3.4.3 for 语句

Python 的 for 语句也可以用于实现循环结构。for 语句可被看作遍历型循环，即逐个引用指定序列中的每个元素，引用一个元素便执行一次循环体，遍历序列中的所有元素之后终止循环。for 语句的一般形式为

```
for <循环变量> in <序列> :
    <循环体>
```

例如，语句：

```
for Char in 'shell':
    print(ord(Char),end=' ')
```

的运行结果为

```
115 104 101 108 108
```

在实际程序中，常需要使用以下形式的 for 语句：

```
for <循环变量> in rang(N1, N2, N3) :
    <循环体>
```

其中，N1 表示起始值；N2 表示终止值；N3 表示步长。<循环变量>依次取从 N1 开始，间隔 N3，直至 N2−1 终止的数值，并执行<循环体>。

例如，语句：

```
for i in range(3,20,3):
    print(i,end=', ')
```

的运行结果为

```
3, 6, 9, 12, 15, 18,
```

又如，语句：

```
for i in range(9,3,-1):
    print(i,end="  ")
```

的运行结果为

```
9, 8, 7, 6, 5, 4,
```

上述语句，输出了一个序列，这个序列是使用内建的 range 函数生成的。range 函数向上延伸到第二个数（不包含第二个数），for 语句在这个范围内递归。默认 range 函数的步长为 1，range(1,6)输出序列为[1,2,3,4,5]。因此：

```
for i in range(3,20,3)
```

等价于

```
for i in [3,6,9,12,15,18]
```

这就如同把序列中的每个数（或对象）逐个赋予 i，且每赋值一次便按照新的 i 值来执行一次循环体（循环中嵌入的语句）。

在循环体中，可以使用 break 来终止循环（跳出本循环，转去执行循环语句之后的其他语句）；还可以使用 continue 来跳过当前循环体中的剩余语句，继续进行下一轮循环。

例 3-9 统计字符串中的小写字母个数。

本例给出的字符串包括大写字母、小写字母和数字。在统计小写字母个数的过程中，需要在遇到大写字母时跳过执行统计功能的语句，并在遇到数字时终止循环。

```
k=0
for Char in 'NewStaff98':
    if Char>='0' and Char<='9':
        break          #在遇到数字时终止循环
    if Char>='A' and Char<='Z':
        continue       #在遇到大写字母时跳过当前循环
    k=k+1
print("小写字母个数：",k)
```

程序的运行结果如下：

```
小写字母个数：6
```

3.4.4 用户自定义函数

函数可简单地看作一组具有特定功能且可作为一个单位使用的语句。必要时，使用函数的名字及一批规定了个数、顺序和数据类型的数据来调用已有函数可以实现相应的功能，从而避免重复编写这些语句。除此之外，函数可以反复调用，在每次调用时都可以提供不同的数据作为输入，实现基于不同数据的标准化处理。

程序中使用的函数大体上可分为两大类：一类是 Python 自带的函数，这类函数可以通过函数名及括号中的参数直接调用，如前面用过的 ord、print 等函数；另一类是用户自定义的函数。

1. 函数的定义及调用

定义函数的一般形式为

```
def   <函数名> (<形参表>):
      <函数体>
```

Python 的函数定义由 def 关键字引出，后跟一个函数名和一对圆括号，以冒号结尾。圆括号中可以包含一些用逗号隔开的变量名（称为形参）。圆括号后是一组称为函数体的语句。如果函数有返回值，那么直接使用

```
return  <表达式>
```

可将其值赋予函数名。

例 3-10 求两个数的最大值。

本例先定义一个求两个数的最大值的通用函数，然后多次调用该函数求两个指定常数、字符或变量的最大值。

```
#函数的定义
def Max(a,b):
    if a>=b:
        return a
    else:
        return b
#函数的调用
Value=Max(98,91)                    #两个数字作为实参调用函数
print("较大的数：",Value)
Value=Max('a','A')                  #两个字母作为实参调用函数
print("ASCII 值较大的字符：",Value)
x=86
y=90
print("较大的数：",Max(x,y))        #两个变量作为实参调用函数
```

程序的运行结果为

```
较大的数：98
ASCII 值较大的字符：a
较大的数：90
```

2. 使用函数的优点

在编程时之所以使用函数，主要是基于两方面考虑。

一方面是可以降低编程的难度：在求解一个较复杂的问题时，可将其分解成一系列较简单的小问题，一些仍不便求解的小问题还可以被划分为更小的问题。当所有问题都细化到足够简单时，就可以分别编写求解各个小问题的函数；再通过调用若干个函数，以及进行其他相应处理来解决较高层次的问题。

另一方面是代码重用：函数一经定义便可以在一个程序中多次调用，也可以用于多个程序，还可以把函数放到一个模块中供其他用户使用，同时其他用户编写的函数也可以为我所用，从而避免了重复劳动，提高了工作效率。

3. lambda 函数

Python 允许定义一种单行函数。定义这种函数的一般形式为

```
labmda <参数表>：表达式
```

其中，参数用逗号隔开。lambda 函数默认返回表达式的值，也可以将其赋值给一个变量。lambda 函数可以接受任意多个参数，包括可选参数，但是表达式只有一个。

例如，语句：

```
f=lambda x: x**2-2*x+1
```

定义了函数 f(x)，调用 f(5)函数的结果为 16，调用 f(f(5))函数的结果为 225。

又如，语句：

```
g=lambda x,y: x**2-2*x*y+y**2
```

定义了函数 g(x,y)，调用 g(3,4)函数的结果为 1，调用 g(g(2,3),5)函数的结果为 16。

3.4.5 模块

Python 中的模块是专门编辑并以“模块名.py”作为文件名保存的文件。Python 允许将函数、变量等的定义放入一个文件，然后在多个程序（或脚本）中将该文件作为一个模块导入。下面几种情况都适合使用模块。

- 如果几个程序都要用到某个函数，那么可将该函数的定义存入一个文件，然后在每个程序中将该文件作为一个模块导入。
- 如果程序很大，可将其分割为多个相互关联的文件以便修改和维护。
- 如果编程过程中需要多次进入 Python 解释器，那么可以先打开一个文本编辑器为解释器准备输入，再将程序文件作为输入来运行 Python 解释程序，即准备脚本（script）。

模块中不仅可以包含函数、变量的定义，还可以包含可执行语句。这些可执行语句用于初始化模块，只在模块第一次被导入时执行。一个模块中可以导入其他模块。通常把所有导入语句放在模块（或脚本）的开始位置，当然这不是必需的。

为了在其他程序中重用模块，模块的文件扩展名必须是“.py”。在使用模块中的函数时，必须在文件开始包含：

```
import  <模块名>
```

在使用模块中的函数时，函数名前面是模块名再加一个点号“.”：

```
<模块名>.<函数名>(<参数表>)
```

注：模块名就是不包含扩展名的文件名，且该文件与当前文件位于同一个文件夹中。

例 3-11 输出 Fibonacci 数列 1、1、2、3、5、8……

本例先编写一个模块文件，该模块文件内有求 Fibonacci 数列的函数；再编写一个调用模块文件中的函数的程序文件；最后运行程序。

1. 启动 Python 编程环境

打开 Python Shell 窗口。

依次选择 file→New Window 菜单项，打开文本（源程序）编辑窗口。

2. 编写模块文件

该模块文件的内容如下：

```
#输出小于 n 的 Fibonacci 数列
def outFib(n):
   a,b=0,1
   while b<n:
      print(b,end='  ')
      a,b=b,a+b
#返回小于 n 的 Fibonacci 数列
def retFib(n):
   result=[]
   a,b=0,1
   while b<n:
      result.append(b)
      a,b=b,a+b
   return result
```

将该模块文件命名为 fibo.py。先将该模块文件保存到 Python 系统的默认安装文件夹中，然后关闭文本编辑窗口。

3. 编写调用模块文件中的函数的程序文件

再次打开文本编辑窗口，编写包含以下内容的程序文件：

```
import fibo                #导入 fibo 模块
n=int(input("n="))
print("小于",n,"的 Fibonacci 数列：")
print(fibo.outFib(n))    #调用 fibo 模块中的 outFib()函数
print(fibo.retFib(n))    #调用 fibo 模块中的 retFib()函数
print(fibo.__name__)     #获取模块的名字
```

将该程序文件保存到 Python 系统的默认安装文件夹中。

4. 运行程序

依次选择 Run→Run Module 菜单项，运行程序，结果如下：

```
n=1000
小于 1000 的 Fibonacci 数列:
1  1  2  3  5  8  13  21  34  55  89  144  233  377  610  987  None
[1, 1, 2, 3, 5, 8, 13, 21, 34, 55, 89, 144, 233, 377, 610, 987]
fibo
```

3.5　类和对象

类是用来定义对象（类的实例）的一种抽象数据类型。类将数据与操作数据的方法（在 C 语言中称为函数）封装成一个整体，用于描述客观事物：事物的属性被表示为类中的数据成员；事物的行为被表示为类中的成员方法。这种机制不仅可以更好地模拟需要编程处理的客观事物，还可以继承性地创建新的类，为实现代码重用提供了可能。

类的对象可以在使用前创建，在使用后撤销，从而使得对象成为有别于传统意义的变量的“动态”数据，有利于充分利用存储空间等计算机资源。

3.5.1　类的定义和使用

程序中的类可用于抽象地描述具有共同属性和行为的一类事物。例如，可定义名为 Student 的类来描述一个班级的学生，其中数据成员包括“学号”、“姓名”、“性别”、“出生年月”和“籍贯”等，分别表示所有学生共有的一种属性；成员方法“输入”、“查找”和“插入”等，分别用于输入学生的信息，查找指定学号或姓名的学生的信息，以及添加某个学生的信息。

一个类所描述的事物中的个体（具体事物）称为类的实例或对象，它们有各自的状态（属性值）和行为特征。例如，通信 56 班的学生杨益明可以通过创建成为学生类的一个对象，他的学号、姓名、出生年月、籍贯可以通过调用学生类的成员函数赋予相应的数据成员，从而成为一个完整的对象。同样地，可以逐个建立用于表现张亚奇、温丽等通信 86 班所有学生的对象。此后，如果需要查找某个学生，输入他的学号（或姓名等属性）并调用相应的成员函数查找，就可以找到该学生的信息；如果某个学生要转到其他班级，调用相应的成员函数删除，便可删除他的信息；同样地，如果一个学生要从其他班级转来，调用相应的成员函数插入，便可添加他的信息。

Python 使用关键字 class 来声明类，可以提供一个基类（也称为父类），若不指定基类，则默认以 object 作为基类。类体中定义的所有成分都是类的成员，主要成员有两种：数据成员（属性），用于描述对象的状态；方法成员（可以理解为类中自定义的函数），用于描述对象所能执行的操作。

定义类的一般形式为

```
class 类名(object):
    "类的说明文档"
```

```
    属性
    初始化方法__init__
    其他方法
```

其中，"类的说明文档"是一个字符串，可以通过“类名.__ doc__”的形式访问。初始化方法（相当于 C++等语言中的构造函数）是一种特殊方法，当创建该类的一个新实例（对象）时自动调用该方法。除此之外，还有一个__del__方法（相当于 C++等语言中的构造函数），可在释放对象时自动调用。

注：Python 中某些概念与其他面向对象语言有所区别：一是属性不分公有和私有；二是没有构造函数，初始化方法仅当实例化时会执行；三是在定义方法时必须带上 self 参数。

例 3-12 创建一个用户类，其中包括姓名和年龄属性、为年龄赋值的初始化方法、显示年龄的方法，以及显示类名的方法。

1. 类的定义

根据例 3-12 题目要求编写的 User 类的定义如下：

```
class User(object):
    "这是用户类。"
    name="某某某"
    age=0
    def __init__(self, age=30):
        self.age = age
    def showAge(self):
        print(self.age)
    def showClassName(self):
        print(self.__class__.__name__)
```

其中，包括以下成分。

（1）字符串"这是用户类。"为 User 类的说明文档，可在类中以“self.__class__.__name__”的形式或在创建对象后以“对象名.__class__.__name__”的形式获取。

（2）name 和 age 是 User 类的两个属性。类实例化后，即创建了类的对象后，便可以使用其属性，也可以直接通过类名访问其属性，但若直接使用类名修改了某个属性，则将影响已经实例化的对象。

可以用“__私有属性名”的形式（开头为两个下画线）来定义类的私有属性，在类内部的方法中以“self.__私有属性名”的形式使用。这种属性不能在类的外部直接访问，一般情况下，需要通过类中专门定义的方法来访问。

（3）使用 def 关键字在类中定义方法，与一般函数定义不同的是，类方法必须包含参数 self 而且必须是第 1 个参数。

- 初始化方法__init__(self, age=23)将在创建对象时自动调用，其功能是给 age 属性赋值。其中，第 2 个参数指定了一个默认值，在实例化对象时可以指定一个值替换该默认值。
- 方法 showAge(self)用于输出 age 的值。

● 方法 showClassName(self)用于显示定义的类的名字，以 self.__class__.__name__的形式获取类的名字。

也可用“__私有方法名”的形式（开头为两个下画线）来定义类的私有方法，在类内部以“self.__私有方法名”的形式调用。这种方法不能在类的外部调用。

2. 对象的创建与使用

本例编写以下程序来创建和使用 User 类的两个对象 zhang 和 ma。

```
zhang=User()                #创建 User 类对象 zhang
zhang.name="张易居"          #调用类的 name 属性
print(zhang.name)           #再次调用类的 name 属性
zhang.showAge()             #调用类的 showAge()方法
ma=User(25)                 #创建 User 类对象 ma
print(ma.name)
ma.showAge()
zhang.showClassName()                  #获取类的名称
print(zhang.__class__.__doc__)         #获取类的说明文档
zhang.VIP=True                         #为对象 zhang 添加自有属性——VIP
print(zhang.VIP)                       #输出 zhang 的自有属性的值
print(ma.VIP)
```

上述程序包括以下 3 部分内容。

（1）前 4 个语句定义了 User 类的对象 zhang；直接为 name 属性赋值并输出其值；而且调用了 showAge()方法输出 age 属性的值。

（2）第 5～7 个语句定义了 User 类的另一个对象 ma，定义时指定 25 替换默认的 age 属性的值（在自动调用的初始化方法中更改）；直接输出 name 属性的值（因未显式赋值而用默认值“某某某”）；还调用了 showAge()方法输出 age 属性的值。

（3）第 8 个语句调用了 showClassName ()方法输出类的名称；第 9 个语句直接以 zhang.__class__.__doc__的形式获取并输出类的说明文档。

（4）后 3 个语句先为对象 zhang 添加自有属性 VIP 并赋值为 True，然后直接输出该属性的值，最后试图以同样的方式输出另一个对象 ma 的 VIP 属性的值，但这一句在执行时将会出错。

3. 程序的运行结果

上述程序的运行结果如下：

```
In [1]: runfile('D:/Python程序/求y值.py', wdir='D:/Python程序')
张易居
30
某某某
25
User
这是用户类。
True
Traceback (most recent call last):

  File "<ipython-input-1-9ca43d7767fe>", line 1, in <module>
```

```
    runfile('D:/Python程序/求y值.py', wdir='D:/Python程序')

  File "D:\ProgramData\Anaconda3\lib\site-packages\spyder_kernels\customize
\spydercustomize.py", line 668, in runfile
    execfile(filename, namespace)

  File "D:\ProgramData\Anaconda3\lib\site-packages\spyder_kernels\customize
\spydercustomize.py", line 108, in execfile
    exec(compile(f.read(), filename, 'exec'), namespace)

  File "D:/Python程序/求y值.py", line 24, in <module>
    print(ma.VIP)

AttributeError: 'User' object has no attribute 'VIP'
```

从输出结果可以看出，在执行最后一个语句时，因对象 ma 中不包含 VIP 属性，所以出错了。

3.5.2 面向对象程序设计方式

面向对象程序设计方式可以较好地模拟现实世界中的客观事物。这种程序设计技术构造的程序包含各种既互相独立又可互相调用的对象，也就是说，这种程序中的每个对象都能够接收数据、处理数据并将数据传达给其他对象。程序设计者的主要任务有两方面：一方面是按应用需求将相关数据和操作封装在一起，设计出各种类和对象；另一方面是按统一规划充分调动各种对象来协同工作，完成规定的任务。

与面向对象的程序设计方式相比，面向过程的程序设计方式（可称之为传统方式）将程序看作一系列函数，甚至一系列直接操纵计算机或由计算机执行的指令的集合。这种方式常先将一个函数切分为多个较小的子函数，分别求解子函数；再将子函数的解合并，作为原问题的解，从而降低程序设计难度。

在 Python 中，所有数据类型均可以被视为对象，也可以自定义对象。通过自定义类并将其实例化来自定义对象。

例 3-13 处理学生成绩表的两种不同程序。

假设需要操作的是学生成绩表，面向过程的程序设计和面向对象程序设计的处理方式有很大差异。

1. 面向过程的程序设计

按面向过程方式编写的程序如下：

```
stu1={'姓名': '张京', '成绩': 88}
stu2={'姓名': '王莹', '成绩': 93}
def showMark(stu):
    print('%s: %s' % (stu['姓名'], stu['成绩']))
showMark(stu1)
showMark(stu2)
```

（1）前两个语句分别用字典 stu1 和字典 stu2 表示两个学生的姓名和成绩。

（2）第 3 个语句和第 4 个语句定义了处理（输出）学生成绩的函数 showMark()。

（3）后两个语句分别以两个字典为实参，调用 showMark()函数输出两个学生的成绩。

程序的运行结果如下：

```
>>>
张京：88
王莹：93
>>>
```

2. 面向对象的程序设计

在面向对象的程序设计过程中，先思考的不是程序的执行流程，而是如何封装学生的成绩及相应的处理方法。应将这个用姓名和成绩来描述学生的 student 数据类型视为对象，其中包含 name 和 mark 两个属性，以及输出学生成绩的方法。按这种思路编写的程序如下：

```
class stuMark:
    def __init__(self, name, mark):
        self.name=name
        self.mark=mark
    def showMark(self):
        print('%s: %s' % (self.name, self.mark))
zhang=stuMark('张京',88)
wang=stuMark('王莹', 93)
zhang.showMark()
wang.showMark()
```

（1）前 6 个语句定义了 stuMark 类，其中包含分别表示学生姓名和成绩的两个属性，以及输出成绩的方法。

（2）类定义之后的两个语句分别定义了表示两个学生的对象 zhang 和 wang，并在定义时直接为两个属性赋值（赋初值）。

（3）后两个语句分别用对象 zhang 和 wang 调用 showMark()函数，输出两个学生的成绩。

这种方法的正确描述是，先创建一个学生对象，然后给对象发一个 showMark 消息，让对象输出自有的数据。

程序的运行结果与面向过程的程序的运行结果相同。

可见，面向对象程序设计的一般步骤是，先用实际事物中抽象出来的数据设计类；然后将类实例化，即创建其对象；再通过对象操纵数据。应该说，面向对象方法中类的抽象程度比函数要高，因为一个类中既包含数据，又包含操作数据的方法。

3.5.3 类的继承性

面向对象程序设计通过类将数据和操纵数据的方法封装在一起，利用类的继承性有效地解决了传统程序设计方法难以解决的代码重用问题。

利用类的继承性可以在基类（已有类）的基础上定义派生类（新的类），派生类继承基类的全体成员（数据成员和成员方法），并按需求添加新的成员。这样，不仅提高了代码的重用性，而且使得程序具有较为直观的层次结构，从而易于扩充、维护和使用。

在 Python 程序中定义类时，用类名之后的一对圆括号来表示继承关系，括号中的类为基类。若基类中定义了初始化方法，则派生类必须显式地调用基类的初始化方法。如果派生类需要扩展基类的行为，则可添加方法的参数。若派生类中定义的方法与基类中的方法名相同，则派生类对象中实际调用的是自身的方法。

例 3-14 先定义基类 Person，其中包括人的姓名属性、年龄属性、初始化方法及输出属性值的方法。再分别定义两个派生类：表示老师的 Teacher 类和表示学生的 Student 类。在 Teacher 类中添加工资属性，在 Student 类中添加成绩属性，并在这两个类中重新编写输出属性的方法。

按题目要求编写的程序如下：

```
class Person:  #基类 Person
    def __init__(self,name,age):
        self.name = name
        self.age = age
        print('Person 初始化: ', self.name)
    def show(self):
        print('姓名:%s; 年龄:%s' % (self.name, self.age))
class Teacher(Person):  #基类 Person 派生的 Teacher 类
    def __init__(self,name,age,salary):
        Person.__init__(self,name,age)
        self.salary = salary
        print('Teacher 初始化: ', self.name)
    def show(self):
        Person.show(self)
        print('工资: ', self.salary)
class Student(Person):  #基类 Person 派生的 Student 类
    def __init__(self,name,age,marks):
        Person.__init__(self,name,age)
        self.marks = marks
        print('Student 初始化: ', self.name)
    def show(self):
        Person.show(self)
        print('成绩: ', self.marks)
zhang=Teacher('张益君', 50, 10000)
liu=Student('刘贺彬', 20, 86)
members=[zhang,liu]
print()
for member in members:
    member.show()
```

可以看到如下内容。

（1）为了使用继承，基类名作为一个元组跟在定义的派生类名之后。可以在继承元组中列举两个或两个以上的类，这种情况被称为多重继承。

（2）在基类的初始化方法中，以 self 为前缀来为基类中定义的对象属性赋值。

（3）在两个派生类的初始化方法中，先以基类名 Person 为前缀，调用基类的初始化方法为基类中定义的属性赋值；再以 self 为前缀来为新定义的自有属性赋值。

注：Python 不会自动调用基类的初始化方法，必须在派生类初始化方法中用基类名调用它，来为基类中定义的那些属性赋值。

（4）在使用基类 Person 的 show()方法时，实际上是把派生类 Teacher 类和 Student 类的对象看作基类的对象。

（5）本例中调用了派生类而非基类的 show()方法，可以理解为 Python 总是先查找对应类的方法，仅当在派生类中找不到对应的方法时，才去基类中查找。

上述程序的运行结果如下：

```
Person 初始化：张益君
Teacher 初始化：张益君
Person 初始化：刘贺彬
Teacher 初始化：刘贺彬

姓名:张益君；年龄:50
工资：10000
姓名:刘贺彬；年龄:20
成绩：86
```

3.5.4　异常处理

所谓异常，是指在程序运行过程中，由程序本身的问题或用户的不当操作造成的程序执行暂停和程序执行结果错误的情况。异常的来源是多方面的，如要打开的文件不存在、未向操作系统申请到内存、进行除法运算时的除数为零等，都可能导致异常。

异常处理机制是管控程序运行时出现错误的一种结构化方法。这种机制将程序中的正常处理程序与异常处理程序明显地区分开来，提高了程序的可读性。

例 3-15　解决零作除数错误的两种方式。

对于零作除数错误，传统方式的基本思想是尽力预防错误的发生。例如，在下面程序中，通过 if 语句对多个除数进行条件判断来预防零作除数错误。当所输入的某个除数为零时，显示“除数不能为零!”。

```
x=int(input('被除数 x=? '))
a=int(input('除数 a=? '))
b=int(input('除数 b=? '))
c=int(input('除数 c=? '))
if a!=0 and b!=0 and c!=0:
    print(x/a+x/b+x/c)
else:
    print('除数不能为零! ')
```

预防错误发生的方式至少有两个缺点：

一个是预估所有可能发生的异常情况，把所有相应的条件都组织到 if 语句中，这使得 if 语句十分烦琐。例如，在上述程序中的给变量 y 赋值的语句中，如果再多几个作分母的变量，if 语句中的条件就会冗长不堪。

另一个是如果没有预估到发生某种异常的可能性，但程序在运行时发生了该种异常，那么可能导致程序非正常终止或出现其他难以预料的结果。

Python 等新型语言（C++、Delphi 等）提供了特定的异常处理机制，可在异常发生后再按其需求采取相应措施进行处理。使用 Python 中的 try…except 语句改写的程序如下：

```
x=int(input('被除数 x=? '))
a=int(input('除数 a=? '))
b=int(input('除数 b=? '))
c=int(input('除数 c=? '))
try:
    print(x/a+x/b+x/c)
except ZeroDivisionError as e:
    print(e)
```

try…except 语句中的 try 子句部分是有可能因除数为零而出错的语句，except 子句定义了标准异常类 ZeroDivisionError 的对象 e，而且包含发生异常时自动执行的语句。try…except 语句的工作方式是，当开始执行一个 try 子句后，就在当前程序的上下文中做标记，以便在异常出现时返回此处，先执行 try 子句，然后依据执行情况决定后面的操作。

- 如果在执行 try 部分某个语句时发生异常，就跳出 try 并执行第一个匹配该异常的 except 子句（一个 try 子句可配套多个 except 子句）。
- 如果 try 部分某个语句发生了异常，却没有相应的 except 子句匹配，异常将交给上层的 try，或者交给程序的最上层，这样就会结束程序并打印默认的出错信息。
- 如果在执行 try 子句时未发生异常，Python 将执行 else 语句后的子语句（可有配套的 else 子句）或结束 try 语句的执行。

上述程序的运行结果如下：

```
被除数 x=?5
除数 a=?8
除数 b=?9
除数 c=?0
division by zero
```

可以看到，由于一个除数的值为零，因此发生了 ZeroDivisionError 类异常，except 子句捕获了这个异常并自动给对象 e 赋值为 division by zero，except 子句的输出语句输出对象 e 的值。

例 3-16 try…finally 语句的使用。

可以在 try...except 语句中添加一个 finally 子句，或者直接用 try 子句和 finally 子句构成 try…finally 语句。finally 子句通常用于关闭因异常而无法释放的系统资源。无论异常是否发生，finally 子句都会执行。

本例中，先用记事本创建一个纯文本文件 tempFile.txt，放到 E 盘根目录下。这个文本文件的内容如图 3-10 所示。

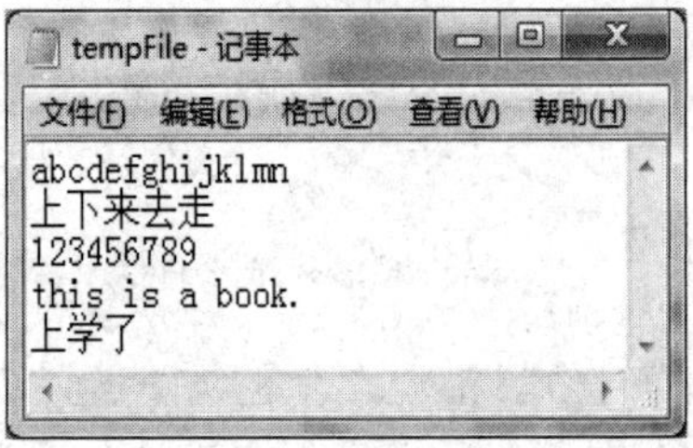

图 3-10 文本文件的内容

编写操作 tempFile.txt 文件中内容的程序，该程序使用 try…finally 语句来处理可能发生的异常。程序如下：

```
import time
```

```
try:
    f=open('E:/tempFile.txt')
    while True:
        line = f.readline()
        if len(line)==0:
            break
        time.sleep(2)
        print(line,)
finally:
    f.close()
    print('文件已关闭！')
```

上述程序先使用 open()方法打开 E 盘上的 tempFile.txt 文件并赋值给 f，然后逐行读取并输出文件中的每行内容，每打印一行内容前都调用一个 time.sleep()方法暂停 2 秒，使程序运行变慢，以便手动中止其运行。

注：在使用 time.sleep()方法前，要先用 import time 语句引入定义该方法的 time 模块。

本程序运行后，可按 Ctrl+C 键来中止其运行。这时程序的运行情况如下：

```
abcdefghijklmn

上下来去走

文件已关闭!
Traceback (most recent call last):
  File "C:/Users/DeLL/Desktop/清华新版大学计算机基础/Python程序/异常处理_文件操作.py", line 8, in <module>
    time.sleep(2)
KeyboardInterrupt
```

由此可以看到，按下 Ctrl+C 键触发了 KeyboardInterrupt 异常，程序退出。但在程序退出之前，finally 子句仍然能够执行，文件正常关闭。

习 题 3

一. 选择题

1．程序的运行结果是______。

```
x = "acc "
y = 3
print(x + y)
```

（A）acc （B）acc acc （C）TypeError:… （D）acc 3

2．程序的运行结果是______。

```
import math
```

```
print(math.floor(5.5)+math.trunc(9.9)+int(1.8))
```

（A）13　　（B）15　　（C）17　　（D）19

3．程序的运行结果是______。

```
x={1:'1', 2:'2', 3:'3'}
x={}
print(len(x),type(x))
```

（A）1 <class 'set'>　　（B）1 <class 'dict'>

（C）0 <class 'dict'>　　（D）0 <class 'list'>

4．程序的运行结果是______。

```
str=['abcdef', '12345', '上下左右来去', 'start 上北下南左东右西']
print(str[-1][-1]+str[0][3]+str[3][9])
```

（A）西 d 南　　（B）西 d 左

（C）sd 左　　（D）下标超界错

5．程序的运行结果是______。

```
L=[1, 2, 3, 4, 5, 6]
L.append([7,8,9,10,11])
L1=L.pop()
print(len(L),' ',max(L1))
```

（A）6　10　　（B）6　11　　（C）11　6　　（D）11　11

6．程序的运行结果是______。

```
L=['Amir', '_Chales', 'Dao', '', 'Ceo']
if L[1][1]+L[1][5]+L[2][2] in L:
   print(10==10 and 10)
else:
   print(10>10 or -1)
```

（A）True　　（B）False　　（C）10　　（D）−1

7．程序的运行结果是______。

```
x=0
y=1
a=x if x>y else y
if a<x:
   print("a")
elif a==x:
   print("b")
else:
   print("c")
```

（A）none　　（B）a　　（C）b　　（D）c

8．程序的运行结果是______。

```
for i in range(2):
    print(i,end=',')
for i in range(4,6):
    print(i,end=',')
```

（A）0,1,4,5,　　（B）1, 2, 4, 5, 6,

（C）2, 4, 6,　　（D）0, 1, 2, 4, 5, 6,

9．程序的运行结果是______。

```
x=30
y="60"
z=90
sum=0
for i in (x,y,z):
    if isinstance(i, int):
        sum+=i
print(sum)
```

（A）90　　（B）120　　（C）150　　（D）180

10．程序的运行结果是______。

```
def simpleFun():
    "This is a cool simple function that returns 1"
    return 1
print(simpleFun.__doc__[15:21])
```

（A）simple　　（B）cool　　（C）func　　（D）funtion

11．程序的运行结果是______。

```
def addItem(xList):
    xList += [1]
myList=[1,2,3,4,5,6]
addItem(myList)
print(len(myList))
```

（A）6　　（B）7　　（C）8　　（D）9

12．程序的运行结果是______。

```
nName=[]
def addOne(name):
    if not (name in nName):
        nName.append(name)
addOne('zhang')
addOne('wang')
addOne('zhang')
```

```
print(len(nName))
```

（A）0　（B）1　（C）2　（D）3

13．程序的运行结果是______。

```
def showHeader(str):
    print("+++%s+++" % str)
showHeader.category=1
showHeader.text="some info"
showHeader("%d %s" %(showHeader.category, showHeader.text))
```

（A）+++1 some info+++　（B）+++%s+++

（C）1　（D）some info

14．程序的运行结果是______。

```
class Person:
    def __init__(self, id):
        self.id = id
wang=Person(100)
wang.__dict__['age']=49
print(wang.age + len(wang.__dict__))
```

（A）1　（B）2　（C）49　（D）51

15．程序运行后，在“选择（0/1/2/其他）？”时键入 1，接下来显示的是______。

```
def getInput():
    print("0: start")
    print("1: stop")
    print("2: reset")
    x=input("选择（0/1/2/其他）？ ")
    try:
        num=int(x)
        if num>2 or num<0:
            return None
        return num
    except:
        return None
num=getInput()
if not num:
    print("invalid")
else:
    print("valid")
```

（A）1　（B）2　（C）valid　（D）invalid

二．填空题

（1）print(int(3.96), round(3.96,0), math.floor(3.96)) 的输出是______。

（2）print(hex(16), bin(10)) 的输出是______。

（3）print(3-4j, abs(3-4j)) 的输出是______。

（4）数学表达式 $\sin 30° + \frac{5-e^x}{\sqrt{2x-1}} - \ln(3x)$ 的 Python 表达式为______。

（5）当 x, y=______时，print(x+y==y+x)输出的是 True。

（6）当 x, y=______时，print(min(x,y)==min(y,x))输出的是 True。

（7）当 string="abc 一二三 12345"时，print("%s" % string[6:9])的输出是______。

（8）当 x=90 时，语句 print('通过' if x>=60 else '淘汰')的输出是______。

（9）属性实际上是类中定义的变量，______被类中定义的方法访问，______通过类的实例访问。

（10）一个 try 块可后接______个 except 块；一个 try 块可后接______个 finally 块。

三．程序设计题

（1）键入 3 个数作为 3 条边长，判断这 3 条边能不能构成三角形，若能，则求解（代入海伦公式计算）并输出三角形的面积。

（2）输入购买的商品的单价和个数，按如下折扣率计算并输出应付款金额。

- 10 件以上 9 折（付全款的 90%）。
- 20 件以上 85 折（付全款的 85%）。
- 35 件以上 80 折（付全款的 80%）。
- 50 件以上 75 折（付全款的 75%）。

（3）输入一门课中 10 个学生的成绩，找出并输出最高成绩。

（4）定义一个计算长方体体积的函数，输入长方体的长、宽、高，调用自定义函数来计算并输出长方体的体积。

（5）定义一个类，内含初始化圆半径 r 及计算并输出圆周长和圆面积的 3 个方法，实例化该类，计算并输出圆周长和圆面积。

第 4 章　线性回归及其程序实现

在日常生活和工作中我们经常遇到变量间具有线性关系的问题，如身高与体重、住房面积与房价等，这类问题可以通过线性回归来解决。线性回归以一元线性方程或多元线性方程组作为预测模型，得益于其坚实的数学基础，模型的解释性好且易于使用计算机实现。同时，线性回归模型是多种非线性模型（多项式回归等）及其他机器学习方法的基础。

线性回归是建立在坚实的统计学基础之上的监督学习方法，掌握线性回归有助于初学者从统计学方法平滑地迁移到机器学习方法中。在 Python 及由少量第三方模块构成的软件开发环境中，通过高效的语言、强大的数据处理功能，以及形象生动的数据可视化功能，很容易编写出脉络清晰的线性回归预测或机器学习程序。

4.1　线性回归的概念

线性回归是比较简单的监督学习方法。这种方法利用来自客观世界的因变量与自变量之间具有线性关系或近似为线性关系的特点，构建基于线性方程或方程组的机器学习模型来描述这种线性关系，从而获得对目标变量进行预测的能力。

线性回归是统计学回归分析中经过严格界定的方法，也是机器学习中被广泛应用的方法。它利用线性依赖于未知参数的模型易于通过观测值拟合的特点，获取优质的描述与预测效果，是应该优先掌握的机器学习方法。同时，线性回归模型是多种非线性模型（多项式回归等）的基础。在某种程度上，多种分类方法，如逻辑回归、支持向量机等，也可以被看作线性回归方法的拓展。

4.1.1　线性回归的源流

分类与回归是两种常见的预测问题，都是利用监督学习方法求解。分类是指将数据分成指定的种类，可以是一类、两类或更多类，产生的结果是不连续的。回归是指预测一系列连续的数据点，也就是概念上的拟合曲线。通过已有数据绘制一条相对光滑的，能够贯穿数据中的大多数点的曲线。换句话说，回归就是设法获取已有数据中的规律，并据此构拟一条能够贯穿这些数据点的光滑曲线，写出曲线方程。

在回归分析中，若只包含一个自变量和一个因变量，且二者之间的关系可以用一条直线近似表示，则为一元线性回归分析；若包含两个或两个以上的自变量且因变量与自变量之间是线性关系，则为多元线性回归分析。

线性回归本质上是确定斜率和截距的值。当一个结果和一个影响它的变量之间的关系是一条直线时，就可以通过线性回归来对结果进行预测。例如，一辆汽车的油耗与其质量之间表现出来的往往是线性关系。也就是说，一辆汽车的油耗 y 与其质量 x 之间的关系取决于直线的斜率 w（油耗随质量上升的陡峭程度）和截距 b（零质量时的油耗）：

$$y=wx+b$$

在训练期间，给定汽车的质量，线性回归自动预测燃料预期消耗。线性回归通过比较燃料的预期消耗和实际消耗，采用最小二乘法计算并不断修正斜率 w 和截距 b 的值，从而获取能够使得平方差最小的 w 和 b。

考虑到汽车行驶过程中的阻力等因素，为了生成更精准的预测结果。可以仿照在二维空间中构拟直线的方法，通过构拟多维空间中的超平面来求解更复杂的问题。

航海家曾利用线性回归追踪行星，生物学家曾利用线性回归识别植物和动物的遗传性状。英国统计学家罗纳德·艾尔默·费希尔（ Sir Ronald Aylmer Fisher）和卡尔·皮尔逊（Karl Pearson）奠定了线性回归的数学基础，给出了统计框架，扩大了线性回归的使用范围。一个世纪后，得益于计算机的数据处理能力大幅提升，线性回归被广泛应用。

在实际应用中，往往难以准确地测量数据，在许多变量中哪些变量更重要也不易确定，因此产生了更复杂的线性回归的适应性变体。例如，带正则化的线性回归（岭回归）倾向于均匀地依赖最重要的变量，而不过多地依赖某个变量。若追求简约，则可以使用 lasso 回归（加 L1 正则惩罚项），选择具有高预测能力的变量而忽略其他变量。若数据稀少或特征出现关联，则可以使用结合了两种类型的正则化的弹性网络。

在人工神经网络中，作为基本构件的最常见的人工神经元就是基于线性回归的，一般地，在线性回归模型后面再跟一个非线性激活函数。可见，线性回归是深度学习的基础。

4.1.2　监督学习与线性回归

监督学习是常用且较成功的机器学习方式。若想根据给定输入来预测某种结果并且具备输入/输出对，则可以使用监督学习。用输入/输出对作训练集，以构建机器学习模型。最终目标是该模型可对从未见过的新数据做出准确预测。

一般来说，监督学习需要人工构建训练集，之后可自动完成本来难以完成，甚至根本无法完成的任务，工作速度往往会提升。

1. 分类与回归的概念与区分

监督学习面对的问题主要有两种：分类与回归。分类问题的目标是预测类别标签，这些标签来自预定义的可选列表。分类问题可分为二分类问题和多分类问题。例如，将电子邮件分为垃圾邮件与非垃圾邮件属于二分类问题。模型需要判断电子邮件是否是垃圾邮件。在二分类问题中，通常将其中一个类别称为正类，另一个类别称为反类。在寻找垃圾邮件时，正类可以是指垃圾邮件。两个类别中的哪个类别作为正类往往是根据具体领域做出的主观判断。

有一个著名的分类问题：将一堆鸢尾花按照四个特征值（花萼的长、宽，花瓣的长、宽）分为三类可能的品种。一个典型的多分类的例子：根据一个网站的文本来判断该网站使用的是哪种语言。

回归任务的目标是预测一个实数（浮点数）。例如，根据受教育水平、年龄、居住地等预测一个人的年收入，预测值是金额，可以在给定范围内任意取值。又如，根据一个农场的员工数、天气情况及上一年某种作物的产量预测这种作物的产量，预测值是产量，是可以取任意值的实数。

可以用一个简单的方法来区分分类任务和回归任务，即判断输出是否具有某种连续性。如果可能的结果之间具有连续性，那么这个问题就是回归问题。例如，预测年收入的输出有明显的连续性。一个人的年收入可能是 10 万元，也可能比 10 万元多 2000 元，也可以比 10 万少 1000 元。某种模型预测出来的结果无论比 10 万元多一点儿还是比 10 万元少一点儿，都算预测成功。与此相反，对于识别网站语言来说，预测的结果要么是这种语言（如英语），要么就是另一种语言（如法语）。

2. 监督学习的任务

对于监督学习，机器学习算法在训练时的任务是给定训练集；选择预测函数的类型，确定函数的参数值，如线性模型（直线）中的 w（斜率）和 b（截距）。常用的确定参数的方法是构造一个损失函数，表示预测函数的输出值与样本标签值之间的误差，并对所有训练集的误差求平均。这个值是参数 θ 的函数：

$$\min_{\theta} L(\theta)=\frac{1}{n}\sum_{i=1}^{n}L(x_i;\theta)$$

式中，$L(x_i;\theta)$为单个样本的损失函数；n 为训练样本数。训练的目标是最小化损失函数。求得损失函数的极小值即可确定 θ，从而确定预测函数。机器学习的关键是确定损失函数。在确定损失函数后，就是求最优解问题了。这在数学上一般有标准的解决方案。

监督学习的目的在于通过学习得到一个由输入到输出的映射，这一映射由模型来表示。模型属于由输入空间到输出空间的映射的集合，这个集合就是假设空间。可将机器学习过程看作一个在由假设组成的空间中搜索的过程。在搜索时，可以不断删除与正例不一致的假设或与反例一致的假设，最终获得与训练集"匹配"（可以正确判断所有训练样本）的假设，这就是通过学习获取的结果。

现实问题面临的假设空间往往很大，但学习过程是基于有限训练集进行的，有可能多个假设都与训练集匹配。也就是说，有一个与训练集匹配的"假设集合"。该假设集合被称为版本空间。版本空间是概念学习中与已知数据集匹配的所有假设的子集。

一般来说，监督学习可以按照以下步骤进行。

（1）得到一个有限的训练数据集。

（2）确定所有备选模型，即模型的假设空间。

（3）确定学习策略，即模型选择的准则。

（4）执行求解最优模型的算法，通过学习选择最优模型。

（5）利用学习得到的最优模型对新数据进行预测或分析。

3. 线性回归的概念

在监督学习中，若样本的标签值是连续实数，则称之为回归问题。这时，预测函数是向量到数的映射，$\mathbf{R}^n \to R$。例如，依据一个人的学历、工作年限等特征来预测他的收入，由于收入是实数而非类别标签，因此这是一个回归问题。

所谓回归，就是用历史数据来预测未来的数据趋势。线性回归先假设一些已知的函数来拟合目标数据，然后利用某种误差分析方法确定一个与目标数据拟合程度最好的函数。回归问题的预测函数可以是线性函数，也可以是非线性函数。如果预测函数是线性函数，就称之为线性回归。

线性回归是一种常用的解决回归问题的方法：通过对训练集进行学习，建立一个随机变量与另一组确定性变量之间的统计关系。线性回归的主要任务包括选择回归模型、确定损失函数、进行参数估计。线性回归可以解决许多问题。许多非线性问题可以先通过变量变换转化成线性问题，然后用线性回归来解决。根据模型中变量的个数，线性回归又有一元线性回归和多元线性回归之分。

样本往往包括多种不同属性的值。例如，用于预测个人年收入的样本可以包括多种类别的数据：

年份、年收入、职位、性别、工作年限、受教育背景……

假定样本共有 n 种类别，所有类别的第一个值构成 n 维空间中的第一个点，第二个值构成 n 维空间中的第二个点，……，第 n 个值构成 n 维空间中的第 n 个点。也就是说，n 维空间中的每个点对应的一条数据都有 n 个属性值。在 n 个属性值中，有一个属性（如年收）是输出，其他属性值都是一条数据的特征值。

4.2　线性回归模型

统计学上，线性回归通过拟合因变量与自变量的最佳线性关系来预测目标变量。为了实现最佳拟合，必须使每个实际观察点与拟合形状的距离之和尽可能小。线性回归学习方法建立的预测函数（模型）通过线性回归方程的最小平方函数来表现一个或多个自变量与因变量之间的关系。这种预测模型是一个或多个称为回归系数的模型参数的线性组合。如果只有一个自变量，就称之为简单回归；如果自变量多于一个，就称之为多元回归。

注：统计学是基于统计方法的机器学习方法，可看作基于数据的机器学习方法的特例。统计学从一批观测（训练）样本出发，试图获取某些不便通过原理分析获取的规律，并利用这些规律来分析客观对象，从而对未来的数据进行较准确的预测。由统计学理论引出的支持向量机等方法极大地推动了机器学习理论及应用的发展。

4.2.1　一元线性回归模型

假定 x 是确定性变量，y 是一个依赖于 x 的随机变量。给定一组 $x_1,x_2,\cdots,x_n$，便有一组对应的 $y_1,y_2,\cdots,y_n$，回归分析就是确定随机变量 y 与确定性变量 x 之间的关系：

$$y=wx+b$$

式中，w 为回归系数（斜率）；b 为偏置项（截距）。由于该方程描述的是一条直线，故称此回归为线性回归。由于随机变量 y 仅与一个确定性变量 x 有关，故又称此回归为一元线性回归，也称为简单线性回归。

一元线性回归的目标是设法使函数 $f(x)=wx+b$ 的计算值接近预测的 y 的真值，因此线性回归转化为数学问题就是，寻找恰当的 w 参数和 b 参数，使得 $f(x)$尽可能地逼近 y。逼近，是指 $f(x)$与 y 之间的差值（距离）尽可能小。

1. 建立一元线性回归模型

一元线性回归模型（预测函数）为直线方程，关键问题是如何拟合一条可以匹配所有数据的最佳直线，一般使用最小二乘法来求解。

最小二乘法的基本思想：假设拟合得到的直线代表数据的真值，观测到的数据代表具有误差的值。为了减小误差影响，设法构拟一条直线，使得所有误差的平方和最小，从而将最优问题转化为求函数极值问题。

函数极值一般采用求导数的方法来确定。如果得不到结果或计算量太大，那么可以采用数值计算方法来求解。梯度下降法是回归模型常用的一种求解方法。

例 4-1 预测房屋价格的一元线性回归问题。

假定有一批房屋销售数据如下：

编号	房屋面积/m^2	房屋价格/万元
001	80	100.00
002	81	230.50
……	……	……

依据形如（房屋面积，房屋价格）的样本预测房屋价格。

第一步，确定模型（预测函数）为

$$\text{预测价格}=\text{直线斜率}\times\text{面积}+\text{截距}$$

第二步，执行机器学习算法，通过评估预测房屋价格与真实房屋价格之间的差距，求出模型中的斜率和截距。

回归问题预测的是一个位于连续空间中的具体数值，需要占用一个坐标轴的位置，因而在二维空间中（平面上）只能观察一元线性回归问题，即只有一个样本特征的回归问题。如果需要观察两个样本特征的回归（多元线性回归）问题，就需要在三维空间中进行。

本例输出信息——房屋价格占用一个坐标轴，如图 4-1 所示。

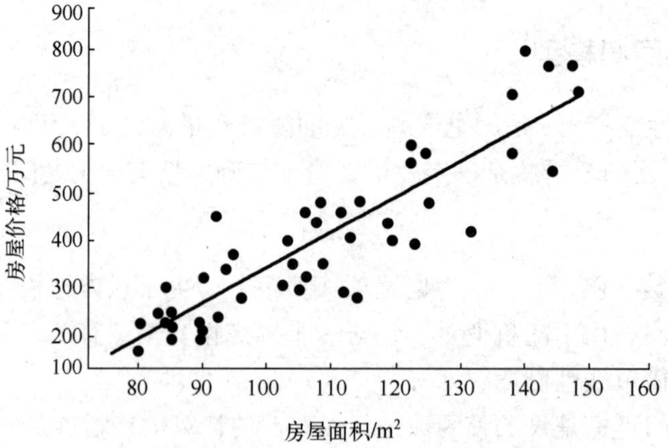

图 4-1 房屋价格与房屋面积的线性关系图

2. 一元线性回归模型的损失函数

线性回归的目标是确定回归方程，即求出线性回归方程中的 w（直线的斜率）和 b（截距）。求解过程实际上是通过损失函数来估计 w 和 b 的过程。

损失函数是用于评估模型的预测值与真值不一致程度的非负函数。在机器学习中常用的损失函数有多种，如平方损失函数、绝对损失函数、对数损失函数、指数损失函数等。线性回归采用的是平方损失（又称均方误差）函数。用于求解参数 w 和 b 使其均方误差最小的方法被称为最小二乘参数估计。

假定 $\hat{y}$ 是实际输出的预测值，y 是期望输出的预测值，且

$$\hat{y}=\sum_{i=1}^{n}w_i x_i+b$$

则均方误差为

$$L(w,b)=\sum_{i=1}^{n}(y_i-\hat{y}_i)^2=\sum_{i=1}^{n}(y_i-w_i x_i-b)^2$$

该函数的几何意义是数据集中第 i 个离散点(x_i,y_i)与直线上具有相同横坐标 x_i 的点$(x_i,\hat{y}_i)$之间的距离的平方和。

使用 $L(w,b)$ 来估计 w 和 b，要求 $L(w, b)$最小。从 $L(w, b)$的定义可以看出，它的二阶导数非负，故为凸函数，凸函数的一阶导数为 0 的点就是最低点。

注：凸函数即函数曲线向下弯或向上围（不严谨的说法）的函数。

3. 一元线性回归模型的参数估计

因为 $L(w,b)$是一个关于 w 和 b 的凸函数（函数图像上所有点都落在切线上或切线上方），所以关于 w 和 b 处处可导。一般使用最小二乘法来估计 w 和 b：先分别求出 $L(w, b)$关于 w 和 b 的偏导数；然后令其偏导数为 0，得到 w 和 b 的最优解。采用最小二乘法求出的直线可保证所有样本点到该直线的欧氏距离（两点之间的直线段距离）之和最小。

注：均方误差对应了常用的欧氏距离，基于均方误差最小化来进行模型求解的方法被称为最小二乘法。

（1）求 $L(w, b)$关于 w 的偏导数：

$$\begin{aligned}\frac{\partial L(w,b)}{\partial w}&=\frac{\partial\sum_{i=1}^{n}(y_i-wx_i-b)^2}{\partial w}=2\sum_{i=1}^{n}(y_i-wx_i-b)\frac{\partial(y_i-wx_i-b)}{\partial w}\\&=2\sum_{i=1}^{n}(wx_i^2-y_i x_i+bx_i)=2\left(w\sum_{i=1}^{n}x_i^2-\sum_{i=1}^{n}(y_i-b)x_i\right)\end{aligned}$$

（2）求 $L(w, b)$关于 b 的偏导数：

$$\frac{\partial L(w,b)}{\partial b}=\frac{\partial\sum_{i=1}^{n}(y_i-wx_i-b)^2}{\partial b}=2\sum_{i=1}^{n}(y_i-wx_i-b)\frac{\partial(y_i-wx_i-b)}{\partial b}$$

$$=2\sum_{i=1}^{n}(b-y_i+wx_i)=2\left(nb-\sum_{i=1}^{n}(y_i-wx_i)\right)$$

（3）令 $L(w, b)$关于 b 的偏导数为 0，求 b：

$$2\left(nb-\sum_{i=1}^{n}(y_i-wx_i)\right)=0 \quad \to \quad b=\frac{1}{n}\sum_{i=1}^{n}(y_i-wx_i)$$

（4）令 $L(w, b)$关于 w 的偏导数为 0：

$$2\left(w\sum_{i=1}^{n}x_i^2-\sum_{i=1}^{n}(y_i-b)x_i\right)=0 \quad \to \quad w\sum_{i=1}^{n}x_i^2=\sum_{i=1}^{n}y_ix_i-b\sum_{i=1}^{n}x_i$$

（5）代入第（3）步求得 b 的等效式，求 w：

$$w\sum_{i=1}^{n}x_i^2=\sum_{i=1}^{n}y_ix_i-\frac{1}{n}\sum_{i=1}^{n}(y_i-wx_i)\sum_{i=1}^{n}x_i$$

$$w\sum_{i=1}^{n}x_i^2-\frac{w}{n}\sum_{i=1}^{n}x_i\sum_{i=1}^{n}x_i=\sum_{i=1}^{n}y_ix_i-\frac{1}{n}\sum_{i=1}^{n}y_i\sum_{i=1}^{n}x_i$$

$$w=\frac{\sum_{i=1}^{n}y_ix_i-\frac{1}{n}\sum_{i=1}^{n}y_i\sum_{i=1}^{n}x_i}{\sum_{i=1}^{n}x_i^2-\frac{1}{n}\left(\sum_{i=1}^{n}x_i\right)^2}$$

（6）令$\overline{x}=\frac{1}{n}\sum_{i=1}^{n}x_i$，$\overline{y}=\frac{1}{n}\sum_{i=1}^{n}y_i$，则有

$$w=\frac{\sum_{i=1}^{n}y_i(x_i-\overline{x})}{\sum_{i=1}^{n}x_i(x_i-\overline{x})}\text{，}\quad b=\overline{y}-w\overline{x}$$

上式就是参数估计公式，将其代入直线方程，得到预测函数为

$$\hat{y}=\frac{\sum_{i=1}^{n}y_i(x_i-\overline{x})}{\sum_{i=1}^{n}x_i(x_i-\overline{x})}x+(\overline{y}-w\overline{x})$$

例 4-2 用一元线性回归模型预测职工年收入。

假定某位职工前七年的实际收入如表 4-1 所示。

表 4-1　某位职工前七年的实际收入

年份编号	1	2	3	4	5	6	7
收入/万元	8.2	8.8	9	10.5	10.5	12	12.5

可按以下步骤拟合预测函数。

第一步，选择一元二次方程作为预测函数：

$$\hat{y} = wx + b$$

式中，年份编号为确定性变量 x 的值；收入为随机变量 y 的值；$\hat{y}$ 为随机变量 y 的预测值。

第二步，计算参数 w 和 b。

$\overline{x} = (1+2+3+4+5+6+7) \div 7 = 4$，$\overline{y} = (8.2+8.8+9+10.5+10.5+12+12.5) \div 7 \approx 10.21$

$$\sum_{i=1}^{n} y_i (x_i - \overline{x}) = -(8.2\times 3 + 8.8\times 2 + 9) + (10.5 + 12\times 2 + 12.5\times 3) = 20.8$$

$$\sum_{i=1}^{n} x_i (x_i - \overline{x}) = -(1\times 3 + 2\times 2 + 3) + (5 + 6\times 2 + 7\times 3) = 28$$

$$w = \frac{\sum_{i=1}^{n} y_i (x_i - \overline{x})}{\sum_{i=1}^{n} x_i (x_i - \overline{x})} = \frac{20.8}{28} \approx 0.74$$

$$b = \overline{y} - w\overline{x} = 10.21 - 0.74\times 4 = 7.25$$

第三步，确定预测函数：

$$\hat{y} = 0.74x + 7.25$$

4.2.2　多元线性回归模型

在实际问题中，因变量往往关联着两个或两个以上自变量。例如，在预测房屋价格时，需要考虑权重分别为 w_1、w_2、w_3 的多种因素：

预测房屋价格 $= w_1\times$房屋面积 $+ w_2\times$房屋等级 $+ w_2\times$交通情况 $+ w_3\times$环境情况 $+$ 偏置项

这种模型具有多个变量的分析就是多元回归分析。在多元回归分析中，如果因变量和多个自变量的关系为线性，就属于多元线性回归分析。

多元线性回归是用于描述一个随机变量与一组确定性变量之间依赖关系的机器学习方法。可将多元线性回归看作一元线性回归的拓展，多元线性回归模型为多元线性方程组，损失函数为均方误差，可以采用最小二乘法进行参数估计。考虑到多个变量会使计算过程很烦琐，因此使用梯度下降法或牛顿法来求解。

1. 建立多元线性回归模型

假定 $x_1,x_2,\cdots,x_n$ 是 n 个确定性变量，y 是一个依赖于 $x_1,x_2,\cdots,x_n$ 的随机变量，并且对 $x_1,x_2,\cdots,x_n$ 的每一组值都有对应的 y 值。如果有 m 组数据：

$$(x_{i1},x_{i2},\cdots,x_{in},\ y_i)\quad (i=1,2,3,\cdots,m)$$

就可以写出线性方程组：

$$\begin{cases} y_1 = w_1x_{11} + w_2x_{12} + \cdots + w_nx_{1n} + b_1 \\ y_2 = w_1x_{21} + w_2x_{22} + \cdots + w_nx_{2n} + b_2 \\ \cdots \\ y_m = w_1x_{m1} + w_2x_{m2} + \cdots + w_nx_{mn} + b_m \end{cases}$$

式中，$w_1,w_2,\cdots,w_n$ 为偏回归系数；b 为偏置项。上式可写成矩阵形式：

$$\boldsymbol{Y}=\boldsymbol{W}\boldsymbol{X}+\boldsymbol{B}$$

为记写简便，可将偏置项 $\boldsymbol{B}$ 并入 $\boldsymbol{X}$，即在 $\boldsymbol{X}$ 中添加一列，令其值全为 1；同时在权重向量 $\boldsymbol{W}^{\mathrm{T}}$ 中添加一个元素 w_0 成为 $\hat{\boldsymbol{W}}$，即

$$\boldsymbol{Y}=\begin{bmatrix} y_1 \\ y_2 \\ \vdots \\ y_m \end{bmatrix} \qquad \hat{\boldsymbol{X}}=\begin{bmatrix} 1 & x_{11} & x_{12} & \dots & x_{1n} \\ 1 & x_{21} & x_{22} & \dots & x_{2n} \\ \vdots & \vdots & \vdots & & \vdots \\ 1 & x_{m1} & x_{m2} & \dots & x_{mn} \end{bmatrix} \qquad \hat{\boldsymbol{W}}=\begin{bmatrix} \hat{w}_0 \\ \hat{w}_1 \\ \vdots \\ \hat{w}_n \end{bmatrix}$$

这样，多元线性回归的模型就可以写为

$$\boldsymbol{Y}=\hat{\boldsymbol{X}}\hat{\boldsymbol{W}}$$

2．多元线性回归模型的损失函数

在多元线性回归模型中，可以采用最小二乘法估计参数 $\hat{\boldsymbol{W}}$。假定 $\hat{\boldsymbol{Y}}$ 是 $\boldsymbol{Y}$ 的预测值，则其第 i 个分量为

$$\hat{y}_i = \hat{y}_0 + \hat{w}_1x_{i1} + \hat{w}_2x_{i2} + \cdots + \hat{w}_nx_{in}$$

该模型的均方误差为

$$L(\hat{\boldsymbol{W}}) = \sum_{i=1}^{m}(y_i - \hat{y}_i)^2 = \sum_{i=1}^{m}(y_i - \hat{w}_0 - \hat{w}_1x_{i1} - \cdots - \hat{w}_nx_{in})^2$$

式中，m 为样本的数量；y_i 为样本的真值。选择合适的偏回归系数 $\hat{w}_0,\hat{w}_1,\cdots,\hat{w}_n$，使得 $L(\hat{\boldsymbol{W}})$ 取得最小值。

需要注意的是，$\boldsymbol{Y}$ 为样本的标记向量，$\boldsymbol{Y}=(y_1,y_2,y_3,\cdots,y_m)$；$\boldsymbol{X}$ 为样本矩阵。因为截距 $\boldsymbol{B}$ 合并到 $\boldsymbol{w}$，使得新的权重向量增加了一维，$\boldsymbol{W}=(\boldsymbol{w};\ \boldsymbol{B})$，相应地，每个样本 $\boldsymbol{X}_i$ 也增加了一维，变为 $\boldsymbol{X}_i=(x_{11},x_{12},x_{13},\cdots,x_{1n},1)$

3．多元线性回归模型的参数估计

为求 $w_1,w_2,\cdots,w_n$ 的估值 $\hat{w}_0,\hat{w}_1,\cdots,\hat{w}_n$，令 $L(\hat{\boldsymbol{W}})$ 关于 $\hat{w}_0,\hat{w}_1,\cdots,\hat{w}_n$ 的一阶偏导数为 0，则有

$$\begin{cases}\dfrac{\partial L(\hat{\boldsymbol{W}})}{\partial \hat{w}_0}=-2\sum\limits_{i=1}^{m}(y_i-\hat{w}_0-\hat{w}_1x_{i1}-\cdots-\hat{w}_nx_{in})=0\\ \dfrac{\partial L(\hat{\boldsymbol{W}})}{\partial \hat{w}_1}=-2\sum\limits_{i=1}^{m}(y_i-\hat{w}_0-\hat{w}_1x_{i1}-\cdots-\hat{w}_nx_{in})=0\\ \cdots\\ \dfrac{\partial L(\hat{\boldsymbol{W}})}{\partial \hat{w}_n}=-2\sum\limits_{i=1}^{m}(y_i-\hat{w}_0-\hat{w}_1x_{i1}-\cdots-\hat{w}_nx_{in})=0\end{cases}$$

求导数并改写方程组：

$$\begin{cases}\sum\limits_{i=1}^{m}y_i=m\hat{w}_0+\left(\sum\limits_{i=1}^{m}x_{i1}\right)\hat{w}_1+\cdots+\left(\sum\limits_{i=1}^{m}x_{in}\right)\hat{w}_n\\ \sum\limits_{i=1}^{m}x_{i1}y_i=\left(\sum\limits_{i=1}^{m}x_{i1}\right)\hat{w}_0+\left(\sum\limits_{i=1}^{m}x_{i1}{}^2\right)\hat{w}_1+\cdots+\left(\sum\limits_{i=1}^{m}x_{i1}x_{in}\right)\hat{w}_n\\ \sum\limits_{i=1}^{m}x_{i2}y_i=\left(\sum\limits_{i=1}^{m}x_{i2}\right)\hat{w}_0+\left(\sum\limits_{i=1}^{m}x_{i2}\right)\hat{w}_1+\left(\sum\limits_{i=1}^{m}x_{i2}{}^2\right)\hat{w}_2+\cdots+\left(\sum\limits_{i=1}^{m}x_{i2}x_{in}\right)\hat{w}_n\\ \cdots\\ \sum\limits_{i=1}^{m}x_{in}y_i=\left(\sum\limits_{i=1}^{m}x_{in}\right)\hat{w}_0+\left(\sum\limits_{i=1}^{m}x_{in}x_{i1}\right)\hat{w}_1+\left(\sum\limits_{i=1}^{m}x_{in}x_{i1}\right)\hat{w}_2+\cdots+\left(\sum\limits_{i=1}^{m}x_{in}{}^2\right)\hat{w}_n\end{cases}$$

这是最小二乘法求解的正规方程组：可以表示成矩阵形式。设 $\boldsymbol{P}$ 是它的系统矩阵，$\boldsymbol{Q}$ 是常数项向量，则有

$$\boldsymbol{P}=\begin{bmatrix} m & \sum\limits_{i=1}^{m}x_{i1} & \cdots & \sum\limits_{i=1}^{m}x_{in}\\ \sum\limits_{i=1}^{m}x_{i1} & \sum\limits_{i=1}^{m}x_{i1} & \cdots & \sum\limits_{i=1}^{m}x_{i1}x_{in}\\ \vdots & \vdots & & \vdots\\ \sum\limits_{i=1}^{m}x_{in} & \sum\limits_{i=1}^{m}x_{in}x_{i1} & \cdots & \sum\limits_{i=1}^{m}x_{in}\end{bmatrix}=\begin{bmatrix}1 & 1 & \cdots & 1\\ x_{11} & x_{21} & \cdots & x_{m1}\\ \vdots & \vdots & & \vdots\\ x_{1n} & x_{2n} & \cdots & x_{mn}\end{bmatrix}\begin{bmatrix}1 & x_{11} & \cdots & x_{1n}\\ 1 & x_{21} & \cdots & x_{2n}\\ \vdots & \vdots & & \vdots\\ 1 & x_{m1} & \cdots & x_{mn}\end{bmatrix}=\boldsymbol{X}^{\mathrm{T}}\boldsymbol{X}$$

$$\boldsymbol{Q}=\begin{bmatrix}\sum\limits_{i-1}^{m}y_i\\ \sum\limits_{i-1}^{m}x_{i1}y_i\\ \vdots\\ \sum\limits_{i-1}^{m}x_{in}y_i\end{bmatrix}=\begin{bmatrix}1 & 1 & \ldots & 1\\ x_{11} & x_{21} & \ldots & x_{m1}\\ \vdots & \vdots & & \vdots\\ x_{1n} & x_{2n} & \ldots & x_{mn}\end{bmatrix}\begin{bmatrix}y_1\\ y_2\\ \vdots\\ y_m\end{bmatrix}=\boldsymbol{X}^{\mathrm{T}}\boldsymbol{Y}$$

将 $\boldsymbol{P}$ 和 $\boldsymbol{Q}$ 代入正规方程，得到方程的矩阵形式

$$\boldsymbol{P}\hat{\boldsymbol{W}} = \boldsymbol{Q} \text{ 或 } [\boldsymbol{X}^{\mathrm{T}}\boldsymbol{X}]\hat{w} = \boldsymbol{X}^{\mathrm{T}}\boldsymbol{Y}$$

当系数 $[\boldsymbol{X}^{\mathrm{T}}\boldsymbol{X}]$ 可逆时，解出

$$\hat{\boldsymbol{W}} = \boldsymbol{P}^{-1}\boldsymbol{Q} = [\boldsymbol{X}^{\mathrm{T}}\boldsymbol{X}]^{-1}\boldsymbol{X}^{\mathrm{T}}\boldsymbol{Y}$$

这就是回归系数最优解的闭式解。可以看出，$\hat{\boldsymbol{W}}$ 的计算涉及矩阵求逆，仅当 $\boldsymbol{X}^{\mathrm{T}}\boldsymbol{X}$ 为满秩矩阵或正定矩阵时，才能采用该式进行计算。但在现实任务中，$\boldsymbol{X}^{\mathrm{T}}\boldsymbol{X}$ 往往并非满秩矩阵，因此会得到多个解，并且这些解都能使均方误差最小化，但有些解可能会因为过拟合（假设太严而预测不佳）不适用于预测任务。

y 的预测值 $\hat{y}$ 的经验回归方程为

$$\hat{y} = \hat{w}_0 + \hat{w}_1 x_1 + \hat{w}_2 x_2 + \cdots + \hat{w}_n x_n$$

4.2.3 模型的泛化与优劣

机器学习需要依据问题的特点与已有数据来确定具有最强解释性或预测能力的模型。仿照“学习→练习→考试”过程，将机器学习过程划分为三个阶段。

- 模型拟合：利用训练集对模型的普通参数进行拟合。
- 模型选择：利用测试集对模型的超参数进行调整，筛选出性能最好的模型。
- 模型评价：利用测试集来估计筛选出的模型在未知数据上的真实性能。

在进行线性回归等监督学习时，需要利用训练集构建模型，用该模型准确预测未曾见过且与训练集性质相同的新数据。如果一个模型对新数据做出的预测比较准确，就可认为该模型能够从训练集泛化到测试集。好的机器学习模型从问题领域内的训练集到任意数据集的泛化能力应良好，以对从未曾见过的数据做出精准预测。

1. 模型的拟合

在统计学中，拟合是指逼近目标函数的相似程度。这个术语也可以用在机器学习中，因为监督学习的目标也是逼近一个未知的可将输入变量映射到输出变量的潜在映射函数。

在统计学中，拟合的优劣通常取决于描述函数逼近目标函数的吻合程度。统计学中的某些方法（如计算残差）也可用于机器学习中。但要注意的是，统计学中的要逼近的函数往往是已知的，而机器学习中的要逼近的函数是未知的。如果预先知道目标函数的形式，就可以将其直接用于预测，不必从一堆混有噪声的数据中费力地“学习”目标函数。

一般来说，要求构建的模型能在训练集上做出准确预测。如果训练集与测试集足够相似，那么可以预见该模型在测试集上也能做出准确预测。但在某些情况下，这个结论并不成立。例如，假定一个商店综合多种因素构建了十分复杂的模型，该模型用于预测顾客的购买意愿。该模型对于训练集中的数据的预测精度非常高。但因为训练集中是关于老顾客的数据，他们的情况早已被掌握，用这些数据训练出来的模型对于新顾客的预测精度不太高，但是需求是找到一条适合新顾客的规律。

2. 过拟合与欠拟合

用什么样的标准来评估一个模型的泛化能力呢？可以使用测试集对模型的表现进行评估。

如果在拟合模型时过分关注训练集的细节，那么会得到一个非常复杂的模型，以至于该模型虽然在训练集上的表现非常好，但在测试集上的表现非常差。换句话说，得到的模型是不能泛化到新数据的，这说明模型出现了过拟合。反过来，如果模型过于简单，无法顾及数据的全部内容或不能捕捉数据有意义的变化，以至于该模型在训练集和测试集上的表现都非常差，就说明模型出现了欠拟合。

简而言之，平时表现好，真正考验时表现并不好的模型是过拟合模型；平时表现不好，测试效果也不好的模型是欠拟合模型。

3. 模型的合理性与复杂度

模型拟合的任务是计算未知参数；还有一个更重要的任务是在拟合参数前确定模型的样式，也就是确定要拟合哪些参数。模型拟合本身只是简单的数学问题，用计算机编程就可以解决。而模型设计要求考虑周到，特别要考虑模型的合理性与复杂度。

模型的合理性在很大程度上取决于待解决问题本身的特征。机器学习的目标并不是构建放之四海而皆准的通用模型，而是寻找特定问题的解决方案。在构建模型时，一定要关注问题本身的特点，即关于问题的先验知识，只有当模型的特点与问题的特征相匹配时，模型才能发挥最大的作用。这类似于行之有效的学习数学的方法未必适用于学习语文，但该方法能学好数学就已经很有价值了。

模型的复杂度要与问题的复杂度相匹配。模型优劣的唯一度量就是它在测试集上的评估效果。模型只有在训练集和测试集上的得分都比较高，才认为它对现有数据的拟合程度及对未知数据的泛化表现都较好。一般来说，模型越复杂，模型在训练集上的预测结果越好。但是，如果模型过于复杂，过多关注训练集中每个单独的数据点，就不能很好地泛化到新数据上。模型复杂度和模型精度间存在一个最佳位置，如图 4-2 所示。

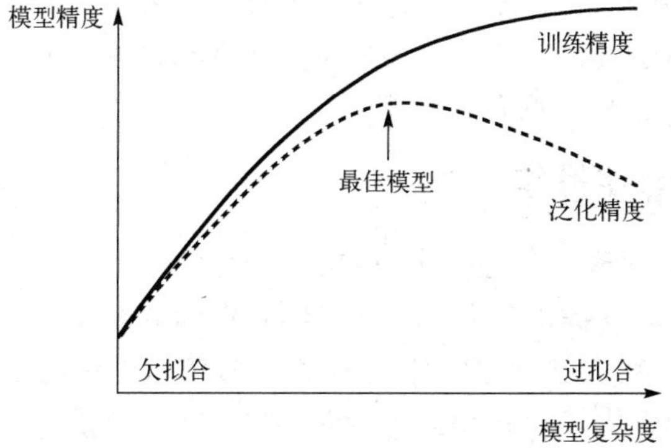

图 4-2 模型复杂度与模型精度的关系

在一般情况下认为，简单的模型对新数据的泛化能力更好。例如，如果规律是“年龄介于 28～50 岁的人更想买车”，且这条规律可以解释绝大多数顾客的行为，就可以相信这条规律而不是相信另一条由年龄、职业、婚姻状况等多种因素共同决定的规律。这条规律可以当作模型选择上的奥卡姆剃刀原则——如果多种模型都同等程度地符合同一个问题的观测结果，就应该选择使用假设最少的最简单的模型。也就是说，在结果大致相同的情况下，模型越简单越好。

注：奥卡姆剃刀原则在 14 世纪由英格兰逻辑学家，圣方济各派修士，来自奥卡姆的威廉（William of Occam）提出，主张“如无必要，勿增实体”，只认可确实存在的东西，认为那些空洞无物的普遍性要领是无用的，应当被无情地“剔除”。

4. 模型复杂度与数据集大小的关系

模型复杂度与训练集中包含的数据的变化范围密切相关。训练集中包含的数据的变化范围越大，越有利于构建更复杂且不发生过拟合的模型。一般来说，应该尽可能多的收集数据，以反映更大变化范围内的情况，更大的数据集可以构建更复杂的模型。例如，在仔细查看了 10000 个顾客数据后，发现这些数据都遵循一个规律：“如果顾客年龄介于 30～50 岁，并且收入在中等以上，那么他就想买车。”这是一条更加令人信服的有效规律。

一般来说，收集更多数据，适当构建更复杂的模型，对监督学习任务而言是有好处的。当然，在收集和整理数据时要注意甄别。如果收集的数据是非常相似的或者有许多数据是相同的，那是无济于事的。

4.3 数据拟合与可视化操作

在 Python 程序设计中，往往需要调用第三方提供的称为“库”的各种模块。例如，为了计算线性回归模型中的参数并绘制相应的函数图像，除了使用 Python 自有语句、函数、包、模块，还需要调用第三方模块，如 NumPy（支持多维数组与矩阵运算的扩展程序库）、SciPy（算法库与数学工具包）、Matplotlib（绘图库），以使用其中的数据结构（数组、矩阵、张量等）、数学与统计函数、子模块（最优化、图像处理、信号处理等子程序）等。

NumPy、SciPy 与 Matplotlib 都是开放源代码且可免费使用的第三方模块，经常配套使用，可构成一个基于 Python 的高效且易用的类似于 MATLAB 的科学与工程计算环境，有利于使用 Python 学习数据科学或人工智能。

4.3.1 NumPy 多维数组操作

NumPy（Numerical Python）是一个 Python 扩展科学计算库，开放源代码，由多上协作者共同维护开发。NumPy 提供了大量处理多维数据的数组及操纵数组的数学函数。从基本线性代数到傅里叶变换、随机模拟和拓扑操作任务都可以使用 NumPy 执行。NumPy 的内核是用 C 语言编写的，比一般 Python 计算库性能更好。使用 NumPy 创建的数组不同于 Python 的序列（列表、元组、字符串），可以叫作矩阵。在程序设计任务相同时，调用 NumPy 比直接使用 Python 基本数据结构更简单、高效，而且运行速度更快。

NumPy 是在 Python 生态系统中进行数据分析、机器学习、科学计算的主力，极大地简化了向量和矩阵的处理操作。Python 数据科学相关软件包，主要有 scikit-learn、SciPy、

Pandas 和 TensorFlow 等，它们都以 NumPy 为架构的基础部分。除了能对数值数据进行切片、切块，使用 NumPy 还为处理和调试上述模块中的高级实例带来了极大便利。例如，使用 NumPy 可以使常用的数学函数支持向量化运算；NumPy 使得数能够直接对数组进行操作；NumPy 使得本来需要在 Python 程序中进行的循环放到 C 语言运算中进行，从而明显提高程序的运算速度。

注： 如果记录数不是很大，在索引方面 NumPy 数组明显优于 Pandas 中的相应功能。目前 NumPy 数组只支持单 CPU，性能有所限制。NumPy 的学习成本较低，易上手，是目前流行的机器学习库之一。

NumPy 的核心概念是 *n* 维数组。NumPy 数组是由同类型元素构成的，这与 Python 列表不同。在一般情况下，用如下语句调用 NumPy（可以避免很多麻烦）：

```
import numpy as np
```

n 维数组的方便之处是，一种运算无论作用于单个变量，还是作用于不同维数的数组，其形式是相同的。例如，从如图 4-3 所示的交互式操作中可以看出，Python 列表 a 乘以 2 的操作需要通过循环逐个元素进行；而 NumPy 数组 b 乘以 2 的表达式与单个变量乘以 2 的表达式相同，其操作逐个元素自动完成。

```
In [1]: a=[1,2,3]
In [2]: [k*2 for k in a]
Out[2]: [2, 4, 6]
In [3]: import numpy as np
In [4]: b=np.array([1,2,3])
In [5]: b*2
Out[5]: array([2, 4, 6])
```

图 4-3 Python 列表运算与 NumPy 的 array 数组运算

例 4-3 Python 列表操作与 NumPy 数组操作。

本例程序如下：

```
#例 4-3_Python 列表与 NumPy 数组
#Python 列表操作
import numpy as np
def arr():
    a, b = [1,2,3,4,5], [6,7,8,9,10]
    c = []
    for i in range(len(a)):
        c.append(a[i]**2+b[i]**3)
    return c
print("列表计算得到的结果：", arr())
#NumPy 数组操作
def arrNp():
    a, b = np.array([1,2,3,4,5]), np.array([6,7,8,9,10])
```

```
        c = a**2+b**3
        return c
    print("NumPy 数组计算得到的结果：", arrNp())
    def isIt(x):
        print("数据类型：",type(x))         # 数据类型
        print("（行数，列数）：",x.shape) # 几行几列
        print("空间维数：",x.ndim)          # 空间维数
        print("元素类型：",x.dtype)         # 元素类型
        print("元素字节数：",x.itemsize) # 元素所占字节
        print("元素总数：",x.size)          # 元素总数
    #二维列表与数组操作
    aa=[[11,15,19],[22,23,27]]
    print("二维列表 aa：",aa)
    aaNp=np.array(aa,dtype=np.int16)
    print('NumPy 数组 aaNp：')
    print(aaNp)
    print(isIt(aaNp))
```

例 4-3 程序的运行结果如图 4-4 所示。

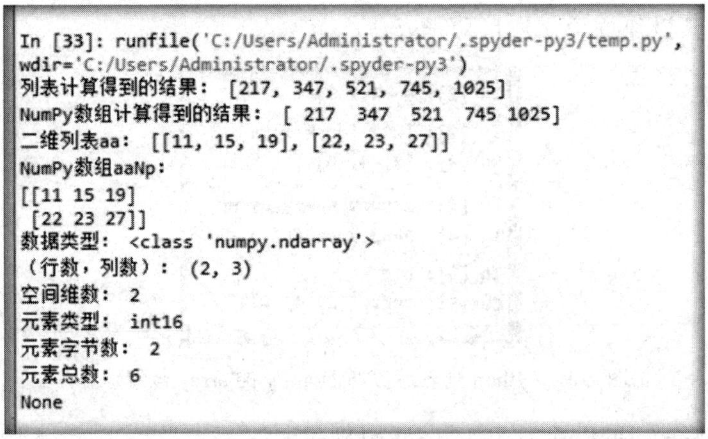

```
In [33]: runfile('C:/Users/Administrator/.spyder-py3/temp.py',
wdir='C:/Users/Administrator/.spyder-py3')
列表计算得到的结果： [217, 347, 521, 745, 1025]
NumPy数组计算得到的结果： [ 217  347  521  745 1025]
二维列表aa： [[11, 15, 19], [22, 23, 27]]
NumPy数组aaNp:
[[11 15 19]
 [22 23 27]]
数据类型： <class 'numpy.ndarray'>
（行数，列数）： (2, 3)
空间维数： 2
元素类型： int16
元素字节数： 2
元素总数： 6
None
```

图 4-4　例 4-3 程序的运行结果

4.3.2　Matplotlib 数据可视化操作

Matplotlib 是 Python 的绘图库，仅需要几行代码即可生成直方图、功率谱、错误图、散点图等各种生动形象的图形。Matplotlib 使用 Python GUI（Graphic User Interface，图形用户界面）工具包来生成和绘制图形，与 NumPy 配套使用可构成可视化操作界面。它还提供了多种扩展接口——应用程序嵌入式绘图所需的 API（Application Program Interface，应用程序接口），以便同时使用多种通用图形用户界面工具包，如 Tkinter、wxPython、QT、GTK+等。

Matplotlib 已成为 Python 中最常用的数据可视化第三方库。它提供了一个类似于 MATLAB 的界面，便于用户执行类似于 MATLAB 的任务。在机器学习领域，Matplotlib 是观察训练情况、输出数据结果，以及使数据可视化的实用工具。在做好前期数据处理，

开始数据训练后，Matplotlib 可用于实现进度及过程的可视化，以便把控实际进度，观察训练过程与预测过程中的变化、验证与观察输出结果。

Matplotlib 在使用前要先引入：

```
import matplotlib.pyplot as plt
```

在一般情况下，Matplotlib 与 NumPy 配套使用，故需要引入 NumPy：

```
import numpy as np
```

例 4-4　画函数 $y=x^2+2x+3$ 的图像。

本例先调用 NumPy 的 linspace()函数创建一组 x 的值（均匀分布的数值序列），按 $y=x^2+2x+3$ 计算相应的 y 值，再调用 Matplotlib 的 plot()函数和 show()函数，逐个描点连线，得到函数 $y=x^2+2x+3$ 的图像。

调用 Matplotlib 和 NumPy 画函数图像的程序如下：

```
#例 4-4_ 画函数 y=x^2+2x+3 的图像
import numpy as np
import matplotlib.pyplot as plt
def matplotlib_draw():
    #生成-1~9 之间的 100 个点，包括第 100 个点（在默认情况下，不含末点）
    x=np.linspace(-1, 96, 100, endpoint=True)
    y=x**2 + 2*x + 3
    plt.plot(x, y)   #将信息传到图中
    plt.show()       #展示图像
matplotlib_draw()
```

例 4-4 程序的运行结果如图 4-5 所示。

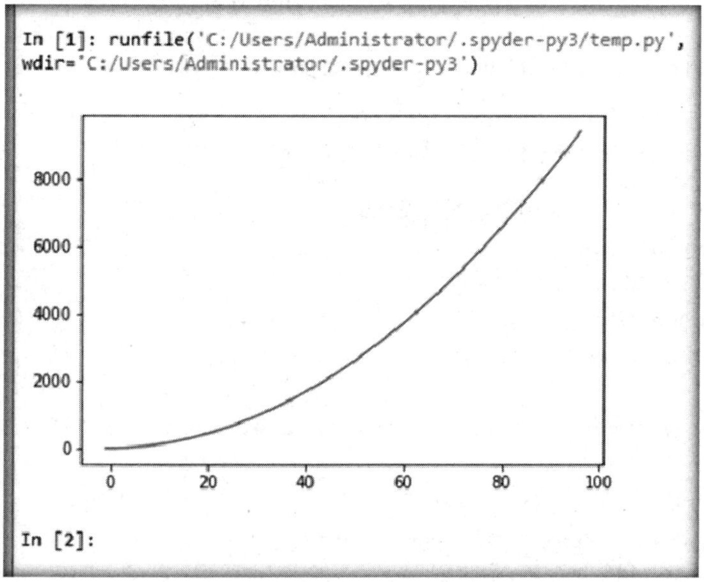

图 4-5　例 4-4 程序的运行结果

还可以在交互式环境中输入与运行程序，使用命令：

```
%matplotlib inline
```

将控制台窗格变成交互式环境，如图 4-6 所示。

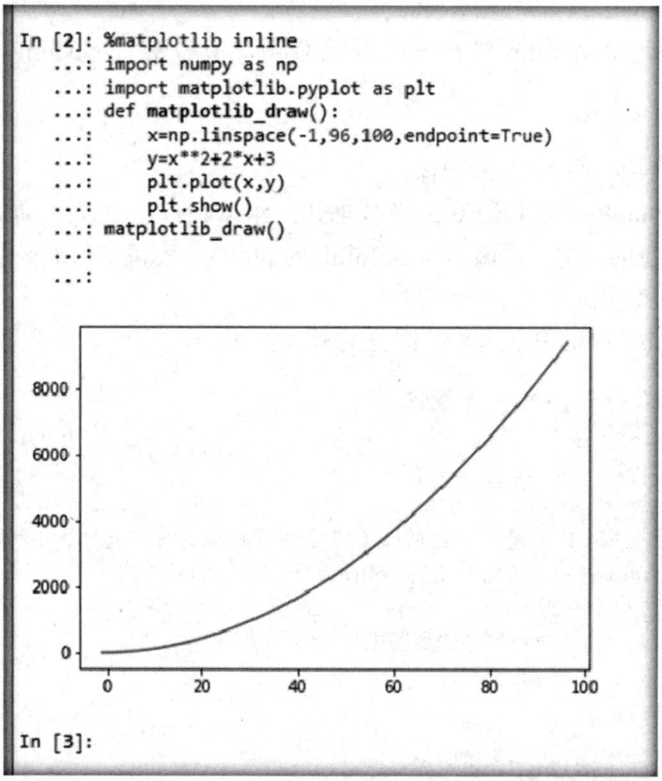

图 4-6　例 4-4 程序的交互式运行结果

例 4-5　先画过点（0,0）的 $y=2x-1$ 的函数图像，再画过点（0,0）的垂直于 y 轴的虚线，最后画指向点（0,0）的带箭头的弧线。

调用 Matplotlib 和 NumPy 画三条线的程序如下：

```
#例 4-5_ 画 y=2x-1 的函数图像、虚线及弧线
import numpy as np
import matplotlib.pyplot as plt
def describeMatplot():
    x=np.linspace(-3,5,120)
    y=2*x-1
    plt.plot(x,y,color="red",linewidth=2.0,linestyle='-')
    x0=0.5
    y0=2*x0-1
    #画点：点大小为 s=50，颜色为 color='g'
    plt.scatter(x0,y0,s=50,color='g')
    #画虚线：从(x0,y0)到(x0,-7)；k 表示黑色；--表示虚线；lw 表示线宽，设置为 3
    plt.plot([x0,x0], [y0,-6],'k--',lw=3)
```

```
    #标注：xytext 表示位置；textcoords 表示起始位置
    #arrowprops 表示有箭头，connectionstyle 表示弧度
    plt.annotate(r'$2x-1=%s$'%y0, xy=(x0,y0), xytext=(+78,-78),
            textcoords="offset points", fontsize=16,
            arrowprops=dict(arrowstyle='->',
            connectionstyle='arc3,rad=.3'))
    #添加文字：18 号字，蓝色
    plt.text(-3,5, r'y=2x-1',
            fontdict={'size':'18','color':'b'})
    plt.show()
describeMatplot()
```

例 4-5 程序的运行结果如图 4-7 所示。

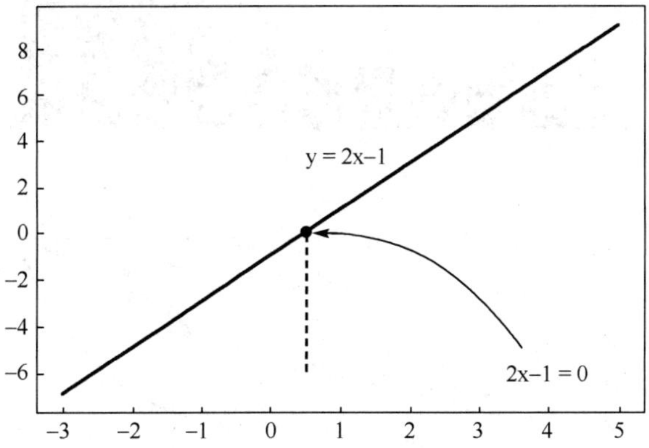

图 4-7　例 4-5 程序的运行结果

例 4-6　在一个视图面板上画 $y=2^x+7x+80$ 的直方图，在另一个视图面板上画 $g=x^3-5$ 的函数图像。

程序如下：

```
#例 4-6_ 画 y=2**x+7*x+80 的直方图，画 g=x**3-5 的函数图像
import numpy as np
import matplotlib.pyplot as plt
def barMatplot():
    #生成一组 x 值，设置视图面板，求函数值
    x=np.arange(10)
    plt.figure()
    y=2**x+7*x+80
    #在面板上画直方图（坐标，块颜色，块边框颜色）
    plt.bar(x,y, facecolor='Green', edgecolor='red')
    #设置数值标注位置
    for x,y in zip(x,y):  #zip 函数组合 x 和 y
       plt.text(x,y, "%.2f"%y, ha='center', va='bottom')
    #生成一组 x 值，创建第二个视图面板（长为 5.5，宽为 3.5），求函数值
    x=np.linspace(-1,1,100)
    plt.figure(figsize=(5.5,3.5))  #设置视图长、宽
    g=x**3-5
```

```
    #在第二个面板上画曲线
    plt.plot(x, g)
    plt.show()
barMatplot()
```

例 4-6 程序的运行结果如图 4-8 所示。

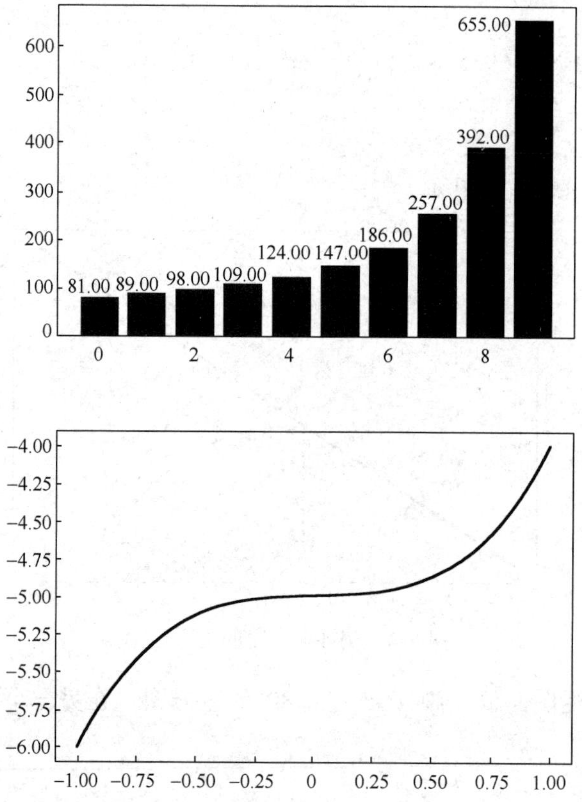

图 4-8　例 4-6 程序的运行结果

4.3.3　SciPy 数据拟合操作

SciPy 是一个开源的 Python 算法库和数学工具包，可用于处理科学与工程中各种常用的计算，如插值、积分、最优化、稀疏矩阵、特殊函数、图像处理、信号处理、快速傅里叶变换、常微分方程的数值求解等。SciPy 常与 NumPy 配合使用。一般来说，SciPy 是通过操控 NumPy 数组来进行科学和工程计算的。

SciPy 基于 NumPy 构建了一个功能强大的用于进行数学计算、最优化问题求解和统计问题分析的算法和函数库。它提供了一系列高级命令和类，可用于操纵数据，使数据可视化，同时为交互式 Python 人机会话添加了强大的功能。有了 SciPy 的支持，交互式 Python 人机会话平台就形成了一个数据处理和系统原型环境，可以与 MATLAB、IDL、Octave、R-Lab 和 Scilab 等系统相匹敌。SciPy 在很大程度上提高了 Python 的能力，使得 Python 可以开发很多原生 Python 难以完成的复杂或专门的应用程序。

注：基于 SciPy 的 Python 应用程序，世界各地的开发人员在软件领域，尤其是小众领域内开发的附加模块，包括并行程序、Web 程序、数据库子例程和类等，可以实现资源共享。

SciPy 是一个 BSD 受权发布的 Python 开源库，主要用于数学计算、科学计算和工程计算。SciPy 依赖于 NumPy（尤其是方便快速的 n 维数组操作），可以同时在所有流行操作系统上运行，且安装简单、免费使用。目前，组合使用 NumPy、SciPy 和 Matplotlib 作为 MATLAB 的替代环境蔚然成风。相对而言，这种环境功能更强大、更易于程序设计。

SciPy 中包含针对不同计算领域的各种不同的子模块，如表 4-2 所示。

表 4-2　SciPy 的子模块

子　模　块	名　　称	说　　明
scipy.cluster	层次聚类模块	包含矢量量化、K-均值聚类算法等
scipy.constants	常量模块	提供大量数学和物理常数
scipy.fftpack	快速傅里叶变换模块	可以进行 FFT、DCT、DST 等操作
scipy.integrate	积分模块	求多重积分、高斯积分、解常微分方程等
scipy.interpolate	插值模块	提供各种一维、二维、N 维插值算法，包括 B 样条插值、函数插值等
scipy.io	输入/输出模块	提供操作各种文件的接口，如 MATLAB、IDL、ARFF 等
scipy.linalg	线性代数模块	提供线性代数中的各种常规操作
scipy.ndimage	多维图像处理模块	提供针对多维图像的输入、输出、显示、裁剪、翻转、旋转、去噪、锐化等操作
scipy.odr	正交距离回归模块	提供正交距离回归算法，可以处理显式函数定义和隐式函数定义
scipy.optimize	优化模块	包含各种优化算法：有/无约束的多元标量函数最小值算法、最小二乘法、有/无约束的单变量函数最小值算法、求解各种复杂方程的算法
scipy.signal	信号处理模块	包括样条插值、卷积、差分等滤波方法，FIR、IIR、排序、维纳、希尔伯特等滤波器，各种谱分析算法等
scipy.sparse	稀疏矩阵模块	提供大型稀疏矩阵计算中的各种算法
scipy.spatial	空间数据结构与算法模块	提供一些空间相关的数据结构和算法，如三角部分、共面点、凸点、维诺图、KD 树等
scipy.special	特殊函数模块	包含各种特殊的数学函数，如立方根方法、指数方法、Gamma 方法等，可以直接调用
scipy.stats	统计模块	提供一些统计学中常用的方法

SciPy 中的 optimize.curve_fit()函数具有日常数据分析中的数据曲线拟合功能，可用于拟合各种自定义曲线，如指数函数、幂指函数、多项式函数等。该函数格式如下：

```
scipy.optimize.curve_fit(f, xdata, ydata, p0=None, sigma=None, absolute_
sigma=False, check_finite=True, bounds=(-inf,inf), method=None, jac=None,
**kwargs)
```

主要参数如下。

（1）f 参数：模型函数，即想要拟合的函数。例如，欲拟合函数为

$$y = a(x-b)^c$$

相应的 Python 函数定义为

```
def PowerFunction(x, A, B, C):
```

```
    y = A*(x-B)**C
    return y
```

（2）xdata 参数：观测数据自变量（数组），长度为 M。

（3）ydata 参数：观测数据因变量（数组），长度为 M。

（4）p0 参数：参数的初始猜测值（长度为 N）。若为 None，则初始值全部为 1。确定初始值可以减小计算量。

（5）method 参数：用于优化的方法，对于无约束问题默认为 lm；若提供了边界，则默认为 trf。

（6）函数返回值：popt（数组）返回残差最小时参数的值；pcov（二维数组）返回 popt 的估计协方差。

例 4-7 用一组观测值拟合一组曲线，观测值如表 4-3 所示。

表 4-3 观测值

时间	1	2	3	4	5	6	7	8	9	10	11	12	13	14	15
数值	19.3	17.5	19	20.7	28	31	37.3	36.7	37	32.7	26	22	19.5	17.6	19.5

第一步，先在交互式环境中输入并运行程序。调用 NumPy 和 Matplotlib 对观测数据进行描点连线，绘制折线图。

当输入并运行如图 4-9（a）所示的程序后，画出了如图 4-9（b）所示的由表 4-3 所示的观测值描点连线形成的折线图。由图 4-9（b）可以看出，该曲线很像正弦函数曲线。正弦函数的形式为

$$y = a \cdot \sin\left(\frac{\pi}{6}x + b\right) + c$$

式中，a、b、c 可以通过数据拟合得到。

```
In[1]: import numpy as np
   ...: import matplotlib.pyplot as plt
   ...: x = np.arange(1, 16, 1)
   ...: y = np.array([19.3, 17.5, 19, 20.7, 28, 31, 37.3,
            36.7, 37, 32.7, 26, 22, 19.5, 17.6, 19.5])
   ...: plt.plot(x, y)
   ...: plt.show( )
   ...:
```

（a）

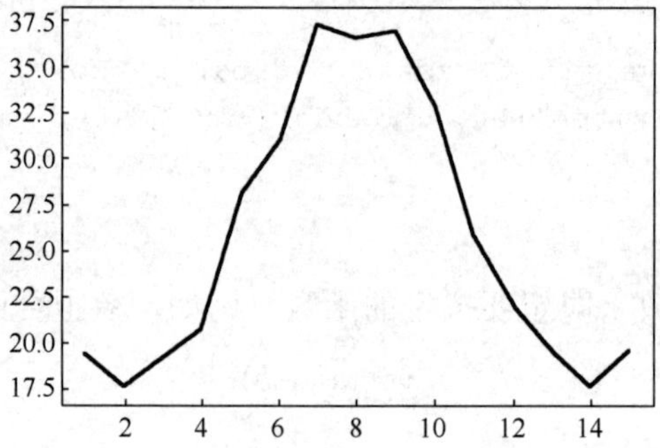

（b）

图 4-9 例 4-7 观测数据连线而成的折线图

第二步，编写程序，调用 SciPy 的 optimize.curve_fit()函数，拟合并画出曲线。

```
#例 4-7_ 根据观测值拟合正弦函数 y=a·sin(x·π/6+b)+c
import numpy as np
#调用 optimize.curve_fit()函数，计算参数 a、b、c 的值
#拟合函数 y=a*sin(x*π/6+b)+c
from scipy import optimize
import matplotlib.pyplot as plt
#拟合函数：计算参数 a、b、c 的值，输出结果，画函数图像
def abcSin(x,a,b,c):
    return a*np.sin(x*np.pi/6+b)+c
#准备数据
def sinFit():
    xk=np.arange(1,16,1)
    x=np.arange(1,16,0.1)
    yk=np.array([19.3,17.5,19,20.7,28,31,37.3,
              36.7,37,32.7,26,22,19.5,17.6,19.5])
    #调用 optimize.curve_fit()函数，[1,1,1]为初始参数
    a,b=optimize.curve_fit(abcSin,xk,yk,[1,1,1])
    #输出拟合函数
    print('拟合函数：y=a·sin(x·π/6+b)+c')
    #参数的协方差矩阵
    print('\ta=',a[0],'\n\tb=',a[1],'\n\tc=',a[2])
    print(b)
    plt.plot(xk,yk)
    plt.plot(x,abcSin(x,a[0],a[1],a[2]))
    plt.show()
sinFit()
```

例 4-7 程序的运行结果如图 4-10 所示。

```
拟合函数：y = a·sin(x·π/6+b)+c
        a = -9.923207803155575
        b = 6.797511572683681
        c = 27.393969494628465
[[ 1.23027794e-01  2.65502583e-05  -2.24064723e-02]
 [ 2.65502583e-05  1.53811935e-03   2.09231575e-05]
 [-2.24064723e-02  2.09231575e-05   6.97143681e-02]]
```

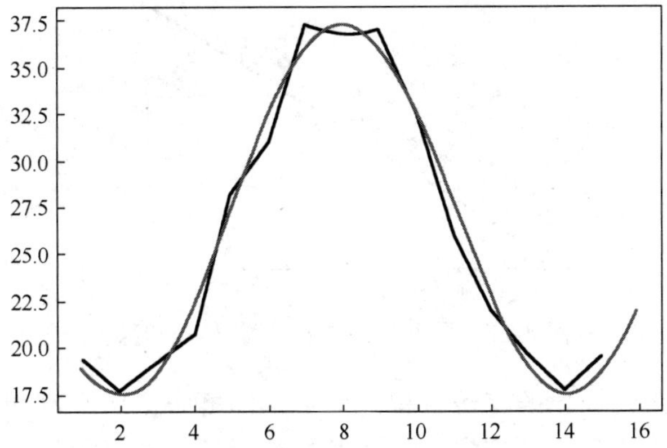

图 4-10　例 4-7 程序的运行结果

4.4 最小二乘法线性回归程序

利用线性回归，通过对已有数据（一系列观测点）进行学习得到一个线性数据模型（直线方程），从而达到预测未知数据的目的，这就是线性回归学习的一般方法。这种方法成功的关键在于如何使得待拟合直线尽量接近所有数据。采用最小二乘法，尽力寻找可以使得所有样本与自身距离的平方和最小的直线，并在预测未知数据的过程中不断调整直线的斜率、截距，提高模型的预测能力。

通过 Python 与 NumPy、Matplotlib、SciPy 构成的环境，可以轻松地实现基于最小二乘法的线性回归程序。

4.4.1 最小二乘法与一元线性回归

单变量线性回归模型为

$$f(x) = wx + b$$

式中，w、x、b 都是实数。对于要处理的数据来说，x_i 代表第 i 个数据的属性值；y_i 代表第 i 个数据的标签值（真值）；f 是机器学习方法要拟合的模型；$f(x_i)$是模型对第 i 个数据的预测值。目标是求得适当的 w 和 b，使得损失函数最小。损失函数是预测值和真值的差距的平方和。当然损失函数还有其他形式。

注： 损失函数是每个样本预测值和真值的差值。

为了求解这个模型，可以采用最小二乘法或梯度下降法。最小二乘法又称最小平方法，是一种数值优化方法。为了利用已有数据预测未知数据，设法找到一个或一组估计值，使得真值与估计值尽可能相近，距离尽可能近。一般通过一个多元一次的方程来算得估计值，在二维坐标系中就是二元一次方程。这里的距离尽可能小并非点到直线的垂直距离尽可能近，而是点到 y 轴的距离尽可能近，即过该点做与 y 轴平行的直线，该点到该 y 轴平行线与直线交点的距离尽可能近，如图 4-11 所示。

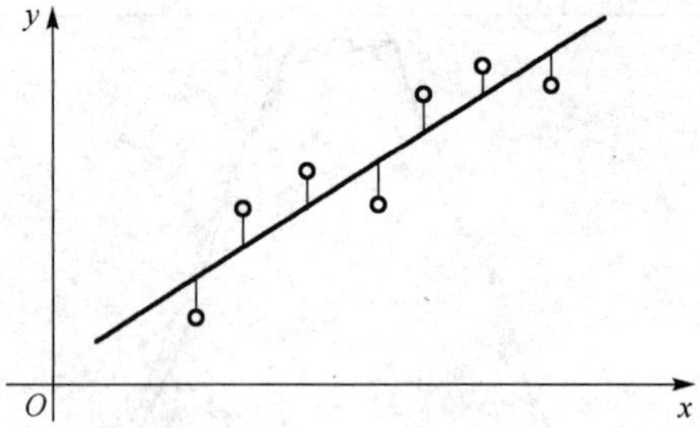

图 4-11　最小二乘法中点到直线的距离

换句话说，为了衡量构建的直线方程的优劣，需要求出所有已知数据点与该直线间的距离的累加和，使累加和最小的直线方程就是最佳方程。若采用简单求和方法，则会因多个分别位于直线两端的正距离值和负距离值相互抵消而影响判断，因此最小二乘法采用的是距离的平方和。只有平方和才能反映已知数据点与直线方程间的总体接近程度。

最小二乘法得到的方程可以看作一个函数模型。例如，在感染某种疾病时会满足两个条件，但仅当在两个条件满足一定关系时才会催生疾病，医生可以通过患病样本获得患病情况下的两个条件的值，并将对应的数据点标记到一个二维坐标系中，通过最小二乘法，将患病的两个条件用函数表达出来。此后，当有新的疑似患有该疾病的人就医时，就可以根据相应的函数表达式确定该患者是否患有这种疾病。

很多时候需要解决的问题并非线性问题，此时可以通过多项式拟合方式或其他方式来处理，这些求解方法往往是在最小二乘法的基础上扩展或改进而成的。例如，由于最小二乘法依据样本到直线的距离的最小化均方误差来构拟直线方程，每个样本具有相同的权重，对噪声（干扰数据点）比较敏感（最小二乘法假设噪声服从正态分布），因此可以考虑赋予每个数据点一个权值，以反映样本的重要程度或对解的影响程度，这就是适应恶劣环境的加权最小二乘法。

例 4-8　在二维坐标系中存在如下七个数据点：

$$(9, 21)、(10, 20)、(11, 23)、(12, 25)、(13, 27)、(14, 29)、(15, 28)$$

希望找出一条距这七个点距离最近的直线。

根据二元一次方程：

$$y = wx + b$$

将七个点分别带入该二元一次方程得到下式：

$$21=9w+ b、20=10w+ b、23=11w+ b、25=12w+ b、27=13w+ b、29=14w+ b、28=15w+ b$$

由于最小二乘法要尽可能使得等号两边的方差值最小，因此有

$$\begin{aligned} S(w,b) = {} & [21-(9w+b)]^2 + [20-(10w+b)]^2 + [23-(11w+b)]^2 \\ & + [25-(12w+b)]^2 + [27-(13w+b)]^2 + [29-(14w+b)]^2 \\ & + [28-(15w+b)]^2 \end{aligned}$$

求最小值的方法是对 $S(w, b)$求偏导数，并使得一阶导数的值为 0：

$$\frac{\partial S}{\partial w} = 2097w + 168b - 4154 = 0$$

$$\frac{\partial S}{\partial b} = 168w + 14b - 340 = 0$$

求解未知变量 w、b 的二元一次方程组：

$$\begin{cases} 2097w + 168b = 4154 \\ 168w + 14b = 340 \end{cases}$$

求得 w=0.91，b=13.37，因此可以使上述七个点距离最近的直线方程为

$$y=0.91w+13.37$$

4.4.2 一元线性回归程序

基于最小二乘法的线性回归程序涉及的算法并不复杂，完全可以用 Python 自有语句、函数和基本模块实现。但常用的第三方库 NumPy、Matplotlib 和 SciPy 提供了功能更强、更便于使用的数据拟合与数据可视化功能。

线性回归程序的功能主要包括使用训练集，根据最小二乘法拟合直线方程；预测测试集，根据最小二乘法对拟合效果进行评估。可使用 R^2 来评估模型的优劣。

在线性回归模型中，因变量 y 的总方差信息称为总平方和，它由两部分组成：一部分是模型可以解释的信息（Model Sum of Squares，MSS）；另一部分是模型解释不了的信息（Residual Sum of Squares，RSS）。R^2 是模型可以解释的信息所占的百分比，即 MSS/TSS。R^2 越大，模型可以解释的信息越多，模型越好。

例 4-9 最小二乘法线性回归。

本程序使用 Python 与几个第三方库来实现线性回归程序，主要步骤如下。

（1）调用 NumPy，生成由样本构成的数组。

（2）调用 SciPy，基于最小二乘法计算直线方程的参数（斜率、截距）。

（3）调用 Matplotlib，显示直线方程及所有样本。

（4）进行误差分析，计算 R^2（模型可以解释的信息所占百分比）。

程序如下：

```
#例 4-9_ 最小二乘法线性回归
import numpy as np
import matplotlib.pyplot as plt
from scipy import optimize
#定义辅助函数：点乘、均值、协方差
def dot(m,n):                #向量内积函数
  return(sum(i*j for i,j in zip(m,n)))
def mean(x):                 #均值函数
  return(sum(x)/len(x))
def deMean(x):               #协方差函数
  xBar=mean(x)
  return([xi-xBar for xi in x])
def covariance(x,y):         #求一个序列的方差
  return(dot(deMean(x),deMean(y))/(len(x)-1))
#定义函数：用最小二乘法求解线性回归方程 y=wx+b
import math
def correlation(x,y):                  #求相关系数
  sx=math.sqrt(covariance(x,x))
  sy=math.sqrt(covariance(y,y))
  return(covariance(x,y)/(sx*sy))
def line_coef(x,y):                    #求直线方程的斜率 w 和截距 b
  s1=covariance(x,x)*(len(x)-1)
  s2=dot(y,deMean(x))
```

```
    w=s2/s1
    b=mean(y)-w*mean(x)
    return(b,w)
def linearFit():
    #准备数据：生成随机数
    import random as rdm
    def ran(a1,a2,x): #生成随机数的函数
        return([a1+a2*xi+2.5*rdm.random() for xi in x])
        a1,a2=1.5,2.5
        x=range(20)
        y=ran(a1,a2,x)
    #线性拟合
    b,w=line_coef(x,y)
    print('*****最小二乘法拟合直线方程 y=wx+b *****')
    print('其中， w =',w,'、 b =',b)
    #显示数据点及拟合的直线
    plt.figure(1)
    plt.scatter(x,y,marker = '*',color = 'g')
    plt.xlabel('x label')
    plt.ylabel('y label')
    plt.title('Linear Fit: y=wx+b')
    #拟合直线 y=wx+b
    plt.plot(x,[b+w*xi for xi in x],color = 'red')
    plt.show()
    #误差分析：考查误差平方和、R2（越大越好）
    def err(b,w,x,y): #返回每个实际 y 值与拟合值差向量
        return([yi-(b+w*xi) for xi,yi in zip(x,y)])
    def errorTotal(b,w,x,y):
        y1=err(b,w,x,y)
        return(dot(y1,y1))
        print('误差（总方差）：',errorTotal(b,w,x,y))
    #计算 R2(模型可解释信息在总方差信息中的百分比)
    def rSquare(b,w,x,y):
        return(1-errorTotal(b,w,x,y)/covariance(y,y))
    RSquare=rSquare(b,w,x,y)
    print('R 方（可解释信息占比）：',RSquare)
    if(RSquare>0.95):
        print('置信水平 0.05，线性拟合效果较好！')
    else:
        print('置信水平 0.05，线性拟合效果不佳！')
linearFit()
```

例 4-9 程序的运行结果如图 4-12 所示。

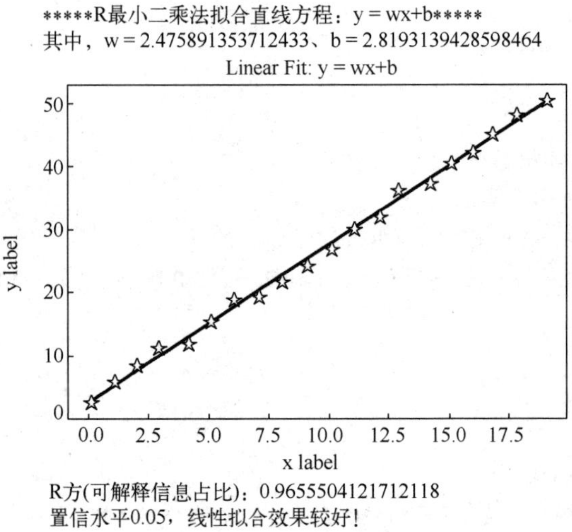
*****R最小二乘法拟合直线方程：y = wx+b*****
其中，w = 2.475891353712433、b = 2.8193139428598464
Linear Fit: y = wx+b
y label
x label
R方(可解释信息占比)：0.9655504121712118
置信水平0.05，线性拟合效果较好！

图 4-12　例 4-9 程序的运行结果

4.5　梯度下降法及其程序

梯度下降法是一种迭代算法，是最常采用的求解机器学习的模型参数（无约束优化问题）的方法之一（线性、非线性均可）。在求解损失函数的最小值时，可以通过梯度下降法一步步地迭代，得到最小化的损失函数和模型参数值，也就是找到损失函数曲线的最低点。利用迭代求得该函数对所有参数（变量）的偏导数，每次迭代都更新这些参数，直到到达最低点为止。这些参数每一轮都要一起更新，而不是一个一个地更新。

注：若需要求解损失函数的最大值，则用梯度上升法来迭代。

1．梯度下降法的概念

使用最小二乘法求解线性回归模型，如果数据量很大（几百万、几千万，甚至上亿），就会因运算速度太慢而难以实现。这时，可以使用梯度下降法更快地求得可使损失函数最小的 w 和 b。损失函数可以看作 w 和 b 的函数，即 $L(w,b)$，是一个双变量函数。如果画出函数图像，那么可以看出函数图像是一个明显的凸函数（开口向上）。

梯度下降法可以用人从山顶走到山脚最低处的过程来模拟，下山时，每一步都往四周最低处走，在理想情况下，一步步走下去，最后走到的就是最低点。当然，在从高低错落的山顶往山下走时，如果每一步都往四周最低处走，最后不一定能走到山脚最低处。

2．梯度下降法分类

在使用梯度下降法对线性回归问题求解时，对数据集的使用有三种不同的方式，据此可将梯度下降法分为三类。

（1）批量梯度下降法：每次都使用训练集中的所有样本来更新参数，最后得到的是一个全局最优解，但是每次迭代都要使用训练集中的所有数据。当数据量很大时，迭代速度会很慢。

（2）随机梯度下降法：每次更新都从样本中随机选择一组数据，与批量梯度下降法相比，计算量大大减少。但随机梯度下降法有一个缺点，即噪声比批量梯度下降法噪声多，因此并非每次迭代都能向着整体最优的方向前进。随机梯度下降法每次都使用一个样本迭代，最终求得的往往是局部最优解而非全局最优解。因为随机梯度下降法在大方向上是朝向全局最优解的，所以最终结果往往在全局最优解附近。综上所述，随机梯度下降法的优点是训练速度较快；缺点是过程杂乱且准确度较低。

（3）小批量梯度下降法：对包含 n 个样本的数据集进行计算，综合上述两种方法，既可以保证训练速度，又可以保证准确度。

3．梯度下降法的一般步骤

假设函数 $y=f(x_1,x_2,\cdots,x_n)$ 只有一个极小值点。初始时，给定参数为 $x_0=(x_{10},x_{20},\cdots,x_{n0})$，从这个点出发，按以下方法进行搜索可以找到原函数的极小值点。

（1）设定一个较小的正数 α、ε。

（2）求当前位置处的各个偏导数：

$$f'(x_{m0})=\frac{\partial y}{\partial x_m}(x_{m0})\text{，}\quad m=1,2,\cdots,n$$

（3）修改当前函数的参数值：

$$x'_m=x_m-\alpha\frac{\partial y}{\partial x_m}(x_{m0})\text{，}\quad m=1,2,\cdots,n$$

（4）若参数变化量小于 ε，则退出；否则返回步骤（2）。

4．一元线性回归模型推导

设线性回归模型为

$$\hat{y}=wx+b$$

构造损失函数：

$$L(w,b)=\frac{1}{2n}\sum_{i=1}^{n}(wx_i+b-y_i)^2$$

通过梯度下降法不断更新累加和，当损失函数的值特别小时，就得到了最终模型，过程如下。

第一步，求导数：

$$\frac{\partial}{\partial w}L(w,b)=\frac{1}{n}\sum_{i=1}^{n}((wx_i+b-y_i)\cdot x_i)$$

$$\frac{\partial}{\partial b}L(w,b)=\frac{1}{n}\sum_{i=1}^{n}(wx_i+b-y_i)$$

第二步，更新 w 和 b：

$$w=w-\alpha\cdot\frac{1}{n}\sum_{i=1}^{n}((wx_i+b-y_i)\cdot x_i)$$

$$b = b - \alpha \cdot \frac{1}{n}\sum_{i=1}^{n}(wx_i + b - y_i)$$

例 4-10 用梯度下降法求解一元线性回归模型。

调用 sklearn 编写用梯度下降法求解一元线性回归模型的程序。sklearn 是 scikit learn 的简称，也是一个常用的第三方模块。sklearn 集成了一些常用的机器学习方法，因此在执行机器学习任务时，不再需要实现算法，简单地调用 sklearn 提供的模块就可以执行大多数机器学习任务。

调用 sklearn 编写的用梯度下降法求解一元线性回归模型的程序如下：

```
#例 4-10_ 用梯度下降法求解一元线性回归模型
import numpy as np
import matplotlib.pyplot as plt
from sklearn.linear_model import LinearRegression
#生成数据
X=np.linspace(2,16,30).reshape(-1,1)
#拟合直线 f(x)=wx+b
y=np.random.randint(1,6,size=1)*X+np.random.randint(-5,5,size=1)
#添加干扰数据
y+=np.random.randn(30,1)*0.77
plt.scatter(X,y,color='red')
#调用 sklearn 中的线性回归拟合函数
lr=LinearRegression()
lr.fit(X,y)
w,b=lr.coef_[0,0],lr.intercept_[0]
print(' w =',w,' b =',b)
plt.scatter(X,y)
x=np.linspace(1,17,50)
plt.plot(x,w*x + b,color='red')
plt.show()
```

例 4-10 程序的运行结果如图 4-13 所示。

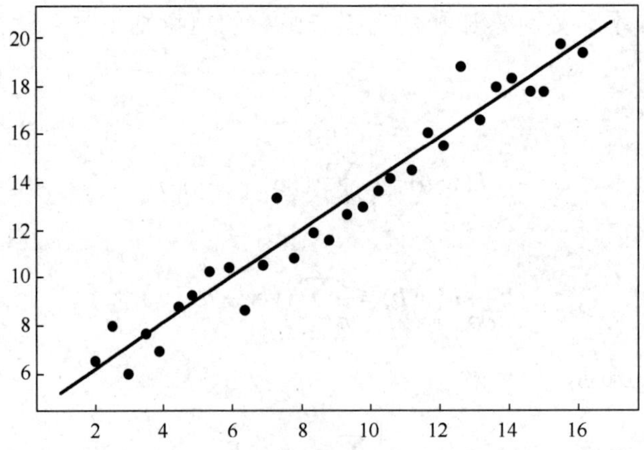

图 4-13 例 4-10 程序的运行结果

习　题　4

1．举例说明什么是分类问题，以及什么是回归问题。

2．举两个日常生活中的例子，分别说明线性回归的两大用途。

（1）若目标是预测某值，则可以用观测数据集拟合一个预测模型。此后，对于一个新增的 x 值，在相应 y 值未知时，用该模型预测一个 y 值。

（2）给定一个变量 y 和一些变量 $x_1,x_2,\cdots,x_k$，这些变量有可能与 y 相关，通过线性回归分析量化 y 与 x_i（i=1,2,…,k）之间相关性的强度，并将与 y 不相关的 x_i 找出来。

3．从下列与线性回归有关的说法中找出两个不正确的说法。

（1）线性回归分析就是由样本点去寻找一条贴近这些点的直线。

（2）通过回归方程及其回归系数可以估计和预测变量的取值和变化趋势。

（3）线性回归的目标值预期是输入变量的线性组合。

（4）回归用于预测输入变量和输出变量之间的关系。

（5）任何一组观测值都能得到具有代表意义的回归直线方程。

（6）线性回归的核心是参数学习。

（7）多元线性回归中的“线性”是指误差是线性的。

4．以线性回归模型 $y=wx+b$ 中的回归系数 w 来评估自变量 x 对因变量 y 的影响，b 在变大、为正、为负时各有什么意义？

5．用 income 表示某职工的年收入，educ 表示该职工的受教育程度。简单回归模型为

$$\text{income} = \beta_0 + \beta_1 \cdot \text{educ} + \mu$$

（1）随机扰动 μ 包含哪些因素？它们可能与受教育程度相关吗？

（2）这个简单回归分析能够揭示受教育程度对收入在其他条件不变时的影响吗？

提示：考虑自变量与随机扰动项是否互相独立。

6．某企业收集的产品总成本 Y 与产量 X 的数据如表 4-4 所示。

表 4-4　某企业收集的产品总成本 Y 与产量 X 的数据

Y	80	44	51	70	61
X	12	4	6	11	8

（1）估计这个行业的线性总成本函数：

$$\hat{Y}_i = \hat{b}_0 + \hat{b}_1 X_i$$

（2）当产量为 0 时，企业的平均成本（平均固定成本）是多少？产量每增加一个单位，总成本增加多少个单位？

7．什么是过拟合？什么是欠拟合？以下哪种方法不能解决过拟合问题？

（1）降低特征维度，防止维数灾难。

（2）重新清洗数据集。

（3）增大数据量，从数据源头获取更多数据。

（4）添加其他特征项。

（5）增大数据的训练量。

8．编写程序，画出函数 $y = 2^x + 3x - 1$ 的图像。

9．编写程序，根据例 4-2 中的数据实现如下功能。

（1）拟合直线方程。

（2）输出斜率和截距。

（3）画出图像。

10．表 4-5 所示为某种货币汇率 X 与某种商品出口量 Y 的数据。

表 4-5　某种货币汇率 X 与某种商品出口量 Y 的数据

年度编号	1	2	3	4	5	6	7	8	9	10
X	168	145	128	138	145	135	127	111	102	94
Y	661	631	610	588	583	575	567	502	446	379

编写程序实现以下功能。

（1）画出 X 与 Y 的散点图。

（2）计算线性回归模型中的相关系数。

（3）画出函数图像。

第 5 章　逻辑回归及多分类

逻辑回归模型是一种广义线性回归分析模型，实际上是分类模型，常用于解决二分类问题，通过某种策略或推广模型也可以用来解决多分类问题。逻辑回归模型因简单、解释性强、易于并行化，在数据挖掘和机器学习领域被广泛应用。例如，逻辑回归模型可用于研究引发某种疾病的危险因素的作用机理，并依据研究成果预测发生疾病的概率等。

分类是一种基本数据处理方式，在很多场景中都会用到，如分辨动物的雌雄、区分哪些物品有用、按年收入来判定人的还款能力等。与其他分类机器学习的主要流程相同，逻辑回归主要包含两部分任务：一部分是训练，负责从训练集中选取必要的特征，用于训练模型，从而形成分类器；另一部分是识别，先在待识别样本中进行特征选取，然后利用训练时生成的分类器进行分类。

5.1　逻辑回归的概念与模型

逻辑回归（Logistic Regression，LR）是基于“直来直去”的线性模型来构建模型的。但它期望解决的分类问题的预测结果是离散的，即对输出数据的类别进行判断。类别预设条件分为 0（是）类和 1（否）类，因此描述因变量与自变量关系的函数图像只会在 0 和 1 之间上下起伏。简而言之，给线性模型加上限幅函数就是逻辑回归构建的模型。因此，用于二分类问题的逻辑回归模型就是

$$y = g(f(x)) = g(wx + b)$$

式中，$g(z)$被称为 Logistic 函数，形式为

$$g(z) = \frac{1}{1 + \mathrm{e}^{-z}}$$

5.1.1　Logistic 函数

分类问题是持久且研究范围广泛的热点，其预测结果是离散的，又有二分类及多分类之分，比线性回归更复杂。用于数据挖掘和机器学习的分类方法种类繁多，被广泛应用于各个领域，如垃圾邮件处理、图像识别、疾病诊断、天气预报等。

在 19 世纪 30 年代，比利时统计学家维赫斯特（P. F. Verhulst）使用 Logistic 函数描述了人口动态。1845 年，比利时数学家皮埃尔·弗朗索瓦·韦吕勒（Pierre François Verhulst）提出了一个人口变动模型并正式命名了 Logistic 函数。

韦吕勒假设地球（一个相对封闭的特定生物群落）能承载的人口（生物）数量是有限的，将理想的人口称为“可维持人口数”。人口一旦超过该数，人口就会因资源匮乏而减少；如果人口低于该数，人口就会因资源充裕而增加。描述人口增长的 Logistic 函数曲线如图 5-1 所示。

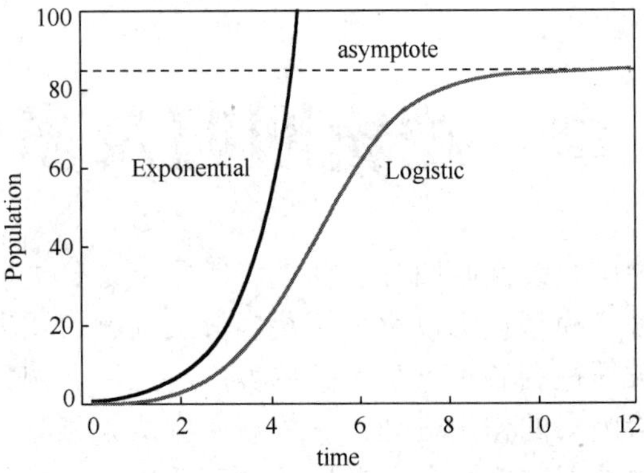

图 5-1 描述人口增长的 Logistic 函数曲线

从 Logistic 函数曲线可以看出，人口最初呈指数式增长；随着时间的推移，在可用资源被消耗的过程中人口趋于平缓；最后达到饱和。在客观世界及人类社会中，这样的变化趋势随处可见。

例 5-1 遵从 Logistic 函数曲线的家用电器销量预测。

一种新产品在面世时，厂家和商家总会使用各种办法促进销售，而且都希望对自己的商品的推销速度做到心中有数，以便组织生产、安排进货。

第一步，建立数学模型。

在建立用于描述新式家用电器销量增速的数学模型时，需要考虑社会需求量。一般来说，社会对某种商品的需求有一个饱和量，假设为 a，当商品需求达到数量 a 时，社会对这种商品的需求就饱和了。

假设在 t 时刻，该家用电器的社会需求量为 $x=x(t)$，则 $\mathrm{d}x/\mathrm{d}t$ 为需求增长速度，$a-x(t)$ 为需求余量（t 时刻需求接近饱和）。需求增长速度正比于需求量与需求余量的乘积，记比例系数为 k。建立称为 Logistic 函数的微分方程：

$$\frac{\mathrm{d}x}{\mathrm{d}t}=kx(a-x)$$

对该方程求解，即可得到 Logistic 函数曲线的通解：

$$x(t)=\frac{a}{1+B\mathrm{e}^{-bt}} \quad (B=\mathrm{e}^{-x})$$

式中，B 和 b 都是常数，可由初始条件确定。

第二步，预测某种新式家用电器第三年年末的销售量。

刚开始销售这种新式家用电器时，因为了解该家用电器的人少，所以年销售量也少。但当这种家用电器的功能和品质为大众所知晓后，销售量迅速增长；等到接近饱和量 a=500 件（估计值）时，增势变得缓慢，大约 5 年后呈现饱和状态。经测定，常数 $b=\ln 10$，B=100，则这种家用电器在第三年年末的销售量预测如下：

$$x=\frac{a}{1+B\mathrm{e}^{-bt}}\bigg|_{b=\ln 10,\ B=100}=\frac{500}{1+100\mathrm{e}^{-\ln 10\times 3}}=\frac{500}{1+100\mathrm{e}^{3}}=454.5$$

由此可知，第三年年末的销售量约为 455 件。

Logistic 函数的应用范围十分广，如果由观测数据反映出来的问题的基本数量特征是在时间 t 很小时，呈现指数型增长；当 t 增大到某个时刻时，增长速度放缓且越来越接近某个确定值，那么这类问题就可以用 Logistic 函数来解决。

5.1.2　线性分类问题

例 5-2　根据年龄、工资、学历判断客户（贷款申请人）会不会逾期还贷。

银行记录的个人还贷情况如表 5-1 所示。

表 5-1　银行记录的个人还贷情况

年龄/岁	工资/（元/月）	学　历	是否逾期还贷
22	6000	本科	是
28	7000	专科	否
23	8000	本科	否
27	7000	专科	是
30	10000	本科	否
29	9000	本科	?

表 5-1 中，年龄、工资、学历是客户的三个特征，每行是一位客户的数据。可以看出，第一位客户 22 岁，工资为 6000 元/月，还贷情况为逾期还款；第二位客户 28 岁，工资为 7000 元/月，还贷情况为未逾期……第六位客户为贷款申请人，银行需要根据前五位客户的还贷情况判断第六位客户会不会逾期还贷，从而确定是否放贷。

问题分析如下。

（1）前五个数据为训练集，其中前三列为特征向量 $\boldsymbol{X}$，包括以下行向量：

$\boldsymbol{x}_1$（22,6000,“本科”）、$\boldsymbol{x}_2$（28,7000,“专科”）、$\boldsymbol{x}_3$（23,8000,“本科”）、$\boldsymbol{x}_4$（27,7000,“专科”）、$\boldsymbol{x}_5$（30,10000,“本科”）

（2）$\boldsymbol{Y}$ 为标签，$\boldsymbol{Y}$=(true,false,false,true,false)。

（3）训练任务是找到特征向量 $\boldsymbol{X}$ 到标签 $\boldsymbol{Y}$ 的映射关系：

$$f:\boldsymbol{X}\rightarrow\boldsymbol{Y}$$

预测任务是给定一个客户特征后能预测他的标签。

这是一个典型的二分类任务。输入为特征向量 $\boldsymbol{X}$，输出为标签 $\boldsymbol{Y}$。当采用逻辑回归模型时，映射关系 f 就是线性关系。这种映射关系可以通过条件概率 $P(\boldsymbol{Y}|\boldsymbol{X})$来表达。

假设给定的输入 $\boldsymbol{x}$=(22,6000,“本科”)，期望将其标记为“逾期”。也就是说，期望

$$P(y=1|\boldsymbol{x})=P(y=1|(22,6000,\text{“本科”}))$$

尽可能大（接近 1）。或者，期望：

$$P(y=1|\boldsymbol{x})>P(y=0|\boldsymbol{x})$$

在将线性模型用于二分类任务时，可以通过如下公式进行预测：

$$y=w[0]\times x[0]+w[1]\times x[1]+\cdots+w[p]\times x[p]+b>0$$

这个公式很像线性回归公式，但它并未对返回特征进行加权求和，它将 0 设置作为预测阈值。若函数值比 0 小，则预测类别为–1；若函数值比 0 大，则预测类别为+1。这是所有用于分类的线性模型的通用预测规则。

对于用作回归的线性模型来说，输出 $\hat{y}$ 是特征的线性函数。该线性函数在二维空间中是直线，在三维空间中是平面，在更高维空间中是超平面。对于用作分类的线性模型，决策边界是输入的线性函数。也就是说，二元线性分类器是利用直线、平面或超平面来区分两个类别的。靠拢线性回归模型的好处是，在求解线性分类模型时，有多种不同的求解斜率 w 和截距 b 的方法。

线性模型的学习算法很多，它们的区别在于以下两点。

第一，斜率和截距的特定组合对训练集拟合优劣的度量方法。

不同算法对训练集拟合优劣的度量方法不同。基于数学方法，难以通过调节 w 和 b 使得算法产生的误分类数量最少。对于许多应用及追求的目标而言，被称为损失函数的度量方法的选择并不重要。

第二，是否使用正则化方法？使用哪种正则化方法？

遵循奥卡姆剃刀原则，可在损失函数中加入一个正则化项（惩罚项）限制某些参数，用于惩罚模型的复杂度，防止模型过拟合。

最常见的线性分类算法是逻辑回归，它是由线性回归演化而来的解决分类问题的方法。线性回归模型是 $y=kx+b$，逻辑回归模型是 $y=\text{Sigmoid}(kx+b)$。Sigmoid 激活函数用于实现映射到 0-1 区间，表示概率。

二分类问题示意图如图 5-2 所示。

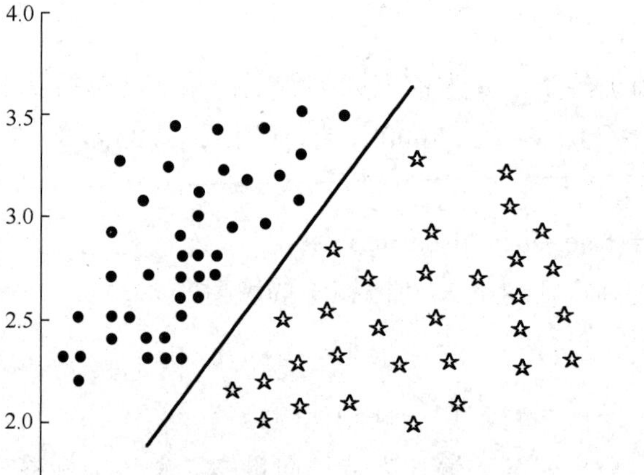

图 5-2　二分类问题示意图

注：另一种常用的线性分类算法是线性支持向量机。

人在解决如图 5-2 所示的二分类问题时，简单地在中间画一条直线就可以将数据分成两部分。逻辑回归可以解决计算机如何画这条线的问题。

有人说，线性回归是真正的回归，而逻辑回归是一个分类器，不是真正的回归。这种说法失之偏颇。逻辑回归的主体还是回归操作，在表达形式上，线性回归模型套一个

Sigmoid 激活函数（某类形如 S 的函数）即可将输入映射为一个 0～1 范围内的小数，得到这个 0～1 范围内的小数之后，将其解读成概率，再根据事先设定的阈值进行分类。回归操作的工作量在整个逻辑回归中的占比超过 99%。可见，以算法主体将其命名为逻辑回归是无可厚非的。

5.1.3　逻辑回归模型

在监督学习中，若样本的标签是整数，则得到的映射函数是一个向量到整数的映射：$\mathbf{R}^n \to Z$，这类问题被称为分类问题。分类的目的是根据过去的观测结果预测新样本的分类标签。这些分类标签是离散的无序值，可以理解为样本的组成员关系。例如，对于邮件检测器，可先采用监督学习方法，用带标签（用–1 与+1 标识垃圾邮件与非垃圾邮件）的电子邮件语料库来训练模型，然后用该模型来预测新邮件是否属于垃圾邮件。

在分类问题中，样本的标签是数据的类别编号，一般从 0 或 1 开始编号。若类型数为 2，则称之为二分类问题。一般将类别标签设置成+1 和–1，分别对应正样本和负样本。若样本为人脸图像或非人脸图像，则正样本为人脸图像，负样本为非人脸图像。

若分类问题的预测函数为线性函数，则称之为线性模型。线性函数是超平面（n 维线性空间中的维度为 $n-1$ 的子空间），可将线性空间分割成不相交的两部分。例如，在二维空间中，一条直线是一维的，它将平面分成两部分；在三维空间中，一个平面是二维的，它将空间分成两部分。二分类问题的线性预测函数为

$$\mathrm{sgn}(\boldsymbol{w}^{\mathrm{T}}\boldsymbol{x}+b)$$

式中，$\boldsymbol{w}$ 为权重向量；b 为偏置项。线性支持向量机、逻辑回归等都属于线性模型，它们的预测函数都是这种形式的。

在真实应用场景中，特征与期望结果的关系往往是模糊的或不直接的，更有可能是复杂的非线性关系，因此要求预测函数具有非线性建模能力。非线性模型的决策函数是非线性函数，其分类边界是 n 维空间中的曲面。

处理非线性关系有两种思路：一种思路是通过处理将非线性的特征变换为新的特征，并在新的特征呈现线性可分的样貌时应用原本的线性模型，这就是以核方法为代表的一系列改造方法。使用非线性核的支持向量机、人工神经网络、决策树等都属于非线性模型。另一种思路是利用模型本身的非线性能力。例如，人工神经网络通过非线性激活函数引入非线性；基于树的模型本身就是非线性的，也可以通过集成方法引入非线性。

例 5-3　预测一场将要进行的球赛中两支球队的比赛结果。

假设多年来两支球队历次比赛情况都记录在案，包括每场比赛的时间、主/客场、裁判、成绩、所有出场球员信息、天气情况等。依据这些信息使用逻辑回归模型预测两支球队的比赛结果。

假设比赛结果记为 y，赢球标记为 1，输球标记为 0。这是一个典型的二元分类问题，可以用逻辑回归来解决。从本例可以看出，逻辑回归的输出 $y \in \{0,1\}$，是离散值。

先找一个输出值介于[0,1]的预测函数模型，然后选择一个基准值，如 0.5，如果模型输出的预测值大于 0.5，就认为预测值为 1；否则，认为预测值为 0。这里按习惯选择 Sigmoid 激活函数作为预测函数：

$$g(z)=\frac{1}{1+e^{-z}}$$

Sigmoid 激活函数的图像如图 5-3 所示。

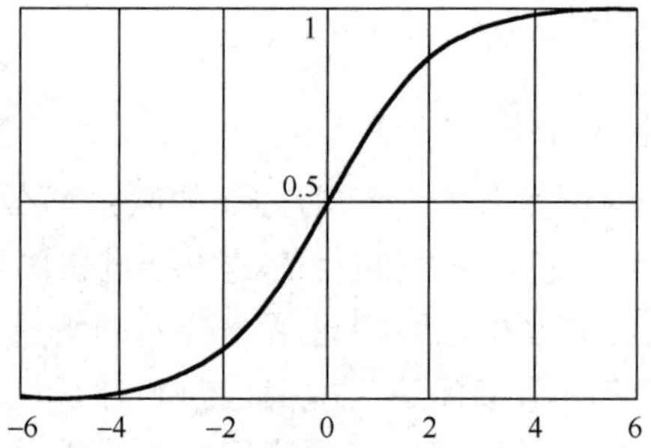

图 5-3 Sigmoid 激活函数的图像

由图 5-3 可以看出，Sigmoid 激活函数连续、光滑、严格单调、以(0,0.5)为中心对称。

- 当 z=0 时，$g(z)$=0.5。
- 当 z>0 时，$g(z)$>0.5。当 z 越来越大时，$g(z)$无限趋近于 1。
- 当 z<0 时，$g(z)$<0.5。当 z 越来越小时，$g(z)$无限趋近于 0。
- 当 z 不在[−6,6]范围内时，函数值基本不变，应用中一般不考虑。

这显然是符合要求的二分类算法的预测函数。另外，Sigmoid 激活函数的值域范围为 0～1，与概率值的范围对应，因此 Sigmoid 激活函数可以与概率分布联系起来。Sigmoid 激活函数的导数是其本身的函数，即

$$f'(x)=f(x)(1-f(x))$$

因此，运算速度快，节省时间。

例 5-4 假定样本具有特征值：$x_1=0$、$x_2=10$、$x_3=2$。逻辑回归模型通过学习获得了具有以下偏置项和权值的三个特征值：

$$b=1、w_1=2、w_2=-1、w_3=5$$

求得 $z=b+w_1\cdot x_1+w_2\cdot x_2+w_3\cdot x_3=1+2\times 0+(-1)\times 10+5\times 2=1$，则

$$y=\frac{1}{1+e^{-z}}=\frac{1}{1+e^{-1}}\approx 0.731$$

因此，逻辑回归模型对该样本的预测值是 0.731（概率为 73.1%）。

为了将输入特征和预测函数结合起来，考虑线性回归模型的预测函数 $h_{\boldsymbol{w}}(\boldsymbol{x})=\boldsymbol{w}^{\mathrm{T}}\boldsymbol{x}+b$。令 $z(\boldsymbol{x})=\boldsymbol{w}^{\mathrm{T}}\boldsymbol{x}+b$，则逻辑回归模型的预测函数为

$$h_{\boldsymbol{w}}(\boldsymbol{x})=g(z)=g(\boldsymbol{w}^{\mathrm{T}}\boldsymbol{x})=\frac{1}{1+e^{-(\boldsymbol{w}^{\mathrm{T}}\boldsymbol{x}+b)}}$$

式中，$h_{\boldsymbol{w}}(\boldsymbol{x})$表示在输入值为 $\boldsymbol{x}$，参数为 $\boldsymbol{w}$ 的前提下 y=1 的概率，可以写成：

$$h_{\boldsymbol{w}}(\boldsymbol{x})=P(y=1\,|\,\boldsymbol{x},\boldsymbol{w})$$

由条件概率公式可得

$$P(y=1\,|\,\boldsymbol{x},\boldsymbol{w})+P(y=0\,|\,\boldsymbol{x},\boldsymbol{w})=1$$

对于二分类问题有

$$P(y=1|\boldsymbol{x},\boldsymbol{w})=\frac{1}{1+\mathrm{e}^{-(\boldsymbol{w}^{\mathrm{T}}\boldsymbol{x}+b)}}$$

$$P(y=0|\boldsymbol{x},\boldsymbol{w})=\frac{\mathrm{e}^{-(\boldsymbol{w}^{\mathrm{T}}\boldsymbol{x}+b)}}{1+\mathrm{e}^{-(\boldsymbol{w}^{\mathrm{T}}\boldsymbol{x}+b)}}=1-P(y=1|\boldsymbol{x},\boldsymbol{w})$$

两个式子可以合并为

$$P(y|\boldsymbol{x},\boldsymbol{w})=P(y=1|\boldsymbol{x},\boldsymbol{w})^{y}[1-P(y=1|\boldsymbol{x},\boldsymbol{w})]^{1-y}$$

左式并未指定是 y=1 还是 y=0 的概率，但可以自动计算出来。实际上，当 y=1 时：

$$P(y|\boldsymbol{x},\boldsymbol{w})=P(y=1|\boldsymbol{x},\boldsymbol{w})^{1}[1-P(y=1|\boldsymbol{x},\boldsymbol{w})]^{1-1}=P(y=1|\boldsymbol{x},\boldsymbol{w})$$

当 y=0 时：

$$P(y|\boldsymbol{x},\boldsymbol{w})=P(y=1|\boldsymbol{x},\boldsymbol{w})^{0}[1-P(y=1|\boldsymbol{x},\boldsymbol{w})]^{1}=P(y=0|\boldsymbol{x},\boldsymbol{w})$$

例 5-5 完成例 5-2 中的预测任务。

解析逻辑回归模型。

因为原始条件概率 $P(y|\boldsymbol{x})=\boldsymbol{w}^{\mathrm{T}}\boldsymbol{x}+b$，逻辑回归模型的预测函数 $y=\dfrac{1}{1+\mathrm{e}^{-z}}$，所以用新样本特征值来预测新样本标签的新条件概率 $P(y|\boldsymbol{x})=\dfrac{1}{1+\mathrm{e}^{-(\boldsymbol{w}^{\mathrm{T}}\boldsymbol{x}+b)}}$。

第一个特征向量为 $\boldsymbol{x}_1$=(22,6000,6)，其中，6 为字符串“本科”转换成的参与运算的数值；第一个标签为 y=1，即对“逾期”的数字化。可知：

$$P(y=\text{yes}|(22,6000,6))=\frac{1}{1+\mathrm{e}^{-\left[(w_1\ w_2\ w_3)\begin{pmatrix}22\\6000\\6\end{pmatrix}+b\right]}}=1$$

式中，$(w_1\,w_2\,w_3)$ 和 b 为要求解的参数，前者为一个向量，后者为一个数值。

第二个特征向量为 $\boldsymbol{x}_2$=(28,7000,5)，其中，5 为字符串“专科”转换成的参与运算的数值；第二个标签为 y=0，即对“未逾期”的数字化。可知：

$$P(y=\text{no}|(28,7000,5))=\frac{1}{1+\mathrm{e}^{-\left[(w_1\ w_2\ w_3)\begin{pmatrix}28\\7000\\5\end{pmatrix}+b\right]}}=0$$

用作训练的前五个样本都可以这样代入。求得 $\boldsymbol{w}$ 和 b 之后，就可以根据新样本的特征值来预测其未知标签了。本例要预测的是第六个样本的标签值。

因为第六个特征向量为 $\boldsymbol{x}_6$=(29,9000,6)，其中，6 为字符串“本科”转换成的参与运算的数值。可知：

$$P(y|\text{yes}=(29,9000,6))=\frac{1}{1+\mathrm{e}^{-\left[(w_1\ w_2\ w_3)\begin{pmatrix}29\\9000\\6\end{pmatrix}+b\right]}}$$

求解出 $P(y=\text{yes}|\boldsymbol{x}_6)$之后，$P(y=\text{no}|\boldsymbol{x}_6)=1-P(y=\text{yes}|\boldsymbol{x}_6)$。

比较 $P(y=\text{yes}|\boldsymbol{x}_6)$和 $P(y=\text{no}|\boldsymbol{x}_6)$，若前者大，则第六个客户就是“逾期”；否则为“未逾期”。

二分类将所有样本划归成非此即彼两大类中的某一类。

5.2 逻辑回归计算

训练模型的一般方法是，通过反复计算实际输出和期望输出之间的差异，改变模型的参数值，以缩小差异，使得损失函数最小或模型输出的误差最小。

确定逻辑回归模型后，如何求解模型中的参数呢？在统计学中，常用极大似然估计法寻找一组能使数据的似然度（概率）最大的参数。极大似然函数是难以直接求解的，往往通过逐次逼近的方法来求解。一般来说，逻辑回归模型的损失函数是对数似然函数，使用某种梯度下降法或牛顿法求解（Python 常用第三方模块提供的完整计算功能来求解）。

5.2.1 逻辑回归模型的预测函数

逻辑回归模型的预测函数可用如下两个公式表示：

$$h_w(\boldsymbol{x}) = g(\boldsymbol{w}^{\mathrm{T}}\boldsymbol{x}) \text{ 与 } g(z) = \frac{1}{1+\mathrm{e}^{-z}}$$

假定 y=1 的判定条件为 $h_w(\boldsymbol{x})\geqslant 0.5$，$y$=0 的判定条件为 $h_w(\boldsymbol{x})\leqslant 0.5$，那么 $\boldsymbol{w}^{\mathrm{T}}\boldsymbol{x}=0$ 就是判定边界。

判定边界是指作用于 n 维空间，将不同样本分开的平面或曲面，也就是说，判定边界的两侧应该是不同类别的数据。假定有两个变量 x_1、x_2，其逻辑回归模型的预测函数为

$$h_w(\boldsymbol{x}) = g(w_0 + w_1x_1 + w_2x_2)$$

若给定参数

$$\boldsymbol{w} = \begin{bmatrix}-3 & 1 & 1\end{bmatrix}^{\mathrm{T}}$$

则可得到判定边界为

$$x_1 + x_2 = 3$$

逻辑回归模型的预测函数为

$$y = \frac{1}{1+\mathrm{e}^{-z}} = \frac{1}{1+\mathrm{e}^{-(\boldsymbol{w}^{\mathrm{T}}\boldsymbol{x}+b)}}$$

也称为对数几率函数。

y 被定义为测试样本 $\boldsymbol{x}$ 是正例的可能性（y 越大测试样本 $\boldsymbol{x}$ 越可能是正例，为 1 表示一定是正例），反之，$1-y$ 是测试样本 $\boldsymbol{x}$ 为反例的可能性。两者的比值显示了测试样本 $\boldsymbol{x}$ 为正例的相对可能性。因为当比值大于 1 时，测试样本 $\boldsymbol{x}$ 为正例的可能性大于为反例的可能性，故将比值 $\frac{y}{1-y}$ 称为几率，几率取对数就得到了对数几率。由于对数几率与几率在对应区间内的单调性相同，因此对数几率 $\ln\frac{y}{1-y}$ 也反映了测试样本 $\boldsymbol{x}$ 为正例的相对可能性。

可见，只要求得最优的 $\boldsymbol{w}$ 与 b，就可以找到最优分类模型。求最优解就是求一个极值。一般情况下线性模型并不一定只有一个最优解，严格的凸函数才有唯一的最优解，对数几率函数不是一个严格的凸函数，证明如下。

记 $z = \boldsymbol{w}^{\mathrm{T}}\boldsymbol{x} + b$， $\mathrm{d}z = \boldsymbol{x}\mathrm{d}\boldsymbol{w}$ 。

因为 $\ln\dfrac{y}{1-y} = \boldsymbol{w}^{\mathrm{T}}\boldsymbol{x} + b$，所以 $\ln\dfrac{y}{1-y} = z$ 。

$$\frac{\mathrm{d}z}{\mathrm{d}y} = \frac{1-y}{y}\cdot\left(\frac{y}{1-y}\right)' = \frac{1-y}{y}\cdot\frac{1}{(1-y)^2} = \frac{1}{y(1-y)}$$

故有 $\dfrac{\mathrm{d}y}{\mathrm{d}z} = y(1-y)$ 。

两边取二阶微分，得

$$\frac{\mathrm{d}}{\mathrm{d}z}\left(\frac{\mathrm{d}y}{\mathrm{d}z}\right) = \frac{\mathrm{d}}{\mathrm{d}z}(y(1-y)) = \frac{\mathrm{d}y}{\mathrm{d}z}(1-2y)$$

将上式代入，得

$$\frac{\mathrm{d}}{\mathrm{d}z}\left(\frac{\mathrm{d}y}{\mathrm{d}z}\right) = y(1-y)(1-2y)$$

y 的值域为(0,1)，当 $y\in(0.5,1)$时，上式小于 0，所以该函数是非凸函数。

作为一种广义的线性模型，线性模型中广泛使用的误差平方和损失函数能不能用于逻辑回归呢？实际上是不可行的。原因在于 Sigmoid 激活函数是一个复杂的非线性函数，勉强将逻辑回归的假设函数带入其中得到的是一个非凸函数。函数中包含多个局部极小值点。在因数据量大而不得不用梯度下降法、牛顿法等数据计算方法求解损失函数最小值时，不能保证最终结果总是全局最小。因此，需要为逻辑回归寻找一个凸损失函数。最常用的损失函数是对数损失函数，对数损失函数可以为逻辑回归提供一个凸损失函数，有利于使用梯度下降法、牛顿法求解参数。

5.2.2　逻辑回归模型的极大似然估计

逻辑回归模型输出的是样本属于某一类的概率，而样本的类别标签为离散的 1 或 0，不适合直接用欧氏距离误差来定义损失函数，可以通过极大似然估计来确定参数。

极大似然估计提供了一种通过给定观测数据来评估模型参数的方法，即当“模型已定，参数未知”时，通过若干次试验，观察其结果，并通过试验结果来确定哪个参数可使样本出现的概率最大。

极大似然估计的基本思想：若一个事件发生了，则该事件发生的概率就是最大的。对于样本 i，其类别为 $y_i\in(0,1)$。将 $h(x_i)$看作样本 i 的概率，当 y_i 对应为 1 时，概率（x_i 属于 1 的可能性）为 $h(x_i)$；当 y_i 对应为 0 时，概率（x_i 属于 0 的可能性为）为 $1-h(x_i)$。构造训练集（样本之间互相独立）的极大似然函数：

$$L(\boldsymbol{w}) = \prod_{i=1}^{k} h(x_i) \prod_{i=k+1}^{n} (1-h(x_i))$$

式中，k 为样本 i 从 0 到 k 属于类别 1 的个数；$n-k$ 为样本 i 从 k+1 到 n 属于类别 0 的个数。由于 y 是标签 0 或 1，故也可以写成

$$L(\boldsymbol{w})=\prod_{i=1}^{n}(h(x_i)^{y_i}(1-h(x_i))^{1-y_i})$$

无论 y 为 0 还是为 1，式中总有一项会变成 0 次方，也就是 1，与前式等价。

为便于求解，该式两边同时取对数，写成对数似然函数：

$$\begin{aligned}L(\boldsymbol{w})&=\sum_{i=1}^{n}[y_i\ln h(x_i)+(1-y_i)\ln(1-h(x_i))]\\&=\sum_{i=1}^{n}[y_i\ln\frac{h(x_i)}{1-h(x_i)}+\ln(1-h(x_i))]\\&=\sum_{i=1}^{n}[y_i(\boldsymbol{w}\cdot x_i)-\ln(1-\mathrm{e}^{\boldsymbol{w}\cdot x_i})]\end{aligned}$$

在求最小值时，可以直接求导数为零时的 $\boldsymbol{w}$ 值，也可以使用梯度下降法、牛顿法等求解。

机器学习中的损失函数衡量的是模型预测错误的程度，如果取整个数据集上的平均对数似然损失，则可以得到

$$J(\boldsymbol{w})=-\frac{1}{n}\ln L(\boldsymbol{w})$$

也就是说，在逻辑回归模型中，最大化似然函数与最小化损失函数实际上是等价的。也可以用均方误差来表示损失函数：

$$J(\boldsymbol{w})=\frac{1}{n}\sum_{i=1}^{n}\frac{1}{2}(h(x_i)-y_i)^2$$

上式比较直观。让预测函数 $h(x_i)$与实际分类 1 或 0 尽量接近，即损失函数尽可能小。

注意： 在逻辑回归模型的预测函数 $y=f(\boldsymbol{x})$中，特征矩阵 $\boldsymbol{x}$ 是自变量，参数是 $\boldsymbol{w}$ 和 b。但在损失函数中，$\boldsymbol{w}$ 和 b 是自变量，$\boldsymbol{x}$ 和 y 是已知的特征矩阵和标签，相当于损失函数的参数。

5.2.3 逻辑回归模型的参数求解

逻辑回归模型可以被看作是基于线性回归模型构建的，但其损失函数并非均方误差。在构造逻辑回归模型时，常用的对数损失函数和极大似然函数是相同的。因为这种损失函数难以直接求解，所以常用梯度下降法、牛顿法等，通过不断迭代逐次逼近最优解的算法来得到其数值解。

1. 梯度下降法

梯度下降法的直观解释是，一个人身处一座大山中的某处时，不知道如何下山，决定走一步看一步，每走一步，都要求解当前位置的梯度，沿着梯度的负方向，即当前最陡峭的位置，向下走一步；然后继续求解当前位置的梯度，再沿着最陡峭的位置向下走一步；这样一步一步地走下去，一直走到山脚为止。当然，这样走下去有可能走不到山脚而是走到某个局部的山峰低处。

梯度下降法又可细分为三种：随机梯度下降法、批梯度下降法、小批量梯度下降法，需要根据问题的规模和特点来选择。

- 随机梯度下降法是用高方差频繁进行更新的，优点是可以跳到新的潜在的更好局部最优解，但当样本指的方向不正确时，会远离最小值。由于这种方法不会收敛，因此会一直在最小值附近波动。随机梯度下降法一次只能处理一个训练样本，效率不高。
- 小批量梯度下降法结合了随机梯度下降法和批梯度下降法的优点，每次在更新参数时使用 n 个样本，降低了参数更新的次数，可以达到更加稳定的收敛结果。在深度学习中我们一般采用这种方法。
- 批梯度下降法可以获得全局最优解，其缺点是每个参数在更新时都要遍历所有数据，计算量很大，而且有很多冗余计算，故当数据量很大时，每个参数的更新都会花费很长时间。

梯度下降法缩小了误差，使计算的损失函数最小化。模型的参数值相当于山坡上的一个位置，损失相当于当前高度。随着脚步下移，模型的能力提高了，计算出的输出越来越接近需求。在使用梯度下降法时，有可能困在一个由多个山谷（局部最小值）、山峰（局部最大值）、马鞍（马鞍点）和高原组成的非凸形地形中。事实上，图像识别、文本生成和语音识别等任务都是非凸的，需要使用某种梯度下降法的变体来处理。

梯度下降法通过计算 $J(\boldsymbol{w})$对 $\boldsymbol{w}$ 的一阶导数来寻找下降方向，并且以迭代方式更新参数，其更新方式为

$$g_i = \frac{\partial J(\boldsymbol{w})}{\partial w_i} = (p(x_i) - y_i)x_i$$

$$w_i^{k+1} = w_i^k - \alpha g_i$$

式中，k 为迭代次数。每次更新参数后，可以通过判断

$$\left\| J(\boldsymbol{w}^{k+1}) - J(\boldsymbol{w}^k) \right\|$$

是否小于阈值，或者是否到达最大迭代次数决定是否停止迭代。

2. 牛顿法

牛顿法的基本思路是，在现有极小值的估计值附近对 $f(x)$进行二阶泰勒展开，找到极小值的下一个估计值。假设 $\boldsymbol{w}^k$ 为当前极小值的估计值，则有

$$\varphi(\boldsymbol{w}) = J(\boldsymbol{w}^k) + J'(\boldsymbol{w}^k)(\boldsymbol{w} - \boldsymbol{w}^k) + \frac{1}{2}J''(\boldsymbol{w}^k)(\boldsymbol{w} - \boldsymbol{w}^k)^2$$

令 $\varphi' = 0$，可得 $\boldsymbol{w}^{k+1} = \boldsymbol{w}^k - \dfrac{J'(\boldsymbol{w}^k)}{J''(\boldsymbol{w}^k)}$，故应迭代更新式：

$$\boldsymbol{w}^{k+1} = \boldsymbol{w}^k - \frac{J'(\boldsymbol{w}^k)}{J''(\boldsymbol{w}^k)} = \boldsymbol{w}^k - \boldsymbol{H}_k^{-1} \cdot g_k$$

式中，$\boldsymbol{H}_k^{-1}$ 为海森矩阵：

$$\boldsymbol{H}_{mn} = \frac{\partial^2 J(\boldsymbol{w})}{\partial w_m \partial w_n} = h_{\boldsymbol{w}}(x^{(i)})(1 - p_{\boldsymbol{w}}(x^{(i)}))x_m^{(i)} x_n^{(i)}$$

这个方法要求目标函数二阶连续可微，$J(\boldsymbol{w})$符合要求。

例 5-6 验证逻辑回归算法。

逻辑回归使用训练集拟合判定边界 $\boldsymbol{w}^{\mathrm{T}}\boldsymbol{x}+b$，在测试时，用 Sigmoid 激活函数调整测试结果，使其介于 0～1。本例自拟数据，验证逻辑回归算法。

（1）准备工作：调用第三方模块。

- 调用 NumPy，准备使用其数组功能。
- 调用 Matplotlib，准备使用其数据可视化功能。
- 调用 sklearn.linear，准备使用其逻辑回归计算功能。

（2）使用 NumPy 的数组功能，生成训练集。

- 直接给出包含 10 个数的特征值数组。
- 直接给出包含 10 个数的标签值数组。

（3）调用 sklearn.linear，构造逻辑回归模型。

- 调用 sklearn.linear 的 LogisticRegression()函数，构造逻辑回归模型。
- 调用 sklearn.linear 的 lr_model.fit()函数，拟合数据集，得到预测模型。

（4）调用 Matplotlib 的 plt.scatter()函数，画出各数据点。

（5）调用 Python、NumPy、Matplotlib 中相应的函数，实现数据可视化。

- 生成坐标轴刻度数组（等差数列）。
- 画出坐标轴。
- 画出拟合好的曲线。
- 输出计算得到的模型参数等。

程序如下：

```
#例 5-6_ 验证逻辑回归算法
import numpy as np
import matplotlib.pyplot as plt
from sklearn.linear_model import LogisticRegression
#生成数据集：特征值向量 x、标签 y
xFeature=np.array([[-1,-1],[-2,0],[-3,1],[0,-1],[0,-2],
                   [1,-1],[1,-2],[2,0],[2,1],[3,2]])
yLabel = np.array([0,0,0,0,0,0,0,1,1,1])
def logisticReg():
    #构造逻辑回归模型
    lrModel = LogisticRegression()
    #用逻辑回归模型拟合数据集
    lrModel = lr_model.fit(xFeature, yLabel)
    #查看逻辑回归模型的权值 w 与截距 b
    print(lrModel.coef_)
    print(lrModel.intercept_)
    #数据模型的可视化
    plt.figure()
    #画散点图
    plt.scatter(xFeature[:,0], xFeature[:,1],c=yLabel)
    #可视化预测的边界
    nx=200
    xMin, xMax = plt.xlim()
```

```
    x = np.linspace(xMin, xMax, nx)
    w = lrModel.coef_
    w1 = w[0][0]
    w2 = w[0][1]
    b = lrModel.intercept_[0]
    print("w1: ", w1, "w2: ", w2, "b: ", b)
    # w1x1+w2x2+b=0  x2=-b-w1x1/w2
    y = (-b / -w1 * x) / w2
    print(y.shape)
    print(type(y))
    plt.plot(x, y)
    plt.show()
logisticReg()
```

例 5-6 程序的运行结果如图 5-4 所示。

```
[[]0.8595174    1.02045611]
[–0.59786302]
w1 = 0.8595173992524457
w2 = 1.0204561098220895
b = –0.5978630224530472
(200,)
<class‘nupmp. ndarray’>
```

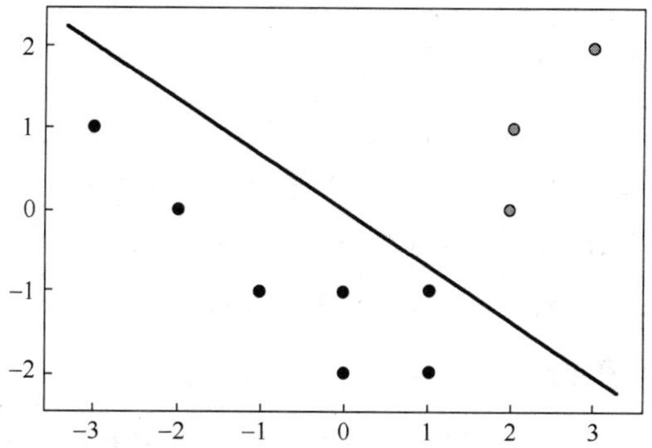

图 5-4　例 5-6 程序的运行结果

由于自行构拟的一组数据特征值与标签值配合得当，因此可以正确地将数据分为两类：边界线下方的 7 个数据点、边界线上方的 3 个数据点。数据拟合效果好。若给出的特征值与标签值不能相互配合正确地分为两类，则会出现拟合出来的直线不能正确地将数据分为两类的情况。

注： Matplotlib 的 plt.scatter()函数自动将两类数据中的第一类数据点显示为深颜色，将第二类数据点显示为浅颜色。

5.3　逻辑回归与朴素贝叶斯分类

实现逻辑回归分类器的基本思路是，先使每个特征都乘以一个回归系数，再将所有结果值相加，并将总和代入 Sigmoid 激活函数，得到一个介于 0～1 的数值。所得值大于 0.5

的数据归入 1 类，所得值小于 0.5 的数据归入 0 类。

对于分类而言，使用概率有时比使用硬规则更有效。贝叶斯概率及贝叶斯准则提供了一种利用已知值来估计未知概率的有效方法。朴素贝叶斯分类器通过特征之间的条件独立性（如文档中某个词出现的概率并不依赖于其他词）假设来降低数据量需求。尽管这个假设很简单（朴素二字的来由），但朴素贝叶斯分类器是一种有效的分类器。

1．逻辑回归模型

在逻辑回归中，每个样本都属于 0 或 1 两类中的某一类。逻辑回归模型根据样本的特征来计算它属于 0 类与 1 类的条件概率 $P(Y|\boldsymbol{X})$。求解的依据是参数化形式：

$$P(Y=1|\boldsymbol{X})=\frac{1}{1+\mathrm{e}^{-\left(\sum_{i=1}^{n}w_iX_i+b\right)}}$$

$$P(Y=0|\boldsymbol{X})=\frac{\mathrm{e}^{-\left(\sum_{i=1}^{n}w_iX_i+b\right)}}{1+\mathrm{e}^{-\left(\sum_{i=1}^{n}w_iX_i+b\right)}}$$

逻辑回归的目的是通过训练集找到最优的参数 $\boldsymbol{w}$，使得分类结果尽可能同时满足如下目标。

- 当一个样本的真实分类是 1 时，$P(Y=1|\boldsymbol{X})$ 尽可能大。
- 当一个样本的真实分类是 0 时，$P(Y=0|\boldsymbol{X})$ 尽可能大。

当样本外分类时，逻辑回归将新样本点的特征向量 $\boldsymbol{X}$ 按照 $\boldsymbol{w}$ 进行线性组合得到标量 z（e 的指数），再将 z 放入 Sigmoid 激活函数 $h(z)$，最终分别求出该样本属于类别 1 与类别 0 的概率，若 $P(Y=1|\boldsymbol{X}) > P(Y=0|\boldsymbol{X})$，则该样本属于类别 1；反之，则该样本属于类别 0。

2．高斯朴素贝叶斯分类器

朴素贝叶斯分类器是一系列分类器的总称，它们都利用了贝叶斯定理并假设特征之间的条件具有独立性，其中，高斯朴素贝叶斯（Gaussian Naïve Bayes，GNB）分类器是常见的一种。

在一般情况下，机器学习通过训练集中离散数据出现的频率学习得到模型参数。假定数据特征是连续值，服从正态分布，并且两个不同特征 x_i 与 x_j 是相互独立的，也就是朴素的。

假设是二分类问题，模型的输为

$$Y\in\{0,1\}\text{且}P(Y=1)=\pi,\ P(Y=0)=1-\pi$$

假设特征服从的正态分布的均值与类别有关，但方差与类别无关，即

$$P(x_i|Y=k)\sim N(\mu_{ik},\sigma_i)$$

假设给定：

$$\boldsymbol{X}=\left[x_1,x_2,\cdots,x_n\right]^{\mathrm{T}}$$

使用高斯朴素贝叶斯求解：

$$P(Y=1|\boldsymbol{X})=\frac{P(\boldsymbol{X}|Y=1)P(Y=1)}{P(\boldsymbol{X}|Y=1)P(Y=1)+P(\boldsymbol{X}|Y=0)P(Y=0)}$$

$$=\frac{1}{1+\dfrac{P(\boldsymbol{X}|Y=0)P(Y=0)}{P(\boldsymbol{X}|Y=1)P(Y=1)}}=\frac{1}{1+\mathrm{e}^{\ln\frac{P(\boldsymbol{X}|Y=0)P(Y=0)}{P(\boldsymbol{X}|Y=1)P(Y=1)}}}$$

将 $P(Y=1)=\pi$ 及 $P(Y=0)=1-\pi$ 代入上式，同时将对数中的乘法改为加法，即

$$P(Y=1|\boldsymbol{X})=\frac{1}{1+\mathrm{e}^{\ln\frac{P(\boldsymbol{X}|Y=0)}{P(\boldsymbol{X}|Y=1)}+\ln\frac{P(Y=0)}{P(Y=1)}}}=\frac{1}{1+\mathrm{e}^{\ln\frac{P(\boldsymbol{X}|Y=0)}{P(\boldsymbol{X}|Y=1)}+\ln\frac{1-\pi}{\pi}}}$$

因为 $\boldsymbol{X}$ 是 n 维的，且特征之间的条件具有独立性，即 $P(x_i|Y)=\prod_{i=1}^{n}P(x_i|Y)$，所以有

$$P(Y=1|\boldsymbol{X})=\frac{1}{1+\mathrm{e}^{\ln\frac{\prod_{i-1}^{n}P(x_i|Y=0)}{\prod_{i-1}^{n}P(x_i|Y=1)}+\ln\frac{1-\pi}{\pi}}}$$

注：朴素贝叶斯分类器的特征条件独立假设是在已知类别情况下，所有特征朴素独立，即某个特征变化不影响其他特征。

又因为对于每个 x_i 来讲，$P(x_i|Y=k)\sim N(\mu_i k,\sigma_i)$，即

$$P(x_i|Y=k)=\frac{1}{\sqrt{2\pi}\sigma_i}\mathrm{e}^{-\frac{(x_i-\mu_{ik})^2}{2\sigma_i^2}}$$

将其代入求解：

$$\ln\frac{\prod_{i-1}^{n}P(x_i|Y=0)}{\prod_{i-1}^{n}P(x_i|Y=1)}=\ln\frac{\prod_{i=1}^{n}\frac{1}{\sqrt{2\pi}\sigma_i}\mathrm{e}^{-\frac{(x_i-\mu_{i0})^2}{2\sigma_i^2}}}{\prod_{i=1}^{n}\frac{1}{\sqrt{2\pi}\sigma_i}\mathrm{e}^{-\frac{(x_i-\mu_{i1})^2}{2\sigma_i^2}}}$$

$$=\ln\prod_{i=1}^{n}\frac{1}{\sqrt{2\pi}\sigma_i}\mathrm{e}^{-\frac{(x_i-\mu_{i0})^2}{2\sigma_i^2}}-\ln\prod_{i=1}^{n}\frac{1}{\sqrt{2\pi}\sigma_i}\mathrm{e}^{-\frac{(x_i-\mu_{i1})^2}{2\sigma_i^2}}$$

$$=\sum_{i=1}^{n}\ln\frac{1}{\sqrt{2\pi}\sigma_i}\mathrm{e}^{-\frac{(x_i-\mu_{i0})^2}{2\sigma_i^2}}-\sum_{i=1}^{n}\ln\frac{1}{\sqrt{2\pi}\sigma_i}\mathrm{e}^{-\frac{(x_i-\mu_{i1})^2}{2\sigma_i^2}}$$

$$=\sum_{i=1}^{n}\left(\frac{(x_i-\mu_{i1})^2}{2\sigma_i^2}-\frac{(x_i-\mu_{i0})^2}{2\sigma_i^2}\right)$$

$$=\sum_{i=1}^{n}\left(\frac{(x_i-\mu_{i1})^2-(x_i-\mu_{i0})^2}{2\sigma_i^2}\right)$$

$$=\sum_{i=1}^{n}\left(\frac{\mu_{i0}-\mu_{i1}}{\sigma_i^2}x_i+\frac{\mu_{i1}^2-\mu_{i0}^2}{2\sigma_i^2}\right)$$

代入 $P(Y=1|\boldsymbol{X})$：

$$P(Y=1|\boldsymbol{X})=\frac{1}{1+\mathrm{e}^{\sum_{i=1}^{n}\left(\frac{\mu_{i0}-\mu_{i1}}{\sigma_i^2}x_i+\frac{\mu_{i1}^2-\mu_{i0}^2}{2\sigma_i^2}\right)+\ln\frac{1-\pi}{\pi}}}$$
$$=\frac{1}{1+\mathrm{e}^{\sum_{i=1}^{n}\left(\frac{\mu_{i0}-\mu_{i1}}{\sigma_i^2}x_i+\left[\sum_{i=1}^{n}\frac{\mu_{i1}^2-\mu_{i0}^2}{2\sigma_i^2}+\ln\frac{1-\pi}{\pi}\right]\right)}}$$
$$=\frac{1}{1+\mathrm{e}^{-\sum_{i=1}^{n}\left(\frac{\mu_{i1}-\mu_{i0}}{\sigma_i^2}x_i+\left[\sum_{i=1}^{n}\frac{\mu_{i0}^2-\mu_{i1}^2}{2\sigma_i^2}+\ln\frac{\pi}{1-\pi}\right]\right)}}$$

显然，上式与逻辑回归的概率计算形式为

$$P(Y=1|\boldsymbol{X})=\frac{1}{1+\mathrm{e}^{-\left(\sum_{i=1}^{n}w_ix_i+b\right)}}$$

对应相等，它们之间的关系为

$$w_i=\frac{\mu_{i1}-\mu_{i0}}{\sigma_i^2},\quad b=\sum_{i=1}^{n}\frac{\mu_{i0}^2-\mu_{i1}^2}{2\sigma_i^2}+\ln\frac{\pi}{1-\pi}$$

同理，对于 $P(Y=0|\boldsymbol{X})$有

$$P(Y=0|\boldsymbol{X})=1-P(Y=1|\boldsymbol{X})=\frac{\mathrm{e}^{-\left(\sum_{i=1}^{n}w_iX_i+b\right)}}{1+\mathrm{e}^{-\left(\sum_{i=1}^{n}w_iX_i+b\right)}}$$

3．两种分类器的联系与区别

从上面的推导可以看出，高斯朴素贝叶斯分类器的 $P(Y=1|\boldsymbol{X})$和 $P(Y=0|\boldsymbol{X})$的解析式与逻辑回归模型完全一致。但是，这两种分类器求解最优参数 $\boldsymbol{w}$ 的方式却不相同。逻辑回归通过最大化目标函数 $f(\boldsymbol{w})$直接求解最优的参数 $\boldsymbol{w}$；朴素贝叶斯分类器中的 $\boldsymbol{w}$ 形式是给定的，它由条件正态分布的均值和方差决定，训练集的作用是估计这些均值与方差，而非直接估计 $\boldsymbol{w}$。这也说明逻辑回归是一种更强的模型，因为它的假设很弱，而高斯朴素贝叶斯分类出的假设很强。

事实上，高斯朴素贝叶斯分类器是一种生成模型，逻辑回归模型是一种判别模型。

（1）生成模型先学习得到联合概率分布 $P(\boldsymbol{x},y)$，即特征向量 $\boldsymbol{x}$ 和标签 y 共同出现的概率，然后求解条件概率分布，学习到数据生成的机制。判别模型学习得到条件概率分布 $P(y|\boldsymbol{x})$，即在特征向量 $\boldsymbol{x}$ 出现的情况下标签 y 出现的概率。

（2）生成模型要求数据量比较大，能够较好地估计概率密度；判别模型对数据量没有那么多要求。

（3）典型的生成模型有朴素贝叶斯模型、隐马尔可夫模型、马尔可夫模型、高斯混合模型，这些模型一般建立在统计学和贝叶斯理论基础之上；典型的判别模型有 K 近邻分类器、感知机、决策树、逻辑回归模型、最大熵模型、支持向量机等。

5.4　多分类策略

在实际应用中，可以基于一些基本策略，利用二分类学习器（如逻辑回归模型）来解决多分类问题。多分类学习的基本思路是拆分法，即先将一个多分类任务拆分为若干个二分类任务，再使用二分类学习器来求解。具体而言，先将问题拆分，然后为拆分而成的每个二分类任务训练一个分类器；在测试过程中，对这些分类器的预测结果进行集成，以获取最终的多分类结果。其中有两个关键环节：一个环节是如何对多分类任务进行拆分，另一个环节是如何将多个分类器集成在一起。

一对多（One-versus-All，OvA）和一对一（One-versus-One，OVO）是两种经典的拆分策略。

1．分类问题

给定训练集$S=\{(x_1,y_1),(x_2,y_2),\cdots,(x_m,y_m)\}$，其中，$\{x_i\}_{i=1}^{m}\subseteq X^m$，独立同分布，$y_i=f(x_i)\in Y$（$\forall i=1,2,\cdots,m$）。多分类问题的目标是基于训练集 S，从假设集合 H 中选择一个假设 h，使得期望误差 $E_{x\sim D}\left[\operatorname{sgn}(h(x))\neq f(x_i)\right]$ 最小。对于二分类问题，可以用 0 作为界限来分类，大于 0 的划分为正样本，小于 0 的划分为负样本。多分类问题需要根据评分函数来判断。

在多类设置中，根据评分函数 h 定义假设：

$$h：X^*Y\to\mathbf{R}$$

与样本 x 关联的标签是导致最大得分 $h(x,y)$的标签，该得分定义了以下映射：

$$x\to\arg\max_{y\in Y} h(x,y)$$

式中，$Y=\{y_1,y_2,\cdots,y_n\}$，每个 y_i 都是一种类别，遍历所有 y_i 与待预测值 x，利用评分函数 $h(x,y)$计算得分，得分最高的 y_i 就是样本 x 的多分类结果。

2．一对多策略

一对多策略将一个类的样例作为正例，将所有其他类的样例作为反例，来训练 N 个分类器。在测试过程中，若只有一个分类器预测为正类，则对应的类别标记作为最终分类结果；若有多个分类器预测为正类，则需要考虑各分类器的预测置信度，选择置信度最大的类别标记作为分类结果。

例 5-7　假定有 4 个类别，每次将其中一个类别作为正类，其余类别作为负类，则共有 4 种组合，如图 5-5 所示，对这 4 种组合进行分类器训练，得到 4 个分类器。将测试样本放进 4 个分类器进行预测，仅有一个分类器预测为正类，故取该分类器结果作为预测结果，分类器 2 预测的结果是类别 2，因此该样本属于类别 2。

正	负	负	负
负	正	负	负
负	负	正	负
负	负	负	正

图 5-5　四分类的一对多策略

例 5-8　多分类问题的求解策略。

在实际问题中，训练集往往包含两个以上的类，无法用一个二元变量 y=0 或 y=1 做判断依据。例如，在预测天气时，预测结果分为晴天、阴天、雨天、多云、雪天、雾天等。为了解决如图 5-6 所示的多分类问题，可以采用一对其余方法，将多个类中的一个类标记为正类（y=1），将其他所有类都标记为负类（y=0），这个模型记作：$h_w^{(1)}(x)$。

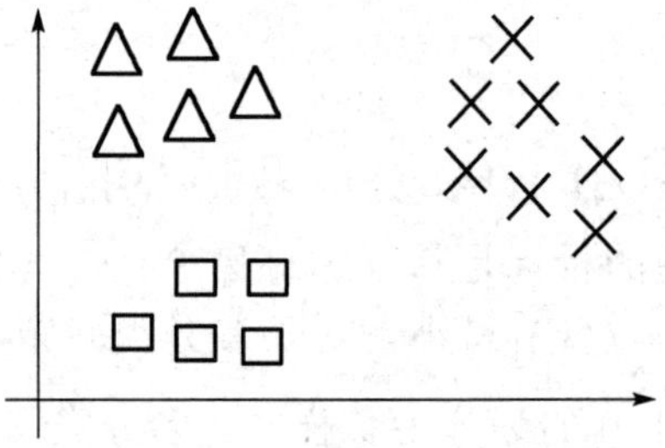

图 5-6　多分类问题示意图

之后，选择另外一个类标记为正类（y=2），将其他类都标记为负类，这个模型记作：$h_w^{(2)}(x)$，以此类推。最后得到一系列模型，简记为

$$h_w^{(i)}(x)=p(y=i|x;w),\ \ i=1,2,\cdots,k$$

本例中，k=3，得到的模型为 $h_w^{(1)}(x)$、$h_w^{(2)}(x)$、$h_w^{(3)}$，如图 5-7 所示。

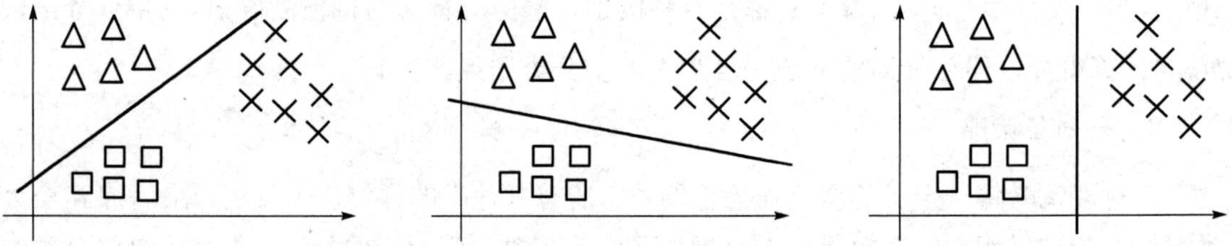

图 5-7　多分类问题的 $h_w^{(1)}(x)$、$h_w^{(2)}(x)$、$h_w^{(3)}(x)$ 模型

在需要预测时，先将所有分类器都运行一遍，然后对于每一个输入变量都选择可能性最高的输出变量。这就是解决多类分类问题的一对多策略。

3．一对一策略

假如某个分类中有 n 个类别，将这 n 个类别两两配对，转化为二分类问题。如果有 n 个类别，就需要 $\frac{1}{2}n(n-1)$ 个分类器。最后取决策分数最高的类别作为某个未知类别样本的最终分类。

例 5-9　当有 4 个类别时，先将各类别两两组合，共有 6 种组合，如图 5-8 所示。组合完之后，将其中一个类别作为正类，其余类别作为负类（这个正、负是相对而言的，目的是将问题转化为二分类问题）。对每个二分类器进行训练，可以得到 6 个二分类器。把测试样本在 6 个二分类器上进行预测。

正	正	正	0	0	0
负	0	0	正	正	0
0	负	0	负	0	正
0	0	负	0	负	负

图 5-8　四分类的一对一策略

当有 n 个类别时，若使用一对多策略，则需要训练 n 个分类器；若使用一对一策略，则需要训练 $\frac{1}{2}n(n-1)$ 个分类器，因此，使用一对一策略的存储开销和测试时间开销通常比使用一对多策略大。但在训练时，使用一对多策略训练的每个分类器均使用全部训练集，而使用一对一策略训练的每个分类器只用两个类的样本，因此，在类别很多时，使用一对一策略的训练时间开销通常比使用一对多策略更小。分类器的预测性能取决于具体的数据分布，在多数情形下使用一对多策略训练的分类器的准确度比使用一对一策略训练的分类器的准确度低，假定样本集中有 10000 个样本，分给使用一对多策略训练的 100 个分类器，每个分类器得到 100 个样本，对于 1∶99 的分类器来说，正样本有 100 个，负样本有 9900 个，样本极不平衡，训练误差较大。

5.5　Softmax 回归

在实际应用中，多分类问题的类标签 y 的取值往往超过两个，如手写数字识别问题的目标是辨识 10 个不同的数字。这种多分类问题可以通过 Softmax 回归模型来求解。Softmax 回归模型是逻辑回归模型在多分类问题上的推广。

Softmax 回归模型与逻辑回归模型都用回归思想来处理分类问题，因此 Softmax 回归模型的输出为概率值，便于直观理解和决策。Softmax 回归是有监督的，也可以在无监督学习中使用。

5.5.1　广义线性模型

在实际应用中，不仅可以用线性模型对 $\boldsymbol{x}$ 进行线性组合后逼近 y 值；还可以对 $\boldsymbol{x}$ 进行线性组合后逼近 y 的衍生值。例如，可以逼近 $\ln y$：

$$\ln y = \boldsymbol{w}^{\mathrm{T}}\boldsymbol{x} + b$$

这就是“对数线性回归”，该式也可以理解为

$$y = \mathrm{e}^{\boldsymbol{w}^{\mathrm{T}}\boldsymbol{x}+b}$$

一般地，如果一个单调可微函数 $g(\cdot)$ 使得

$$y = g^{-1}(\boldsymbol{w}^{\mathrm{T}}\boldsymbol{x} + b)$$

那么该式就是“广义线性模型”，称 $g(\cdot)$ 为联系函数。

1．线性模型的推广

广义线性模型是一般线性模型的推广，它通过一个非线性连接函数使因变量的总体均值依赖于线性预测值，同时允许响应概率分布为指数分布族中的任何一员。许多被广泛应用的统计模型，如逻辑回归模型、多元概率比回归模型、泊松回归模型等，都属于广义线性模型。

广义线性模型在两方面推广了经典线性模型。

（1）一般线性模型要求因变量是连续且服从正态分布的，而在广义线性模型中，因变量可以是非连续的，分布可以为二项分布、泊松分布、负二项分布等。

（2）一般线性模型是由因变量和线性部分组成的，自变量的线性预测值是因变量的估计值；而广义线性模型是由因变量、线性部分与连接函数组成的，自变量的线性预测值是因变量的函数估计值。

2．指数分布族

两种建模思路如下。

（1）当 $y \in \mathbf{R}$ 时，假设 y 服从正态分布 $N(\mu, \sigma^2)$：

$$P(x;\mu,\sigma) = \frac{1}{\sqrt{2\pi}\sigma}\mathrm{e}^{-\frac{(x-\mu)^2}{2\sigma^2}}$$

得到基于最小二乘的线性回归。

（2）当 $y \in \{0,1\}$ 时，假设 y 服从伯努利分布（0-1 分布）Bernoulli(ϕ)：

$$P(y=1;\phi) = \phi$$

$$P(y=0;\phi) = 1-\phi$$

得到逻辑回归。

正态分布和伯努利分布都属于指数分布族。指数分布族的概率函数可以写成：

$$P(y;\eta) = b(y)\mathrm{e}^{\eta T(y) + \alpha(\eta)}$$

式中，η 是自然参数，与分布的具体情况有关，如在正态分布中为均值 μ；$T(y)$ 是充分统计量，只与分布的种类有关，用于充分地描述一个随机变量，在大部分指数分布族中 $T(y)=y$。

例 5-10 验证伯努利分布属于指数分布族。

作为指数分布族的一员，伯努利分布的随机变量取值只能为 0 或 1，对于一种 y 的取值的充分统计就是它等于 0 还是 1，因此 $T(1)=1$，$T(0)=0$，也就是 $T(y)=y$。

$$\begin{aligned} P(y;\phi) &= \phi^y(1-\phi)^{1-y} = \mathrm{e}^{\ln(\phi^y(1-\phi)^{1-y})} \\ &= \mathrm{e}^{y\ln\phi + (1-y)\ln(1-\phi)} = \mathrm{e}^{y(\ln\phi - \ln(1-\phi)) + \ln(1-\phi)} \\ &= \mathrm{e}^{y\ln\frac{\phi}{1-\phi} + \ln(1-\phi)} \end{aligned}$$

可以看出：

$$b(y)=1\text{，}\quad \eta=\ln\frac{\phi}{1-\phi}\text{，}\quad \alpha(\eta)=\ln(1-\phi)$$

可以推出：

$$\phi=\frac{1}{1+\mathrm{e}^{-\eta}}$$

所以伯努利分布属于指数分布族。

例 5-11　验证正态分布属于指数分布族。

对于正态分布 $N(\mu,\sigma^2)$，由于方差对模型的参数没有影响，即 σ 取值不影响期望，故仅考虑 μ 为参数的情况，视 σ 为 1，则其分布可以表示为

$$\begin{aligned}P(y;\mu)&=\frac{1}{\sqrt{2\pi}}\mathrm{e}^{-\frac{(y-\mu)^2}{2}}\\&=\frac{1}{\sqrt{2\pi}}\mathrm{e}^{-\frac{1}{2}y^2}\mathrm{e}^{\mu y-\frac{1}{2}\mu^2}\end{aligned}$$

可以看出：

$$b(y)=\frac{1}{\sqrt{2\pi}}\mathrm{e}^{-\frac{1}{2}y^2}\text{，}\quad \eta=\mu,\quad T(y)=y,\quad \alpha(\eta)=-\frac{1}{2}\mu^2$$

可以推出：

$$\mu=\eta$$

所以 $\alpha(\eta)=-\frac{1}{2}\eta^2$。

所以正态分布属于指数分布族。

3．广义线性模型的一般方法

很多时候，分类和回归都可以看成关于 $\boldsymbol{x}$ 的随机变量 y 的预测问题。在利用广义线性模型来推导时，必须满足以下假设。

（1）假设 $y|\boldsymbol{x};\boldsymbol{\theta}\sim\text{ExpFamily}(\boldsymbol{\eta})$。

（2）对于给定的 $\boldsymbol{x}$，若要预测对应的 $T(y)$值。在大多数情况下，$T(y)=y$。这就是说，根据假设函数 h 预测输出的 $h(\boldsymbol{x})$满足 $h(\boldsymbol{x})=E(y|\boldsymbol{x})$。例如，在逻辑回归中：

$$h_{\boldsymbol{\theta}}(\boldsymbol{x})=p(y=1|\boldsymbol{x};\boldsymbol{\theta})=E(y\mid\boldsymbol{x})$$

（3）自然参数 $\boldsymbol{\eta}$ 和输入 $\boldsymbol{x}$ 是线性相关的，即

$$\boldsymbol{\eta}=\boldsymbol{\theta}^{\mathrm{T}}\boldsymbol{x}$$

可将 $\boldsymbol{\eta}$ 看作一个向量，$\boldsymbol{\theta}$ 就是一种将 $\boldsymbol{x}$ 变成 $\boldsymbol{\eta}$ 的线性变换。

例 5-12　构建逻辑回归模型——伯努利分布的推广。

假设 $y|\boldsymbol{x};\boldsymbol{\theta}\sim\text{ExpFamily}(\boldsymbol{\eta})$。

对于给定的 $\boldsymbol{x}$、$\boldsymbol{\theta}$，输出为

$$
\begin{aligned}
h_{\boldsymbol{\theta}}(\boldsymbol{x}) &= E\left[T(y) \mid \boldsymbol{x};\boldsymbol{\theta}\right]=E\left[y \mid \boldsymbol{x};\boldsymbol{\theta}\right] \\
&=\phi=\frac{1}{1+\mathrm{e}^{-\eta}} \\
&=\frac{1}{1+\mathrm{e}^{-\boldsymbol{\theta}^{\mathrm{T}}\boldsymbol{x}}}
\end{aligned}
$$

这就是逻辑回归的预测函数。这也解释了为什么逻辑回归使用 Sigmoid 激活函数。因为需要假设数据服从伯努利分布，依据指数分布的数学推导，逻辑回归必须使用 Sigmoid 激活函数。

5.5.2 Softmax 回归模型

逻辑回归模型与 Softmax 回归模型是两个基于线性模型的基础分类模型，前者一般用于解决二分类问题，后者主要用于解决多分类问题。

逻辑回归的 Sigmoid 激活函数将实数映射到[0,1]区间，故可理解为一个 Sigmoid 激活函数归一化后的线性回归。如果要预测一个未知数据 x 属于哪个类，只需要将其代入 Sigmoid 激活函数即可。最简单的决策方法是，若其值介于 0.5～1，则判定为类别 1；否则，判定为类别 0。Softmax 回归模型扩充了逻辑回归模型，可用于解决多分类问题。当类别数 $k=2$ 时，Softmax 回归模型退化为逻辑回归模型。

1．对类别编码

假定共有 n 个类别，则有

$$
y=\left[y_1,y_2,\cdots,y_n\right]^2
$$

$$
y_i=\begin{cases}1 & i=y \\ 0 & \text{其余}\end{cases}
$$

例如，当有 5 个类别时，各类别的编码为

[1,0,0,0,0]、[0,1,0,0,0]、[0,0,1,0,0]、[0,0,0,1,0]、[0,0,0,0,1]

假定现在得到的各个类别的预测值分别是 o_1、o_2、o_3、o_4、o_5，则应选择置信度最大的值作为预测值：

$$
\hat{y}=\underset{i}{\operatorname{argmax}}\ o_i
$$

一个好的分类模型应该使得正确类别获得的置信度远远大于其他类别获得的置信度。

注： 函数 argmax($f(x)$)是使得 $f(x)$取得最大值对应的变量点 x 或 x 的集合。对于函数 $y=f(x)$，当结果为 x_0=argmax($f(x)$)时，表示在 $x=x_0$ 时，$f(x)$取值范围的最大值；如果多个点使得 $f(x)$取得相同的最大值，那么 argmax($f(x)$)的结果就是一个点集。

2．指数化和归一化

为了输出的每个类别的置信度能够表示成概率（结果匹配某一类别的概率）形式，要求每个类别的得分非负且和为 1。可以使用 Softmax 函数将输出向量 $\boldsymbol{o}$ 转换为概率

$$\hat{\boldsymbol{y}} = \text{Softmax}(\boldsymbol{o})$$

$$\hat{y}_i = \frac{e^{o_i}}{\sum_k e^{o_k}}$$

这需要将概率 $\boldsymbol{y}$ 和 $\hat{\boldsymbol{y}}$ 之间的区别作为损失函数。

3．交叉熵损失函数

一般地，用交叉熵来衡量两个概率之间的差别：

$$H(p,q) = \sum_i - p_i \log(q_i)$$

式中，p_i 与 q_i 代表两个不同的概率。将 y_i 和 $\hat{y}_i$ 代入，得到两个概率向量之间的区别，将其作为损失函数：

$$L(y,\hat{y}) = -\sum_i y_i \log \hat{y}_i = -\log \hat{y}_y$$

可以看出，Softmax 回归模型是一个多类别分类模型。使用 Softmax 回归模型可以得到每个类的预测置信度。使用交叉熵来度量预测和编码的区别。

例 5-13　鞋、衣、裤子图像的分类问题。

训练集中的图像的真实标签为鞋、衣、裤子，用 4 种像素表示这 3 种服装；输入图像的高和宽均为 2 像素；色彩为灰度。每个像素值用一个标量表示。

将图像中的 4 种像素分别记为 x_1、x_2、x_3、x_4，3 种标签分别对应离散值 y_1、y_2、y_3。因此 4 个输入对应 3 个输出（o_1、o_2、o_3），如图 5-9 所示。

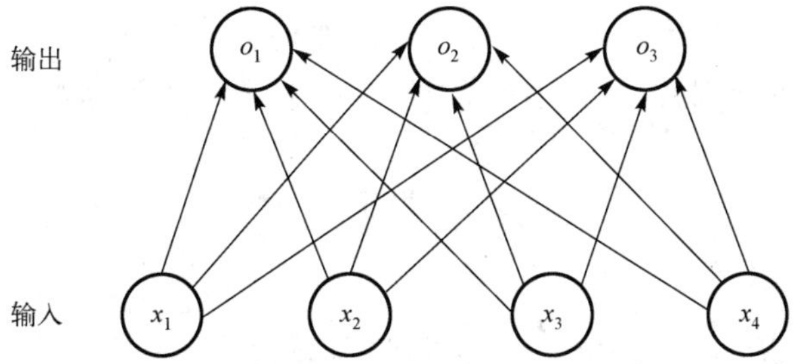

图 5-9　图像三分类问题的输入与输出

预测模型中的权值为 12 个标量 w_i（i=1,2,3,4，j=1,2,3），偏置项为 3 个标量 b_i（i=1,2,3），对每个输入计算 o_1、o_2、o_3：

$$o_1 = w_{11}x_1 + w_{21}x_2 + w_{31}x_3 + w_{41}x_4 + b_1$$

$$o_2 = w_{12}x_1 + w_{22}x_2 + w_{32}x_3 + w_{42}x_4 + b_2$$

$$o_3 = w_{13}x_1 + w_{23}x_2 + w_{33}x_3 + w_{43}x_4 + b_3$$

不同列代表不同的输出类型；不同行代表不同的像素点；列数代表真实输出的类别数；行数代表特征数。

通常将输出值 o_i 作为预测类别 i 的置信度，并将值输出最大值对应的类作为预测输出。例如，当 o_1、o_2、o_3 分别为 0.1、10、0.1 时，由于 o_2 最大，因此预测类别为 2。Softmax 运算符将输出值转化成为非负且和为 1 的概率分布：

$$\hat{y}_1,\hat{y}_2,\hat{y}_3=\mathrm{Softmax}(o_1,o_2,o_3)$$

其中

$$\hat{y}_1=\frac{\mathrm{e}^{o_1}}{\sum_{i=1}^{3}\mathrm{e}^{o_i}},\quad \hat{y}_2=\frac{\mathrm{e}^{o_2}}{\sum_{i=1}^{3}\mathrm{e}^{o_i}},\quad \hat{y}_3=\frac{\mathrm{e}^{o_3}}{\sum_{i=1}^{3}\mathrm{e}^{o_i}}$$

可以看出：

$$\hat{y}_1+\hat{y}_2+\hat{y}_3=1\text{ 且 }0\leqslant\hat{y}_1,\hat{y}_2,\hat{y}_3\leqslant1$$

因此，y_1、y_2、y_3 是合法的概率分布。例如，当 y_2=0.8 时，无论 y_1 和 y_3 为多少，类别 2 的概率都为 80%。

4．Softmax 回归模型与多个逻辑回归模型的区别

可以使用多个逻辑回归模型解决多分类问题，也可以使用 Softmax 回归模型解决多分类问题。Softmax 回归模型与多个逻辑回归模型有什么区别呢？

采用哪种方法解决多分类问题，取决于类别间是否互斥。假定有 4 种音乐：交响乐、民乐、摇滚乐和爵士乐，假设每个训练样本只能带一个标签（一首乐曲只属于 4 种类型之一），应该使用类别数 k=4 的 Softmax 回归模型来求解。如果数据集中某首乐曲不属于以上 4 种类型中的任何一类，还可以添加一个“其他类”，将类别数设置为 k=5。

假设 4 种类型为声乐、舞曲、戏曲片段、流行歌曲，这些类型之间并不是完全互斥的。例如，一首歌曲可能同时包含戏曲片段和人声。在这种情况下，更适合使用包含 4 个逻辑回归模型的分类器，以使训练出来的模型对于每个新的音乐作品都可以做出正确判断。

习 题 5

1．举例说明什么是分类问题及什么是回归问题。

2．Logistic 函数有什么特点？可以用于解决什么问题？

3．举例说明什么是线性分类问题。

4．简述逻辑回归模型的特点及其应用范围。

5．逻辑回归模型的应用问题。

（1）为了研究初中生吸烟的外在因素，采用整体抽样法调查某个中心城区及其远郊区域初一年级各班的学生，使用逻辑回归方程筛选影响因素。请问：采用逻辑回归策略是否妥当？

提示：逻辑回归模型中的参数的极大似然估计要求样本的结局事件相互独立。

（2）在研究性别对吸烟行为的影响时，采用逻辑回归校正年龄对吸烟行为的影响，请考虑：有无其他混杂因素需要校正？

提示：考虑家庭人均年收入、受教育程度等因素。

6．为什么逻辑回归的损失函数是似然函数？如果像线性回归那样使用均方误差，会出现什么问题？

7．在逻辑回归模型的训练过程中，如果有很多特征高度相关或某个特征重复了很多遍，会造成什么影响？

8．写出逻辑回归模型的梯度下降算法。

9．生成模型与判别模型各有什么特点？

10．高斯朴素贝叶斯分类器与逻辑回归分类器之间的联系与区别是什么？

11．什么是指数分布族？如何用其构造广义线性模型？

12．判断下面两句话中哪句话是正确的，哪句话是错误的，并说明原因。

（1）逻辑回归模型必须使用 Sigmoid 激活函数。

（2）Sigmoid 激活函数必须用于逻辑回归模型。

13．举例说明对于三分类问题，在什么情况下使用 Softmax 回归模型较好。

第 6 章　分类与聚类

在机器学习中，分类模型与学习方式种类繁多，除逻辑回归模型外，还有决策树、支持向量机、贝叶斯网络、神经网络、遗传算法等。有些模型像逻辑回归模型一样用于二分类学习，有些模型像 Softmax 回归模型一样主要用于解决多分类问题。

决策树是一种监督学习预测模型，通常用于解决分类问题（也可用于解决回归问题）。决策树的目标是从已知数据中学习一套规则，并通过简单的学习规则，对未知数据进行预测。通过决策树，可以在类别中创建类别，在有限的人工监督下进行有机分类。如果决策树具有足够的深度，那么可将训练集的所有样本正确分类。

支持向量机是一种常见的分类器，它将实例表示为空间中的点，使用一条直线（或超平面）来分隔数据点，适用于二分类任务。

聚类分析是机器学习中的与数据分类同样重要的算法。数据聚类是一种无监督的机器学习方法。与分类不同的是，聚类不需要进行语料库训练，具有较高的自动化处理能力。K-均值聚类算法是一种常用的聚类算法，它将样本分配到最近的类中心所属的类，类中心是由属于这个类的所有样本确定的。

6.1　决　策　树

决策树是一种离散函数的树形表示，简单并被广泛使用。决策树使用一组嵌套规则进行预测，树中每个决策节点依据判断结果进入某个分支，反复执行这种操作，直到叶节点（获取预测结果）为止。这些规则是通过训练得到的，不是人工制定的。

通过训练集构建决策树，可以高效地对未知数据进行分类或回归。决策树主要有如下两大优点。

- 决策树预测模型的可读性好，便于人工分析。
- 决策树一次构建，可以反复使用，每次预测的最大计算次数不超过决策树自身的深度。

6.1.1　决策树与决策过程

决策树是由节点和边构成的描述分类过程的层次数据结构。根节点表示分类的开始，叶节点表示一个实例的结束，中间节点表示相应实例的某个属性，边表示某个属性可能的值。从根节点到叶节点的每条路径都代表一个具体实例，并且同一路径上的所有属性之间都是合取关系，不同路径（一个属性的不同值）之间为析取关系。决策树的分类过程从树的根节点开始，按照给定实例的属性值测试对应的树枝，并依次下移，直到某个叶节点为止。

例 6-1　银行放贷决策。

为了确定是否给客户发放贷款，银行要调查客户的收入、婚姻与房产情况。在做出决策前，需要收集三方面数据：客户的收入、婚姻状况、房产（见表 6-1）。

表 6-1 例 6-1 对应数据

ID	有房产	已婚	年收入/万元	不能偿还
1	是	否	12.5	否
2	否	是	10	否
3	否	否	7	是
4	是	是	12	否
5	否	否	9.5	是
6	否	是	6	否
7	是	否	2.2	否
8	否	否	8.5	是
9	否	是	7.5	否
10	否	否	9	是

如果将这个决策当作分类问题，那么这三个指标就是特征向量的分量，类别标签为能偿还和不能偿还。

银行的决策过程如下。

（1）判断客户的房产情况：若有房产则能偿还；否则需要进一步判断。

（2）判断客户的婚姻状况：若已婚则能偿还；否则需要进一步判断。

（3）判断客户的年收入：若大于 10 万元则能偿还；否则不能偿还。

表示这个决策过程的图形就是一棵决策树，如图 6-1 所示。决策过程从根节点开始，在内部节点处做出判断，直到某个叶节点处为止。决策树是由一系列分层嵌套的判定规则构成的递归结构。

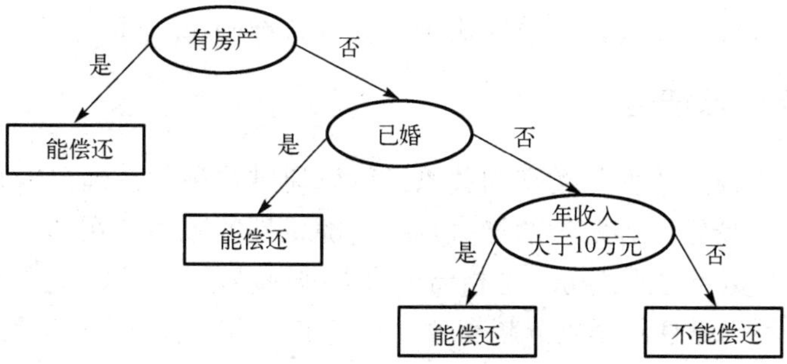

图 6-1 确定客户有无偿还能力的决策树

在图 6-1 中，年收入为数值型特征，为整数或实数，可以比较大小；婚姻状况为类别型特征，有两种取值（是、否），不能比较大小；房产情况为类别型特征，有两种取值（是、否），也不能比较大小。

假定有一个新客户，无房产、未婚、年收入 5.5 万元，依据该决策树可以预测该客户无法偿还贷款。从这个决策树还可以看出，有无房产大体上可以确定用户是否有偿还贷款的能力，对借贷业务具有指导意义。

1. 决策树的形态

为便于程序实现，一般将决策树设计成二叉树。与树的叶节点、非叶节点相对应，决策树的节点分为两种类型。

- 决策节点：为非叶节点，有两个子节点。在决策节点处做出判断（如将一个特征与设定的阈值比较），决定进入哪个分支。
- 叶节点（无子节点）：表示最终决策结果。本例中，叶节点有两种取值，即能偿还、不能偿还。对于分类问题而言，叶节点中存储的是类别标签。

决策树是分层结构，可以为每个节点赋予一个层数。根节点为第 0 层，子节点的层数为父节点层数加 1。树的深度为所有节点的最大层数加 1。本例的决策树的深度为 4，要得到一个决策结果最多经过 3 次判定。

2．CART

典型的决策树有 ID3、C4.5、CART（Classification And Regression Tree，分类与回归树）等，它们的区别在于树的结构与构造算法不同。其中，CART 是二叉决策树，预测时从根节点开始，每次只对一个特征进行判定，之后进入左子节点或右子节点，直至叶节点，最终得到类别值或回归函数值。预测算法的时间复杂度与树的深度有关，判定的执行次数不超过决策树的深度。

CART 既可用于分类问题，也可用于回归问题，具有以下特点。

（1）分类树的映射函数是多维空间的分段线性划分函数，用平行于各坐标轴的超平面来切分空间；回归树的映射函数是分段常数函数。CART 并不是线性函数，而是分段线性函数，具有非线性建模能力。

（2）对于回归问题，只要划分得足够细，分段常数函数就可以将闭区间上的任意函数逼近到指定的任意精度。因此，CART 在理论上可以对任意复杂度的数据进行拟合。

（3）对于分类问题，若决策树具有足够的深度，则可以将训练集的所有样本正确分类。当然，当特征向量维数过高时，维数灾难可能会导致准确率下降。

6.1.2 信息熵与信息增益

决策树的本质是找到数据与类别的关系，可以通过这种关系确定给定的每个数据的类别，这种关系越确定越好，确定性的增大意味着随机性的减小。在构造决策树的过程中，每次选择一个特征对数据进行划分，这相当于给数据提供已知信息，这个过程一定会使数据的不确定性减小，不确定性越小划分越有效。不确定性的减小程度是用信息增益来度量的。

1．构建决策树的基本步骤

构建决策树的基本步骤如下。

（1）开始，将所有记录看作一个节点：i 节点。

（2）判断是否有待处理节点。若没有待处理节点，则跳转至步骤（7）。

（3）遍历 i 节点中每个变量的每种分割方式，找出最好的分割点。

（4）将当前节点分割成两个节点：i_1 节点、i_2 节点。

（5）判断：i_1 节点是否够“纯”，若够“纯”则令 i_1 节点为 i 节点，跳转至步骤（2）继续分割。

（6）判断：i_2 节点是否够“纯”，若够“纯”则令 i_2 节点为 i 节点，跳转步骤（2）继续分割。

（7）结束。

决策树中的变量可以被划分为两类：一类是数字型变量（年收入等），其值为整数或浮点数，可用“≥”“>”“<”“≤”作为分割条件。数字型变量在排好顺序后，还可以利用已有分割情况来优化分割算法的时间复杂度。另一类是名称型变量（婚姻情况等），相当于某些程序设计语言（如 C 语言）中的枚举类型变量，在有限选项中取值，用等号“=”分割。

如何评估分割点的优劣呢？

如果一个分割点可将当前所有节点分为两类，而且两类都很“纯”，即同一类中的记录都比较多，那么就可以将该分割点看作一个好分割点。例如，“有房产”可将记录分为两类：“是”节点很“纯”（都能偿还贷款）；“否”节点不太“纯”（能偿还贷款、不能偿还贷款都有），但两个节点加起来的纯度之和与原始节点的纯度之差最大。在按照这种分割方法构建决策树时，采用的是贪心算法，即将当前纯度差最大的情况作为分割点。

2. 信息熵

如果计算纯度，那么什么算法得到的各个分支纯度最大呢？

1948 年，克劳德·艾尔伍德·香农（Claude Elwood Shannon）提出了“信息熵”概念，解决了信息的量化度量问题。信息熵是一种常用的度量样本集纯度的指标。

假定当前样本集 S 中的所有样本的类别有 k 种，包括 $y_1,y_2,\cdots,y_k$，各种类别样本在样本集 S 中的概率分别为 $P(y_1),P(y_2),\cdots,P(y_k)$，则样本集 S 的信息熵定义为

$$\begin{aligned} E(S) &= -P(y_1)\log P(y_1) - P(y_2)\log P(y_2) - \cdots - P(y_k)\log P(y_k) \\ &= -\sum_{j=1}^{k} P(y_j)\log P(y_j) \end{aligned}$$

式中，$P(y_j)$（$j=1,2,\cdots,k$）实际上是类别为 y_j 的样本在样本集 S 中的占比。对数的底可以任意（在 ID3 算法中为 2）。例如，假定所有样本分为两类，其中“是”有 70 个，“否”有 50 个，则该分类的信息熵为

$$E(S) = -\frac{70}{120}\times\log\left(\frac{70}{120}\right) - \frac{50}{120}\times\log\left(\frac{50}{120}\right)$$

信息熵 $E(S)$的值越小，样本集 S 的不确定性越小，即样本集 S 的确定性越大。

在计算信息熵时，由于算式烦琐，手工难以完成，因此可在 Python 命令行中使用 print() 函数并调用 math 中的对数函数来计算，如图 6-2 所示。

```
In [1]: import math

In [2]: print( - 3/5*math.log2(3/5) - 2/5*math.log2(2/5) )
0.9709505944546686

In [3]: |
```

图 6-2 计算信息熵的 Python 命令

3. 信息增益

决策树每次选择一个特征进行判断，特征有多个，那么按照什么标准来选择特征呢？可以用信息增益来度量。如果选择一个特征后，信息增益最大（信息不确定性减少的程度

最大），就该选取这个特征。信息增益是对两个信息量之间的差的度量，相关讨论涉及样本集 S 中的样本的结构。

样本集 S 中的每个样本从结构来看，除了样本类别，还有条件属性，简称为属性。假设样本集 S 中的样本有 m 个属性，其属性集为 $X=\{x_1,x_2,\cdots,x_m\}$，且每个属性均有 r 种取值，则可以根据属性的不同取值将样本集 S 划分成 r 个不同的子集 $S_1,S_2,\cdots,S_r$。在这种结构中，可以得到由属性的不同取值对样本集 S 进行划分后的加权信息熵：

$$E(S,x_i)=-\sum_{t=1}^{r}\frac{|S_t|}{|S|}\times E(S_t)$$

式中，t 为属性 x_i 的属性值；S_t 为 $x_i=t$ 时的样本子集；$E(S_t)$为样本子集 S_t 的信息熵；$|S|$和$|S_t|$分别为样本集 S 和样本子集 S_t 的大小，即样本集 S 和样本子集 S_t 中的样本数。

信息增益是指 $E(S)$和 $E(S,x_i)$的差，信息增益由信息熵和加权信息熵算得

$$G(S,x_i)=E(S)-E(S,x_i)=E(S)-\sum_{t=1}^{r}\frac{|S_t|}{|S|}\times E(S_t)$$

由此可知，信息增益值越大，信息的确定性越大。

例 6-2 计算香农信息熵。

数据表包括两个特征 one 与 two，标签有两种取值 yes 与 no，计算信息熵。例 6-2 对应数据表如表 6-2 所示。

表 6-2 例 6-2 对应数据表

序 号	one	two	islt
1	yes	yes	yes
2	yes	yes	yes
3	yes	no	no
4	no	yes	no
5	no	yes	no

按表 6-2 构造的数据集 dataSet 及列名表如下：

```
dataSet=[[1,1,"yes"],
        [1,1,"yes"],
        [1,0,"no"],
        [0,1,"no"],
        [0,1,"no"]
       ]
_labels=["one","two"]
```

编写程序，计算指定数据集的信息熵：

```
#例 6-2_ 计算香农信息熵
import math
#定义计算香农信息熵的函数
def shannonEntropy(dataset):
```

```
    n=len(dataset)
    labelCounts={}
    #统计每个类别出现的次数
    for feature in dataset:
        label=feature[-1]
        if label not in labelCounts:
            labelCounts[label]=0 #创建该元素并清零
        labelCounts[label]+=1
    entropy=0
    for key in labelCounts:
        p=float(labelCounts[key])/n #类概率（类占所有数据的比例）
        entropy-=p*math.log(p,2)
    return entropy
#构造数据集
dataSet=[[1,1,"yes"],
         [1,1,"yes"],
         [1,0,"no"],
         [0,1,"no"],
         [0,1,"no"]
        ]
_labels=["one","two"]
#计算指定数据集的香农信息熵
print(shannonEntropy(dataSet))
```

程序的运行结果为

```
0.9709505944546686
```

6.1.3 决策树的构造

决策树算法的分类思想清晰易懂，是一个基础算法，同时是集成学习和随机森林算法的基础。决策树算法的输入是带有标签的数据，输出是决策树；非叶节点代表的是逻辑判断；叶节点代表的是分类的子集。

决策树算法的基本思想是，通过训练集形成 if…then 判断结构。从决策树的根节点到叶节点的每条路径都构成一个判断规则。选择合适的特征作为判断节点，有利于快速分类，减小决策树的深度。最理想的情况是，通过特征的选择将不同类别的数据集贴上对应类标签，树的叶节点代表一个集合，集合中的数据类别差异越小，数据纯度越高。

在决策树中，目前比较常用的算法有 ID3、C4.5 和 CART。不同算法的区别在于选择特征作为判断节点时的数据纯度函数（标准）不同。

ID3 使用信息增益作为属性选择标准。先检测所有属性，选择信息增益值最大的属性建立决策树节点，由该属性的不同取值建立分支，再对各分支的子集递归调用该方法建立决策树节点的分支，直到所有子集都只包含同一类别的数据为止。最终得到一棵决策树，用来对新样本进行分类。

假设 $S=\{s_1,s_2,\cdots,s_n\}$ 为整个样本集，$X=\{x_1,x_2,\cdots,x_m\}$ 为全体属性集，$Y=\{y_1,y_2,\cdots,y_k\}$ 为样本类别，则 ID3 如下。

（1）初始化样本集 $S=\{s_1,s_2,\cdots,s_n\}$ 与属性集 $X=\{x_1,x_2,\cdots,x_m\}$，生成只包含一个节点（S,x）的初始决策树。

（2）若节点样本集中所有样本属于同一类别，则将该节点标记为叶节点，并标出该叶节点的类，跳转至步骤（8）。

（3）若属性集为空或样本集中所有样本在属性集上都取相同值，即所有样本都具有相同属性值（无法划分），则将该节点标记为叶节点，并根据各类别的样本数量，按照少数服从多数的原则，将该叶节点的类别标记为样本数最多的类别，跳转至步骤（8）。

（4）计算每个属性的信息增益，选出信息增益最大的属性对当前决策树进行扩展。

（5）对选定属性的每个属性值，重复执行以下操作，直到全部处理为止。

- 为每个属性值生成一个分支，并将样本集中与该分支有关的所有样本放到一起，形成该新生分支节点的样本子集。
- 如果样本子集为空，就将此新生分支节点标记为叶节点，其节点类别为原样本集中数量最多的类别。
- 如果样本子集中的所有样本属于同一类别，就将该节点标记为叶节点，并标出该叶节点的类别。

（6）从属性集中删除选定的属性，得到新的属性集。

（7）跳转至步骤（3）。

（8）结束。

例 6-3 客户是否购买计算机的决策树。

商家收集了一批客户购买计算机的数据，数据包括 4 个特征：年龄、收入等级、是否是学生、信用等级，以及是否购买，如表 6-3 所示。

表 6-3 例 6-3 对应数据表

年　龄	收入等级	是否是学生	信用等级	是否购买
≤30 岁	高	否	合格	否
≤30 岁	高	否	良好	否
31～40 岁	高	否	合格	是
>40 岁	中	否	合格	是
>40 岁	低	是	合格	是
>40 岁	低	是	良好	否
31～40 岁	低	是	良好	是
≤30 岁	中	否	合格	否
≤30 岁	低	是	合格	是
>40 岁	中	是	合格	是
≤30 岁	中	是	良好	是
31～40 岁	中	否	良好	是
31～40 岁	高	是	合格	是
>40 岁	中	否	良好	否

用表 6-3 中的数据来构造决策树，预测新客户是否购买计算机。

1．按购买与否分类的信息熵

表 6-3 中的数据按是否购买可分为两类："购买"有 9 个，概率为 $\frac{9}{14}$；"未购买"有 5 个，概率为 $\frac{5}{14}$。

"购买"的信息熵为

$$\begin{aligned}E(S) &= -\frac{9}{14}\times\log_2\frac{9}{14}-\frac{5}{14}\times\log_2\frac{5}{14}\\ &\approx 0.940\end{aligned}$$

计算得到的信息熵接近 1，这说明数据集的混乱程度很大。如果直接依据这组数据集判定一个人是否购买计算机，那么出错的概率会很大。

注：信息熵用于度量一组数据的混乱程度，取值范围为 0～1。信息熵越大，数据越混乱，越不利于建模与分类。

2．确定第一次分裂（根节点）的特征（属性）

构建决策树的过程就是不断地分类细化训练集的过程，本例在按"是否购买"分类数据时，可以考虑年龄、收入等级、是否是学生、信用等级 4 个分类特征，确定先用哪个特征依据的是信息熵。

若以"年龄"作为分类特征，则可分为如下三类。

≤30 岁：5 个（2 个买，3 个不买）。

31～40 岁：4 个（4 个买）。

>40 岁：5 个（3 个买，2 个不买）。

"年龄"特征的信息熵为

$$\begin{aligned}E(\text{年龄}) &= \frac{5}{14}\times\left(-\frac{3}{5}\times\log_2\frac{3}{5}-\frac{2}{5}\times\log_2\frac{2}{5}\right)\\ &+\frac{4}{14}\times\left(-\frac{4}{4}\times\log_2\frac{4}{4}-\frac{0}{4}\times\log_2\frac{0}{4}\right)\\ &+\frac{5}{14}\times\left(-\frac{2}{5}\times\log_2\frac{2}{5}-\frac{3}{5}\times\log_2\frac{3}{5}\right)\\ &\approx 0.694\end{aligned}$$

在以"年龄"为当前分类特征后，信息增益为

$$\begin{aligned}\text{Gain} &= E(S)-E(\text{年龄})\\ &= 0.940-0.694=0.246\end{aligned}$$

若将"收入等级"作为分类特征，则可分为如下三类。

高：4 个（2 个买，2 个不买）。

中：6 个（4 个买，2 个不买）。

低：4 个（3 个买，1 个不买）。

"收入等级"特征的信息熵为

$$E(\text{收入等级}) = \frac{4}{14}\times\left(-\frac{2}{4}\times\log_2\frac{2}{4}-\frac{2}{4}\times\log_2\frac{2}{4}\right)$$
$$+\frac{6}{14}\times\left(-\frac{2}{6}\times\log_2\frac{2}{6}-\frac{4}{6}\times\log_2\frac{4}{6}\right)$$
$$+\frac{4}{14}\times\left(-\frac{1}{4}\times\log_2\frac{1}{4}-\frac{3}{4}\times\log_2\frac{3}{4}\right)$$
$$\approx 0.911$$

在以“收入等级”为当前分类特征后，信息增益为

$$\text{Gain} = E(S) - E(\text{收入等级})$$
$$= 0.940 - 0.911 = 0.029$$

若以“是否是学生”为分类特征，则可分为如下两类。

是学生：7 个（6 个买，1 个不买）。

不是学生：7 个（2 个买，4 个不买）。

“是否是学生”特征的信息熵为

$$E(\text{是否是学生}) = \frac{7}{14}\times\left(-\frac{1}{7}\times\log_2\frac{1}{7}-\frac{6}{7}\times\log_2\frac{6}{7}\right)$$
$$+\frac{7}{14}\times\left(-\frac{4}{7}\times\log_2\frac{4}{7}-\frac{3}{7}\times\log_2\frac{3}{7}\right)$$
$$\approx 0.788$$

在以“是否是学生”作为当前分类特征后，信息增益为

$$\text{Gain} = E(S) - E(\text{是否是学生})$$
$$= 0.940 - 0.788 = 0.152$$

若以“信用等级”作为分类特征，则可分为如下两类。

良好：6 个（6 个买，3 不买）。

一般：8 个（6 个买，2 不买）。

“信用等级”特征的信息熵为

$$E(\text{信用等级}) = \frac{6}{14}\times\left(-\frac{3}{6}\times\log_2\frac{3}{6}-\frac{3}{6}\times\log_2\frac{3}{6}\right)$$
$$+\frac{8}{14}\times\left(-\frac{2}{8}\times\log_2\frac{2}{8}-\frac{6}{8}\times\log_2\frac{6}{8}\right)$$
$$\approx 0.892$$

在以“信用等级”作为当前分类特征后，信息增益为

$$\text{Gain}=E(S) - E(\text{信用等级})$$
$$=0.940 - 0.892=0.048$$

综上所述，因为“年龄”特征具有最高信息增益，所以选择“年龄”为第一次“分裂特征，“年龄”成为决策树的根节点，构造如图 6-3 所示的决策树。

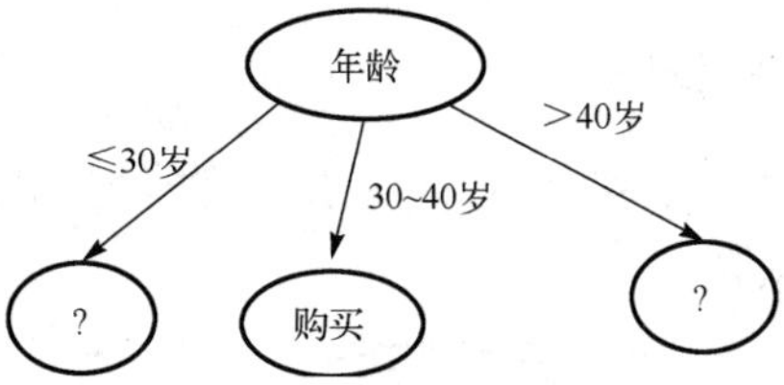

图 6-3　构造决策树的第一步

3. 确定第二次分裂的特征

（1）“收入等级”特征的信息熵为

$$\begin{aligned}E(\text{收入等级}) &= \frac{2}{5}\times\left(-\frac{2}{2}\times\log_2\frac{2}{2}-\frac{0}{2}\times\log_2\frac{0}{2}\right)\\&\quad+\frac{2}{5}\times\left(-\frac{1}{2}\times\log_2\frac{1}{2}-\frac{1}{2}\times\log_2\frac{1}{2}\right)\\&\quad+\frac{1}{5}\times\left(-\frac{1}{1}\times\log_2\frac{1}{1}-\frac{0}{1}\times\log_2\frac{0}{1}\right)\\&\approx 0.400\end{aligned}$$

（2）“是否是学生”特征的信息熵为

$$\begin{aligned}E(\text{是否是学生}) &= \frac{3}{5}\times\left(-\frac{3}{3}\times\log_2\frac{3}{3}-\frac{0}{3}\times\log_2\frac{0}{3}\right)\\&\quad+\frac{2}{5}\times\left(-\frac{2}{2}\times\log_2\frac{2}{2}-\frac{0}{2}\times\log_2\frac{0}{2}\right)\\&=0\end{aligned}$$

（3）“信用等级”特征的信息熵为

$$\begin{aligned}E(S) &= \frac{3}{5}\times\left(-\frac{2}{3}\times\log_2\frac{2}{3}-\frac{1}{3}\times\log_2\frac{1}{3}\right)\\&\quad+\frac{2}{5}\times\left(-\frac{1}{2}\times\log_2\frac{1}{2}-\frac{1}{2}\times\log_2\frac{1}{2}\right)\\&\approx 0.951\end{aligned}$$

显然，“是否是学生”特征具有最高信息增益，所以选择“是否是学生”作为第二次分裂特征，成为根节点的第一个子节点，构造如图 6-4 所示的决策树。

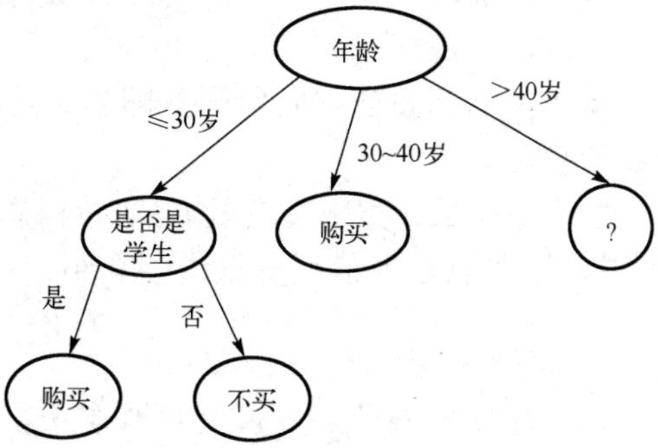

图 6-4　构造决策树的第二步

4．继续确定下一次分裂的特征

按照上述方法，继续计算右子树（大于 40 岁）的信息增益并按照从小到大顺序排列，最终构造如图 6-5 所示的决策树。

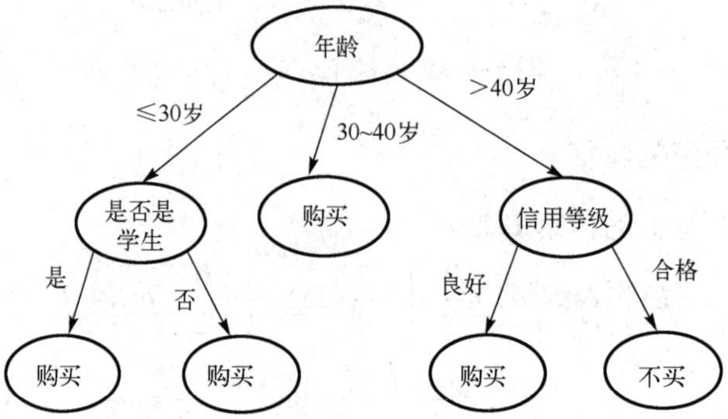

图 6-5　例 6-3 的决策树

6.1.4　寻找最佳分裂

无论分类问题还是回归问题，决策树都要尽可能地对训练样本做出正确预测。直观的想法是，从根节点开始构造，递归地用训练集建立决策树；该决策树能够将训练集正确分类或使得训练集的回归误差最小。

需要解决的问题如下。

（1）特征向量往往包含多个分量，每个决策节点应该选择哪个分量进行判定呢？

这个判定会将训练集一分为二，之后用这两个子集来构造左子树、右子树。

（2）选定一个特征后，判定的规则是什么呢？即应该满足什么条件，才能进入左子树呢？

- 对于数值型变量，要寻找一个用于判断的分裂阈值。若特征值小于该阈值，则进入左子树；否则，进入右子树。
- 对于类别型变量，要确定一个子集进行划分，即将特征的取值集合划分为两个不相交的子集。如果特征的值属于第一个子集，就进入左子树；否则，进入右子树。

（3）何时将节点设置为叶节点，以停止分裂？

对于分类问题有两种方法：一种方法是，当节点的样本属于同一类型时停止分裂。但这样做可能导致决策树节点过多，深度过大，从而产生过拟合。另一种方法是，当节点的样本数小于一个阈值时停止分裂。

（4）如何为每个叶节点赋予类别标签或回归值呢？即当到达叶节点时，如何将样本标记为某一类或赋予其一个实数值呢？

由于特征有两种情况（数值型变量、类别型变量），决策树有两种类型（分类树、回归树），故有 4 种情况需要考虑。这里只对数值型变量进行介绍。

1．递归分裂过程

训练算法是一个递归过程。先创建根节点，再递归地建立左子树和右子树。使用样本集 S 训练算法的整体流程如下。

（1）初始化。

- 用样本集建立根节点。
- 找一个判定规则，将样本集分裂成两部分——S_1、S_2。
- 为根节点设置判定规则。

（2）用样本集 S_1 递归地建立左子树。

（3）用样本集 S_2 递归地建立右子树。

（4）判断节点是否能再分裂，若不能再分裂，则将节点标记为叶节点，并赋值。

2．寻找最佳分裂的依据

在训练过程中，需要确定一个分裂规则，以将训练集分成两个子集。因此，需要确定分裂的评价标准，根据该标准来寻找最佳分裂。对于分类问题，为了保证分裂后左子树、右子树中的样本尽可能纯（属于不相交的某一类或某几类），定义不纯度指标：当样本属于某一类时不纯度为 0；当样本均匀地属于所有类时不纯度最大。满足这个条件的不纯度指标有多种，如熵不纯度、Gini 不纯度、误分类不纯度等。

不纯度指标是用样本集中每类样本出现的概率值构造的，因此，需要计算每个类出现的概率。假定 i 为第 i 类的样本数，N 为总样本数，则 $P_i=N_i/N$。可依此概率值定义各种不纯度指标。

（1）样本集 S 的熵不纯度定义为

$$E(S)=-\sum_i P_i \log_2 P_i$$

熵用于度量一组数据包含的信息量大小。当样本只属于某一类时熵最小，当样本均匀地分布于所有类时熵最大。因此，使熵最小的分裂就是最佳分裂。

（2）样本集 S 的 Gini 不纯度定义为

$$G(S)=1-\sum_i P_i^2$$

当样本全属于某一类时，Gini 不纯度最小，为 0；当样本均匀地分布在每一类时，Gini 不纯度最大。

（3）样本集 S 的误分类不纯度定义为

$$E(S)=1-\max(P_i)$$

当样本被误判为频率最高的一类时，其他样本都会分错，因此错误分类率就是误分类不纯度值。与熵不纯度和 Gini 不纯度一样，当样本只属于某一类时，误分类不纯度有最小值 0；当样本均匀地属于每一类时，误分类不纯度最大。

为了评价分裂的好坏，需要根据样本集的不纯度构造分裂的不纯度。按照分裂规则将节点的训练集分裂成左、右两个子集，目标是两个子集都尽可能纯。故需要计算左子集、右子集的不纯度之和作为分裂的不纯度。求和时加权，以反映左、右两个子集的训练样本数。分裂的不纯度计算公式为

$$G=\frac{N_{\mathrm{L}}}{N}G(S_{\mathrm{L}})+\frac{N_{\mathrm{R}}}{N}G(S_{\mathrm{R}})$$

式中，$G(S_L)$是左子集的不纯度；$G(S_R)$是右子集的不纯度；N 是总样本数；N_L 是左子集样本数；N_R 是右子集的样本数。

若要用 Gini 不纯度指标，则将其计算公式代入，可求得

$$G = 1 - \frac{1}{N}\left[\frac{\sum_i N_{L,i}^2}{N_L} + \frac{\sum_i N_{R,i}^2}{N_R}\right]$$

式中，$N_{L,i}$ 是左子节点中第 i 类样本数；$N_{R,i}$ 是右子节点中第 i 类样本数；N 是常数。可见，Gini 不纯度最小化等价于下式最大化：

$$\left[\frac{\sum_i N_{L,i}^2}{N_L} + \frac{\sum_i N_{R,i}^2}{N_R}\right]$$

可将该式看作 Gini 纯度，该值越大，样本越纯。在寻找最佳分裂时，需要计算出以每个阈值分裂样本集后的 Gini 纯度，最大 Gini 纯度对应的分裂就是最佳分裂。

3. 寻找最佳分裂的过程

采用贪心法，每一步都选择当前条件下最好的分裂作为当前节点的分裂，以寻找最佳分裂。具体操作如下。

（1）排序。如果是数值型特征，就将每个特征的 k 个训练样本都按照特征值从小到大排列：

$$x_1, x_2, \cdots, x_k$$

（2）寻找最佳分裂。

- 从 x_1 开始，依次用每个特征值作为阈值将样本分成左、右两部分，计算对应 Gini 纯度值。Gini 纯度值最大的分裂阈值就是该特征的最佳分裂阈值。
- 计算每个特征的最佳分裂阈值和 Gini 纯度值后，比较所有分裂的 Gini 纯度值。Gini 纯度值最大的分裂就是所有特征的最佳分裂。

对于回归树，衡量分裂的标准是回归误差（样本方差）。在每次分裂时，都选用使得回归误差最小化的分裂。

假设节点的训练集有 k 个样本（x_i,y_i），其中 x_i 为特征分量，y_i 为实数的标签值，节点的回归值为所有样本的均值，将回归误差定义为所有样本的标签值与回归值的均方和误差，即

$$E(S) = \frac{1}{k}\sum_{i=1}^{k}\left(y_i - \overline{y_i}\right)^2$$

根据均值的定义，求得

$$E(S) = \frac{1}{k}\left(\sum_{i=1}^{k} y_i - \frac{1}{k}\left(\sum_{i=1}^{k} y_i\right)^2\right)$$

也可以根据样本集的回归误差构造分裂的回归误差。因为在分裂时要最大限度地减小回归误差，所以将分裂的误差指标定义为分裂前回归误差减去分裂后左子树、右子树的回归误差。

代入误差计算公式，求得

$$E(S)=-\frac{1}{N^2}\left(\sum_{i=1}^{N}y_i\right)^2+\frac{1}{N}\left(\frac{1}{N_{\mathrm{L}}}\left(\sum_{i=1}^{N_{\mathrm{L}}}y_i\right)^2+\frac{1}{N_{\mathrm{R}}}\left(\sum_{i=1}^{N_{\mathrm{R}}}y_i\right)^2\right)$$

由于 N 和 $-\frac{1}{N^2}\left(\sum_{i=1}^{N}y_i\right)^2$ 是常数，因此上式最大化等价于下式最大化：

$$\frac{1}{N_{\mathrm{L}}}\left(\sum_{i=1}^{N_{\mathrm{L}}}y_i\right)^2+\frac{1}{N_{\mathrm{R}}}\left(\sum_{i=1}^{N_{\mathrm{R}}}y_i\right)^2$$

在寻找最佳分裂时，计算回归误差，使回归误差最大的分裂就是最佳分裂。

对于数值型特征，在寻找最佳分裂规则时，用于回归树的方法类似于用于分类树的方法。除回归误差的计算公式不同外，其他过程都一样。

6.1.5　决策树训练的主要问题及流程

决策树在训练过程中，需要考虑许多问题。例如，叶节点如何设定？样本中的某些分量有缺失值怎么办？决策树结构太复杂导致过拟合该如何处理？这都是常见的关键问题。

1. 叶节点值的设定

如果不能继续分裂，就将当前节点设置为叶节点。

- 对于分类树，将叶节点的值设置为该节点的训练集中出现概率最大的那个类。
- 对于回归树，将叶节点的值设置为该节点训练样本标签值的均值。

2. 属性缺失问题

在某些情况下，样本特征向量中的一些分量没有值，这称为属性缺失。例如，样本是晚上采集的，可能会因难以观察，导致样本颜色属性缺失。

在决策树训练过程中，如果在寻找最佳分裂时遇到某个属性上有些样本的属性值缺失，最简单的做法是先剔除缺失该属性的样本，然后照常训练。

另一种做法是，使用替代分裂规则，对于每个决策节点，除计算出一个最佳分裂规则作为主分裂规则外，再生成一个或者多个替代分裂规则作为备选规则。在预测时，如果主分裂规则对应的特征出现缺失，就使用替代分裂规则进行判定。需要注意的是，对于分类问题和回归问题，替代分裂规则的处理相同。

生成替代分裂规则的目标是使训练样本的分裂结果和使用主分裂规则训练样本的分裂结果尽可能接近，即根据主分裂规则分到左边的样本根据替代分裂规则要尽量分到左边，根据主分裂规则分到右边的样本根据替代分裂规则要尽量分到右边。

3. 剪枝算法

当决策树的结构过于复杂时，可能会导致过拟合问题。因此需要对树进行剪枝，去除某些节点，让它变得更简单。剪枝的关键是确定剪掉哪些节点。决策树的剪枝算法可以分为两类：预剪枝、后剪枝。预剪枝在决策树的训练过程中通过停止分裂来限制树的规模；后剪枝先构造出一棵完整的决策树，然后通过某种规则消除部分节点，用叶节点替代。

预剪枝可以通过限定树的高度、节点的训练样本数、分裂带来的最小纯度提升值来实现。后剪枝有多种实施方案，CART 采用的是代价-复杂度剪枝算法。代价是指剪枝后导致的错误率的变化值，复杂度是指决策树的规模。训练出一棵决策树后，剪枝算法先计算该决策树每个非叶节点的 α 值（代价与复杂度的比值）：

$$\alpha = \frac{E(n) - E(n_i)}{|n_i| - 1}$$

式中，$E(n)$为节点 n 的错误率；$E(n_i)$为以节点 n 为根的子树的错误率，是该子树所有叶节点错误率之和；n 为子树叶节点数，即复杂度。

α 值是决策树的复杂度归一化之后的错误率增加值，即在剪掉整个子树并用一个叶节点替代之后，相对于原来的子树错误率的增加值。α 值越小，剪枝后决策树的预测效果和剪枝前越接近。分类问题的错误率定义为

$$E(n) = \frac{n - \max(N_i)}{N}$$

式中，N 是节点的总样本数；N_i 是第 i 类样本数。这就是前面定义的误分类指标。回归问题的错误率是节点样本集的均方误差：

$$E = \frac{1}{N}\left(\sum_i (y_i^2) - \frac{1}{N}\left(\sum_i (y_i)\right)^2\right)$$

子树的错误率为决策树的所有叶节点错误率之和。计算出所有非叶节点的 α 值，剪掉 α 值最小的节点，得到剪枝后的树；重复这种操作，直到剩下根节点为止。最终得到一个决策树序列：

$$T_0, T_1, T_2, \cdots, T_{m-1}, T_m$$

式中，T_0 是初始训练得到的决策树；T_{i+1} 是在 T_i 的基础上剪枝得到的决策树，即剪掉 T_i 中以 α 值最小的节点为根的子树并用一个叶节点替代后得到的树。

完整的剪枝算法分为两步完成。

第一步，训练出 T_0，用以上方法逐步剪掉决策树中的所有非叶节点，直到只剩根节点为止，得到剪枝后的决策树序列。这一步采用训练集进行误差计算。

第二步，根据真实误差值，从上面的决策树序列中挑选出一棵树作为剪枝后的结果。这可以通过交叉验证实现。用交叉验证的测试集对上一步得到的决策树序列中的每一棵决策树进行测试，得到这些决策树的错误率，然后根据错误率选择最佳的决策树作为剪枝后的结果。

4．训练算法的流程

决策树训练算法的输入为训练集，输出为训练得到的决策树。训练算法流程如下：

```
# 决策树训练函数（S 为本节点训练集）
decisionTreeTrain (S):
        if (样本集无法再分？已达最大树深度？S 中样本数小于阈值？)：
                #在无法再分时，设为叶节点并求值，返回创建的叶节点
```

```
            leafNode=CalcLeafValue(S);
            return leafNode
        else:
            #分裂
            (split, S1, S2)=findBestSplit(S); #找最佳分裂，S 分为 S1、S2
            node=creteTreeNode();                #创建当前节点
            node.split=split;                    #设置节点分裂规则
            finSurrogateSplit(S);                #找替代分裂，加入节点分裂规则列表
            node.leftChild=decisionTreeTrain (S1)         #递归训练左子树
            node.rightchild=decisionTreeTrain (S2)        #递归训练右子树
            return node  #返回训练的树节点
```

若需要后剪枝，则当训练结束后调用剪枝函数。

5. 计算变量的重要性

在决策树训练过程中，可以对分裂质量累加求和，计算并输出特征分量的重要性（分类或回归中每个特征分量的作用大小）。分类树的分裂质量是 Gini 纯度，回归树的分裂质量是每次分裂时回归误差的下降值。假设第 i 个特征分量的分裂质量之和为 q_i，特征向量的维数为 n，对所有特征分量求和后的分裂质量归一化：

$$q_i \div \sum_{i=1}^{n} q_i$$

上式所得值就是这个特征分量的重要性，值越大，特征分量越重要。为了统计所有节点的分裂质量，需要遍历决策树（任何遍历算法均可）。这样做的依据是，若某个特征分量在训练时用于分裂，则说明它对分类或回归有用；若该特征分量用于分裂时分裂质量很大，则说明它对分类或回归的贡献很大。

6.2　支持向量机

支持向量机（Support Vector Machine，SVM）是一种二分类监督学习模型，其目的是寻找一个分离超平面来分割样本。分割的原则是间隔最大化，即在所有样本点中，离分离超平面最近的样本点尽量远离超平面。

在 sklearn 中，可以通过调用 sklearn.svm.SVC 子模块，使用支持向量机来解决分类问题。

6.2.1　支持向量机基本原理

支持向量机关注的是离分离超平面近的样本点，而不是分类明确（远离分离超平面）的样本点。从个体与整体的角度来看，当分离超平面两边离其较近的样本点离分离超平面足够远时，其余样本点离分离超平面更远。这种满足间隔最大化的分离超平面的泛化能力自然不会差。支持向量机的分离超平面示意图如图 6-6 所示。

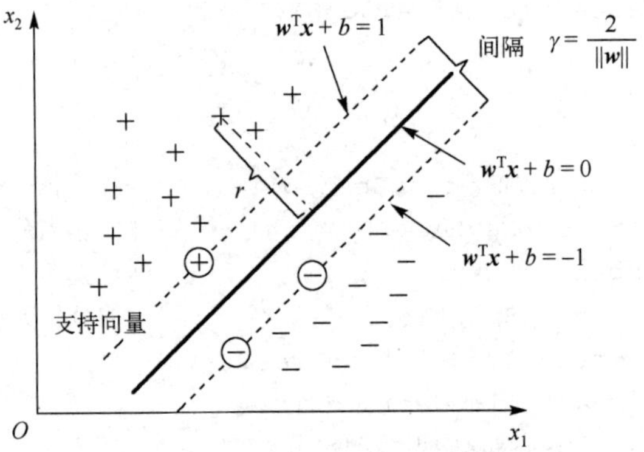

图 6-6 支持向量机的分离超平面示意图

要在样本空间中寻找一个分开不同类别样本的线（多维空间中为超平面），并且要求这条线离样本点尽可能远，这条线必然位于最边缘的两个样本点的中间，这些边缘样本点就被称为支持向量。

1．分离超平面

分离超平面记作：

$$\boldsymbol{w}^{\mathrm{T}}\boldsymbol{x}+b=0$$

它位于正、负两个边缘平面：

$$\boldsymbol{w}^{\mathrm{T}}\boldsymbol{x}+b=\pm 1$$

的中间，其中 $\boldsymbol{w}=(w_1,w_2,\cdots,w_d)$ 为分离超平面的法向量，决定分离超平面的方向；b 为位移项，决定分离超平面与原点之间的距离。根据点到分离超平面的距离公式：

$$d=\frac{|Ax_0+By_0+Cz_0+D|}{\sqrt{A^2+B^2+C^2}}$$

可知，样本空间中任意一点 $\boldsymbol{x}$ 到超平面的距离可以写作：

$$r=\frac{|\boldsymbol{w}^{\mathrm{T}}\boldsymbol{x}+b|}{\|\boldsymbol{w}\|}$$

若分离超平面能将训练样本正确分类，则以下关系成立：

$$\begin{cases}\boldsymbol{w}^{\mathrm{T}}x_i+b\geqslant +1, & y_i=+1\\ \boldsymbol{w}^{\mathrm{T}}x_i+b\leqslant -1, & y_i=-1\end{cases}$$

2．间隔

支持向量定义为能使上述不等关系中等号成立的点，即这些点分别位于：

$$\boldsymbol{w}^{\mathrm{T}}\boldsymbol{x}+b-1=0$$
$$\boldsymbol{w}^{\mathrm{T}}\boldsymbol{x}+b+1=0$$

两个平面之上，这两个平面分别位于分离超平面 $\boldsymbol{w}^{\mathrm{T}}\boldsymbol{x}+b=0$ 上侧、下侧。

假定前一个超平面上及其上侧的点的类别标签为+1 类，后一个超平面上及其下侧的点的类别标签为−1 类。根据两个平行超平面：

$$Ax + By + Cz + D_1 = 0$$
$$Ax + By + Cz + D_2 = 0$$

之间的距离公式：

$$d = \frac{|D_1 - D_2|}{\sqrt{A^2 + B^2 + C^2}}$$

可知，两个超平面：

$$\boldsymbol{w}^{\mathrm{T}}\boldsymbol{x} + b - 1 = 0$$
$$\boldsymbol{w}^{\mathrm{T}}\boldsymbol{x} + b + 1 = 0$$

之间的距离为

$$\gamma = \frac{2}{\|\boldsymbol{w}\|}$$

这个距离被称为“间隔”，即两个异类支持向量到分离超平面的距离之和。

在理想情况下，支持向量机假定存在一个超平面可将不同类的样本完全划分开，这被称为“硬间隔”。但在现实任务中，往往很难确定合适的核函数使得训练样本线性可分，即使找到了合适的核函数，也有可能是由训练样本上的过拟合造成的。缓解这个问题的一个办法是，允许支持向量机在一些样本上出错，这被称为“软间隔”。

3．支持向量机模型

寻找具有“最大间隔”的分离超平面，即寻找满足约束条件：

$$\begin{cases} \boldsymbol{w}^{\mathrm{T}}x_i + b \geqslant +1, & y_i = +1 \\ \boldsymbol{w}^{\mathrm{T}}x_i + b \leqslant -1, & y_i = -1 \end{cases}$$

的参数 $\boldsymbol{w}$ 和 b，使得 γ 最大化。这个问题可以转化为数学模型：

$$\begin{cases} \max \dfrac{2}{\|\boldsymbol{w}\|} \\ \text{s.t.} \quad y_i(\boldsymbol{w}^{\mathrm{T}}x_i + b) \geqslant 1, i = 1, 2, \cdots, m \end{cases}$$

式中，第二个式子是超平面能正确划分的约束条件。如果样本集能被正确划分，无论原来样本的标签是+1 还是−1，$y_i(\boldsymbol{w}^{\mathrm{T}}x_i+b)$的值都是大于或等于 1 的正数。

为了最大化间隔，通常将问题转成其对立面。最大化 $\dfrac{2}{\|\boldsymbol{w}\|}$，等价于最小化$\|\boldsymbol{w}\|^2$，于是，可将数学模型重写为

$$\begin{cases} \min \dfrac{\|\boldsymbol{w}\|^2}{2} \\ \text{s.t.} \quad y_i(\boldsymbol{w}^{\mathrm{T}}x_i + b) \geqslant 1, \quad i = 1, 2, \cdots, m \end{cases}$$

这就是支持向量机的基本模型。

注：求 $\frac{1}{\|\boldsymbol{w}\|}$ 的最大值也就是求 $\|\boldsymbol{w}\|$ 的最小值，等价于求 $\|\boldsymbol{w}\|^2$ 的最小值，后者收敛速度更快。

4．对偶问题

在约束条件 $f_1(x)\leqslant 0$ 下求最小值 $\min f_0(x)$，可以使用拉格朗日乘数法：

$$L(x,\lambda)=f(x)+\lambda g(x)$$

支持向量机求解 $\boldsymbol{w}$ 最小值的步骤如下。

（1）引入拉格朗日乘子 $a_i\geqslant 0$，得拉格朗日函数：

$$L(\boldsymbol{w},b,\alpha)=\frac{1}{2}\|\boldsymbol{w}\|^2-\sum_{i=1}^{m}\alpha_i(y_i(\boldsymbol{w}^{\mathrm{T}}x_i+\mathrm{b})-1)$$

（2）令 $L(\boldsymbol{w},b,\alpha)$对 $\boldsymbol{w}$ 和 b 的偏导数为 0：

$$w=\sum_{i=1}^{m}\alpha_i y_i x_i,\quad \sum_{i=1}^{m}\alpha_i y_i=0$$

（3）$\boldsymbol{w}$、b 回代到第（1）步：

$$\min_{\alpha}\frac{1}{2}\sum_{i=1}^{m}\sum_{j=1}^{m}\alpha_i\alpha_j y_i y_j x_i x_j-\sum_{i=1}^{m}\alpha_i$$

约束条件为

$$\sum_{i=1}^{m}\alpha_i y_i=0,\quad \alpha_i\geqslant 0,\quad i=1,2,\cdots,m$$

最后得到的模型为

$$f(x)=\boldsymbol{w}^{\mathrm{T}}\boldsymbol{x}+b=\sum_{j=1}^{m}\alpha_i y_i x_i x+b$$

这里只有 α_i 是一个未知数。

5．SVM 的核函数

若低维空间中的样本不是线性可分的，则可先将低维空间中的点映射到高维空间，使其线性可分，再使用线性划分原理来判断分类边界。但当直接将此技术用于高维空间的分类或回归时，在进行运算时有可能出现维数灾难。这时，需要使用核函数技术（Kernel Trick）来解决问题。直接在低维空间使用核函数的本质是，用低维空间中更复杂的运算代替高维空间中的普通内积。常用的核函数如下。

- linear：线性核函数。当训练集线性可分时，一般用线性核函数直接实现分类。
- poly：多项式核函数。

- RBF（Radial Basis Function Kernel）：径向基函数/高斯核函数。γ 值越小，模型越倾向于欠拟合；γ 值越大，模型越倾向于过拟合。
- Sigmoid：Sigmoid 核函数。

6.2.2 支持向量机实现鸢尾花分类

原本应用于二值分类的支持向量机如何应用于多分类问题呢？

支持向量机在重新构造后可应用于多分类问题。主要方案有两种：第一种方案是直接法，核心思想是直接修改目标函数，将多分类问题中的多个参数整合到一个函数中。这种方法看似简单，但计算复杂度比较高，实现起来比较困难，只适用于小型问题。第二种方案是间接法，主要是通过组合多个二分类器来实现多分类器的构造。

例 6-4　支持向量机实现鸢尾花三分类。

鸢尾花（Iris）是一种比较常见的花，鸢尾花数据集最初由 Edgar Anderson 测量得到，而后在著名统计学家、生物学家 R.A.Fisher 于 1936 年发表的文章中作为线性判别分析的一个例子，用于证明分类的统计方法，并因此为公众所知，被广泛应用于机器学习等多个领域。

鸢尾花数据集是一个很小的数据集，仅有 150 行、5 列，可用于多变量分析。它通过 sepal length（花萼长度）、sepal width（花萼宽度）、petal length（花瓣长度）、petal width（花瓣宽度）4 个属性预测鸢尾花属于 Setosa（山鸢尾）、Versicolour（杂色鸢尾）、Virginica（弗吉尼亚鸢尾）3 类中的哪一类。其中，4 个特征属性的取值都是数值型的，它们具有相同的量纲，不需要进行任何标准化处理，第 5 列为通过前面 4 列确定的鸢尾花所属的类别名称。

注： 数据中两类鸢尾花记录结果是在加拿大加斯帕半岛，于同一天同一时间段，使用相同的测量仪器，在相同的牧场上由同一个人测量出来的。详细数据集可在 UCI 数据库中找到。

```
#例 6-4_ 支持向量机实现鸢尾花三分类
import numpy as np
import matplotlib as mpl
import matplotlib.pyplot as plt
import warnings
from matplotlib.colors import ListedColormap
from sklearn.svm import SVC
from sklearn.model_selection import train_test_split
from sklearn import datasets
from sklearn.preprocessing import StandardScaler
from sklearn.exceptions import ChangedBehaviorWarning
#设置显示中文字符串的属性
mpl.rcParams['font.sans-serif'] = [u'SimHei']
mpl.rcParams['axes.unicode_minus'] = False
warnings.filterwarnings('ignore', category=ChangedBehaviorWarning)
#加载鸢尾花数据集、数据分割——训练集、测试集
iris = datasets.load_iris()
X = iris.data[:, [2, 3]]    #样本特征
y = iris.target             #样本标签
```

```
    X_train, X_test, y_train, y_test = train_test_split(X,y,test_size=0.3,
random_state=0)
    #标准化样本特征
    sc = StandardScaler()
    sc.fit(X_train)
    X_train_std = sc.transform(X_train)
    X_test_std: object = sc.transform(X_test)
    #定义函数（确定区域）
    def plotDecisionRegions(X, y, classifier, test_idx=None, resolution=0.02):
        #设置 marker generator 和 color map
        markers = ('s', 'x', 'o', '^', 'v')
        colors = ('red', 'blue', 'lightgreen', 'gray', 'cyan')
        cmap = ListedColormap(colors[:len(np.unique(y))])
        x1_min, x1_max = X[:, 0].min() - 1, X[:, 0].max() + 1
        x2_min, x2_max = X[:, 1].min() - 1, X[:, 1].max() + 1
        #生成网络采样点
        xx1, xx2 = np.meshgrid(np.arange(x1_min, x1_max, resolution),np.arange
(x2_min, x2_max, resolution))
        Z = classifier.predict(np.array([xx1.ravel(), xx2.ravel()]).T)
        Z = Z.reshape(xx1.shape)
        plt.contourf(xx1, xx2, Z, alpha=0.4, cmap=cmap)
        plt.xlim(xx1.min(), xx1.max())
        plt.ylim = (xx2.min(), xx2.max())
        X_test, y_test = X[test_idx, :], y[test_idx]
        for idx, cl in enumerate(np.unique(y)):  #np.unique 去除重复数据
            plt.scatter(x=X[y==cl,0], y=X[y==cl,1], alpha=0.8,
                        c=cmap(idx), marker=markers[idx], label=cl)
        if test_idx:
            X_test, y_test = X[test_idx, :], y[test_idx]
            plt.scatter(X_test[:, 0], X_test[:, 1], c='black', alpha=0.8,
                        linewidths=1, marker='o', s=10, label='test set')
    #生成网络测试点
    X_combined_std = np.vstack((X_train_std, X_test_std))
    y_combined = np.hstack((y_train, y_test))
    #构造支持向量机——使用线性核函数、C 值（正则化参数）为 1
    svm = SVC(kernel='linear', C=1.0, random_state=0)
    #在训练集上拟合
    svm.fit(X_train_std, y_train)
    #数据可视化
    plotDecisionRegions(X_combined_std, y_combined,
                        classifier=svm, test_idx=range(105,150))
    plt.xlabel('花瓣长度 {标准化}')
    plt.ylabel('花瓣宽度 {标准化}')
    plt.legend(loc='upper left')
    plt.show()
```

例 6-4 程序的运行结果如图 6-7 所示。

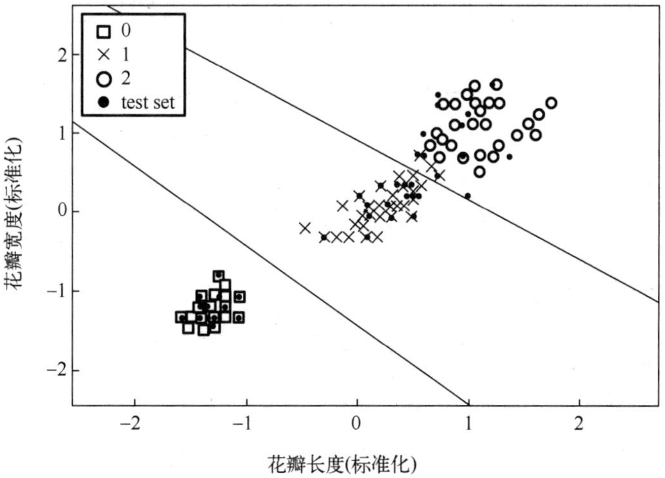

图 6-7　例 6-4 程序的运行结果

6.3 聚类算法

聚类与分类不同，需要在任何样本标签未知的情况下，通过寻找数据之间的内在联系将其划分为若干个类别，最终使得同类别样本之间的相似度高而不同类别样本之间的相似度低，也就是说，目标是减少类内距，增大类间距。

聚类属于非监督学习，K-均值（K-means）聚类算法是迭代求解的常用聚类分析算法。它先随机从样本中选取 k 个点，将所有样本就近划分给这些点，形成 k 个簇（Cluster），这 k 个点各自成为所在簇的质心（簇中所有点的中心）；再根据划分的结果重新计算，将不合适的样本调整到其他簇中；重复以上步骤，直到质心不再变化为止。

注：K-means 中的 K 意为划分的簇数，means 意为求取均值。

6.3.1 距离计算与聚类评价

聚类是无监督学习中应用最广泛的一种方法，聚类通过将数据集中的数据划分为若干个称为“簇”的子集来实现对数据的分类，是一种没有指导的分类。一般来说，数据聚类的结果，即划分为多少类，是难以预知的，其类别也无法事先定义，通常可以用代表一个簇的正整数（1,2,⋯）表示，称为簇标号。

设数据集合 $S=\{\boldsymbol{x}_1,\boldsymbol{x}_2,\cdots,\boldsymbol{x}_n\}$，聚类算法将其聚类成 k 个互不相交的簇 C_j（$j=1,2,\cdots,k$），簇标号为 $L_j=\{L_1,L_2,\cdots,L_k\}, j\in[1,\cdots,k]$，这样的聚类结果也可以用每个数据所属的簇标号表示：

$$S_{\text{Cluster}}=\left\{L_{x_1},L_{x_2},\cdots,L_{x_n}\right\}$$

1. 距离的公式

聚类的基本原则是类内（簇内）样本尽可能相似，而类间（簇间）样本尽可能不同，故可用簇内相似度与簇间相似度来评价聚类结果。为了评价聚类结果，通常要度量并计算各种距离，包括簇内样本平均距离、簇内样本最远距离及簇间最近距离、两个簇中心的距离等。

设簇划分 $C=\{C_1,C_2,\cdots,C_k\}$，$k=|c|$，则有以下计算公式。

（1）簇内样本平均距离：

$$\text{avg}(C)=\frac{2}{|C|(|C|-1)}\sum_{1\leqslant i<j\leqslant|C|}\text{dist}(\boldsymbol{x}_i,\boldsymbol{x}_j)$$

（2）簇内样本最远距离：

$$\text{dist}_{\max}(C)=\max_{1\leqslant i<j\leqslant|C|}\text{dist}(\boldsymbol{x}_i,\boldsymbol{x}_j)$$

（3）簇间最近距离：

$$\text{dist}_{\min}(C_i,C_j)=\min_{x_i\in C_i,x_j\in C_j}\text{dist}(\boldsymbol{x}_i,\boldsymbol{x}_j)$$

（4）两个簇中心的距离：

$$\text{dist}_{\text{cent}}(C_i,C_j)=\text{dist}(\boldsymbol{\mu}_i,\boldsymbol{\mu}_j)$$

式中，$\text{dist}(\boldsymbol{x}_i,\boldsymbol{x}_j)$为两个样本（数据）间的距离；$\boldsymbol{\mu}$ 为一个簇逻辑上的中心点。簇中心定义为

$$\boldsymbol{\mu}=\frac{1}{|C|}\sum_{i=1}^{|C|}\boldsymbol{x}_i$$

在这些距离的计算公式中，$\text{avg}(C)$表示簇内样本平均距离；$\text{dist}_{\max}(C)$表示簇内样本最远距离；$\text{dist}_{\min}(C_i,C_j)$为簇间最近距离；$\text{dist}_{\text{cent}}(C_i,C_j)$为两个簇中心的距离。

2．距离 $\text{dist}(\boldsymbol{x}_i,\boldsymbol{x}_j)$的性质

（1）非负性：$\text{dist}(\boldsymbol{x}_i,\boldsymbol{x}_j)>0$，因为距离不可能为负。

（2）同一性：$\text{dist}(\boldsymbol{x}_i,\boldsymbol{x}_j)=0$，当且仅当 $\boldsymbol{x}_i=\boldsymbol{x}_j$。

因为 $\boldsymbol{x}_i$，$\boldsymbol{x}_j$ 都是向量，故可以写成 m 维向量的形式 $\boldsymbol{x}_i=(x_{i1}, x_{i2}, \cdots, x_{im})$、$\boldsymbol{x}_j=(x_{j1}, x_{j2}, \cdots, x_{jm})$，这样两个样本之间的距离可以表示成样本对应分量间的距离之和。每个分量可以是数值化的样本特征/属性。

3．距离度量的公式

（1）欧氏距离。源于欧氏空间中两点间的距离公式，是一种易于理解的距离计算方法：

$$\text{dist}_{\text{eu}}(\boldsymbol{x}_i,\boldsymbol{x}_j)=\sqrt{\sum_{u=1}^{m}|\boldsymbol{x}_{iu}-\boldsymbol{x}_{ju}|^2}$$

（2）曼哈顿距离。就像从曼哈顿一个十字路口开车到另一个十字路口一样，是指实际驾驶距离，又称城市街区距离：

$$\text{dist}_{\text{man}}(\boldsymbol{x}_i,\boldsymbol{x}_j)=\sum_{u=1}^{m}|\boldsymbol{x}_{iu}-\boldsymbol{x}_{ju}|$$

4．聚类结果评价

利用四个距离的公式（簇内样本平均距离、簇内样本最远距离、簇间最近距离、两个

簇中的距离）可以构造评价指标，以评价聚类结果。

（1）DBI（Davies-Bouldin Index，戴维森堡丁指数）。

DBI 的核心思想是先计算每个簇与最相似簇的相似度，再计算所有相似度的均值，用于衡量整个聚类结果的优劣。DBI 表明簇与簇之间相似度越高，簇与簇间的距离越小（直观理解为越近的事物越相似），聚类结果越差，反之亦然。

$$\mathrm{DBI}=\frac{1}{k}\sum_{i=1}^{k}\max_{i\neq j}\left(\frac{\mathrm{avg}(C_i)+\mathrm{avg}(C_j)}{\mathrm{dist}_{\mathrm{cent}}(\mu_i,\mu_j)}\right)$$

式中，括号内为每个簇与其他簇的簇内数据紧密程度与簇间数据稀疏程度的比，数值越小越好。DBI 是括号内的值取极大值后再求整个簇（k 个）的均值。

简而言之，DBI 从类内与类间两个角度来判断聚类的优劣，其值越小越好。

（2）DI（Dunn Index，邓恩指数）。

$$\mathrm{DI}=\min_{1\leqslant i\leqslant k}\left(\min_{i\neq j}\frac{\mathrm{dist}_{\min}(C_i,C_j)}{\max\limits_{1\leqslant i\leqslant k}\mathrm{dist}_{\max}(C_i)}\right)$$

式中，括号内是各簇到其他簇的簇间距离与本簇内样本距离之比，计算后取极小值，该值越大越好；再取全部值中的一个极小值，显然，DI 越大越好。

6.3.2　K-均值聚类算法

K-均值聚类算法的基本思想是，依据某种距离度量公式计算每个数据点（或未量化的特征，也可能是多维的）到其他数据点的距离，将相近的数据划分为一个簇，并且确定这个簇的中心；全部簇形成之后，再根据新确定的数据中心点重新计算各数据点到簇中心的距离，由此确定数据点所属簇。重复上述计算，直到各簇中的数据点不再改变为止。

假设数据集 $S=\{\boldsymbol{x}_1,\boldsymbol{x}_2,\cdots,\boldsymbol{x}_n\}$，需要划分为 k 个簇，即 $C=\{C_1, C_2,\cdots, C_k\}$，每个数据 $\boldsymbol{x}_i$ 都为 m 维向量，$\boldsymbol{x}_i=(x_{i1}, x_{i2},\cdots, x_{im})$。K-均值聚类算法的目标是最小化平方误差，即

$$E=\sum_{i=1}^{k}\sqrt{\sum_{u=1}^{m}\left|x_{iu}-\mu_{iu}\right|^2}\text{，簇中心}\mu=\frac{1}{|C|}\sum_{i=1}^{|C|}\boldsymbol{x}_i$$

1. K-均值聚类步骤

可以模仿布道点调整过程来设计 K-均值聚类算法。

四位牧师去郊区布道，经过多次调整后固定了布道点。布道点调整的“牧师-村民”模型如下。

- 刚开始四位牧师各选一个布道点并公布这四个点。每位居民都去距自家最近的布道点听课。
- 课后有些人觉得距离太远，于是牧师们各自统计来本布道点听课居民的地址，并将下次的布道点设置在这些地址的中心处，并公布新的布道点位置。
- 牧师不可能每次都将布道点移动到离所有居民更近的地方，有的居民在下次听课时会改去另一个更近的布道点，于是所有居民去距自己住址最近的布道点听课。

- 如此反复，每位牧师每个礼拜都更新自己的布道点，每位居民都根据自家住址与布道点的距离选择布道点，直至最终稳定下来。

可知，牧师调整布道点位置的目标是让所有本地居民来布道点的距离之和最小。模仿布道点调整过程的 K-均值聚类算法如下。

算法的输入：数据集 $S=\{\boldsymbol{x}_1,\boldsymbol{x}_2,\cdots,\boldsymbol{x}_n\}$。

算法的功能：将数据集 S 划分为 k 个簇；

算法的输出：簇划分 $C=\{C_1, C_2,\cdots, C_k\}$。

（1）从数据集 S 中随机选取 k 个样本作为初始均值$\{\boldsymbol{\mu}_1,\boldsymbol{\mu}_2,\cdots,\boldsymbol{\mu}_k\}$。

（2）簇划分置空值：$C_i=\Phi$（$1\leqslant i\leqslant k$）。

（3）循环（$j=1,\cdots,n$）。

- 计算 $\boldsymbol{x}_j$ 与 $\boldsymbol{\mu}_i$（$1<i<k$）之间的欧氏距离 $\text{dist}_{\text{eu}}(\boldsymbol{x}_j, \boldsymbol{\mu}_i)$。
- 选取相应欧氏距离最小的 i 值作为簇号，即 $L_j = \underset{i\in\{1,2,\cdots,k\}}{\text{argmin}}\ \text{dist}(\boldsymbol{x}_j,\boldsymbol{\mu}_i)$。
- 将样本 $\boldsymbol{x}_j$ 划入簇 $C_{L_j} = C_{L_j} U_{\boldsymbol{x}_j}$。

（4）循环（$i=1,\cdots,k$）。

- 计算 $\boldsymbol{x}_j$ 与 $\boldsymbol{\mu}_i$（$1<i<k$）之间的欧氏距离 $\text{dist}_{\text{eu}}(\boldsymbol{x}_j, \boldsymbol{\mu}_i)$。
- 计算每个簇新的均值 $\boldsymbol{\mu}_i' = 1/|C_i|\sum_{x_i\in C_i} X$。
- 判断 $\boldsymbol{\mu}_i$ 是否等于 $\boldsymbol{\mu}_i'$。

若为是，则 $\boldsymbol{\mu}_i = \boldsymbol{\mu}_i'$；否则 $\boldsymbol{\mu}_i$ 保持不变。

（5）判断当前所有均值 $\boldsymbol{\mu}_i$ 中，是否有发生改变的。

是则跳转至步骤（2）。

（6）算法结束。

Python 提供了相当全面的 API（Application Programming Interface，应用程序设计接口），直接调用 API 即可准确无误地完成 K-均值聚类任务。将 K-均值聚类算法逐条翻译成 Python 程序，就可以成为求解 K-均值聚类问题的程序。

注：argmin 函数的格式为

$$\text{argmin}\ f(x)$$

表示使目标函数 $f(x)$取最小值时的变量值。例如，函数 $\cos(x)$在$\pm\pi$、$\pm3\pi$、$\pm5\pi$ 等处取得最小值-1，因此

$$\text{argmin}\ \cos(x) = \{\pm\pi, \pm3\pi, \pm5\pi,\cdots\}$$

如果目标函数 $f(x)$只在一处取得其最小值，则 argmin $f(x)$为单点集，如

$$\text{argmin}\ (x-5)^2 = 5。$$

2. K-均值聚类算法的评价

K-均值聚类算法的优点是简单易行、时间复杂度低，但缺点也很明显，即在实际问题中，簇数 k 值难确定，且初始质心（簇中心）也不易确定，而质心的确定经常会在很大程度上影响算法的执行结果。

执行 K-均值聚类算法，在完成初始化并聚类一次之后，得到一次聚类簇的结果；再进行质心更迭。选择将一个簇内所有样本的均值位置作为更迭之后的质心位置，这也就是均值的含义。

在理想情况下，需要重复进行质心更迭，直到完全收敛为止。但在实际执行时，算法往往会因为 k 值或质心的选择而很难收敛，甚至不能收敛，需要人为地规定迭代次数。因此，更通常的理解是，当质心发生的移动可以忽略不计时，收敛完成。

3．层次聚类算法

层次聚类算法选择距离最近的 m 个（$m>2$）簇进行合并，形成新的聚类并给出一个同层标签；重复上述过程直到剩下 2 个簇或合并剩下 k 个簇时停止。

层次聚类算法的聚类结果是一个层次性的划分，使得各簇之间的“远近”关系更加清晰。同时，因为开始不确定簇的数量 k，又将簇中心定为数据集中的全部样本，所以消除了前面提到的聚类方法的缺点。

层次聚类算法如下。

（1）将每个数据点作为单个类，再根据选择的度量方法计算两个类之间的距离。

（2）对所有数据点中最相似的两个数据点进行组合，形成具有最小平均连接的组。

（3）重复步骤（2），直到只有一个包含所有数据点的聚类为止。

层次聚类算法无须指定聚类的数量，对距离度量的选择不敏感，当底层数据具有层次结构时，可以恢复层次结构。但其时间复杂度约为 $O(n^3)$（立方级）。

习　题　6

1．决策树和条件概率分布的关系是什么？决策树有哪些优点？

2．在 ID3 中，为什么不选择具有最高预测精度的属性特征，而使用信息增益？

提示：考虑决策树的目的，直接选择最优决策树是否可行。

3．如果特征很多，决策树中最后未用过的特征一定无用吗？

提示：考虑特征的替代性对该决策树是否有用。

4．训练集如表 6-4 所示。

表 6-4　训练集

序　号	属　性		分　类
	X_1	X_2	
1	T	T	+
2	T	T	+
3	T	F	−
4	F	F	+
5	F	T	−
6	F	T	−

使用 ID3 完成学习过程。

5．简述决策树中寻找最佳分裂的依据。

6．在决策树学习中，如何解决过拟合问题？

7．支持向量机总能正确分类吗？如果不能，如何缓解这个问题？

8．支持向量机在分类时，为什么要使用核函数？

9．聚类与分类有什么区别与联系？

10．如何使用 K-聚类均值算法聚类？K-聚类均值算法有什么缺点？

第 7 章　基于神经网络的机器学习

人工神经网络（Artificial Neural Network，ANN）是模拟生物神经网络的机器学习模型。它由众多连接权值可调的神经元组成，可以进行大规模并行处理、分布式信息存储，具有良好的自组织自学习能力。人工神经网络模型的设计目标多为拟合一个复杂函数，在训练时通过误差反向传播算法优化一个设计好的损失函数。

误差反向传播（Back Propagation，BP）算法是一种人工神经网络的监督学习算法。BP 算法的基本结构由非线性可变单元组成，网络的隐藏层层数、各层处理单元数及网络的学习系数等都可以灵活设定，具有很强的非线性映射能力。在理论上，BP 算法可以逼近任意函数，在优化、信号处理与模式识别、智能控制、故障诊断等诸多领域有广泛的应用前景。

卷积神经网络（Convolutional Neural Network，CNN）是近年兴起的一种前馈神经网络。卷积神经网格因局部权值共享的特殊结构在模式识别方面具有独特的优越性，布局更接近实际生物神经网络。卷积神经网络的权值共享机制降低了网络的复杂性，并且多维输入向量的图像可以直接进入网络，降低了特征提取和分类过程中数据重建的复杂度，被广泛应用于语音识别、文档分析、语言检测、图像识别等诸多领域。

7.1　神经网络与人工神经网络

人工神经网络是一种模仿动物神经网络的行为特征进行分布式并行信息处理的数学模型。这种网络依靠系统的复杂程度，通过调整内部大量节点之间的相互连接关系模拟生物神经系统与真实世界之间的交互反应，以达到处理信息的目的。

1．大脑中的神经元及其兴奋传递

人的大脑是由密集且相互连接的神经细胞（又称神经元）的基本信息处理单元组成的。大脑约有 100 亿个神经元，神经元之间连接形成的突触约有 60 万亿个。在工作时大脑同时使用多个神经元，虽然每个神经元的结构都很简单，但多个神经元结合起来就能拥有非常强的处理能力。

一个神经元的基本结构包括细胞体和突起两部分。神经元的突起一般包括一条长而分支少的轴突和数条短而呈树枝状分支的树突，轴突及套在外面的髓鞘叫作神经纤维。当树突伸向细胞体周围的网络中时，轴突就向树突和其他神经元的细胞体伸展开。神经元的细胞体主要集中在脑和脊髓里，神经元的突起主要集中在周围神经系统里，神经纤维末端的细小分支叫作神经末梢，分布于全身各处。一个神经元的神经末梢与另一个神经元的树突或细胞体的接触处就是突触。每个神经元都通过突触与其他神经元联系。大脑中的神经元如图 7-1 所示。

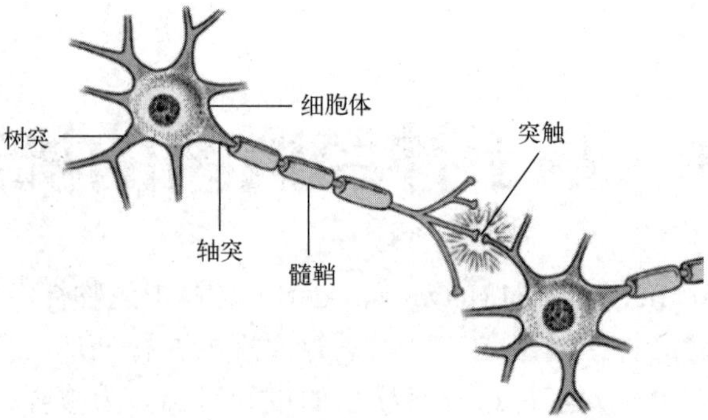

图 7-1　大脑中的神经元

神经元在受到刺激后，会产生兴奋，并将兴奋传导给其他神经元。信号在神经元之间的传递是通过复杂的电化学反应实现的。从突触中释放出的化学物质导致细胞体电压发生变化。当电压达到阈值时，就会通过轴突向下传送一个电脉冲（动作电位）。脉冲传播开来并最终到达突触，使突触的电压增大或减小。一个有意思的发现是，神经网络表现出一定的可塑性。为了适应刺激的模式，神经元位于连接处的强度和数目可以不断地变化，一个神经元可以与其他神经元形成新的连接，甚至整个神经元的集合都可以从一个地方搬移到另一个地方。这些机制就是大脑学习的基础。

可将人的大脑看作一个并行的、非线性的、高度复杂的信息处理系统。神经网络中的信息存储与处理并非只在某个位置上同时进行，而是在整个网络中同时进行。也就是说，神经网络中的数据及其处理是全局的，而不是局部的。基于这种可塑性，那些导致“正确答案”的神经元之间的连接会被强化，而导致“错误答案”的神经元之间的连接会被弱化。因此，神经网络能够通过经验进行学习。学习是神经网络的基础和本质特征。这种简单自然的方式启发了计算机模拟生物神经网络的尝试。

2．模拟大脑的人工神经网络

人工神经网络与大脑中的生物神经网络类似，包含许多名为神经元的简单却高度互连的处理器。神经元之间通过加权的连接将信号从一个神经元传递到另一个神经元。一个神经元通过连接接收几个输入信号，但不会产生一个以上的输出信号。类似于生物神经网络中的轴突，输出信号通过神经元的外出连接传送。外出连接又分出几个分支传递相同的信号（分支间的信号不能分割）。外出分支在人工神经网络中其他神经元的进入连接处中止。人工神经网络的结构如图 7-2 所示。

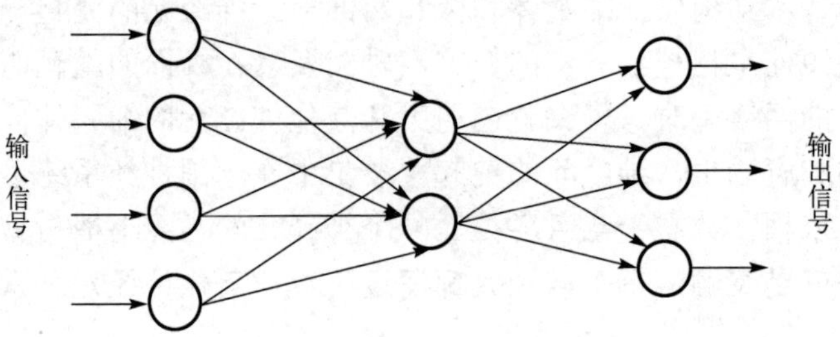

图 7-2　人工神经网络的结构

神经元之间可以互相连接。每个连接都有权值。一个权值表示一个神经元输入的强度或重要性，这是人工神经网络长期记忆的基本方式。人工神经网络通过不断调整这些权值来进行学习。典型的人工神经网络结构是分层结构，网络中的神经元排列在这些层中。与外部环境连接的神经元形成输入层和输出层，通过调节权值使人工神经网络的输入/输出行为与环境一致。

神经元是信息处理的基本单位，在给定输入和权值时，可以计算其行为。在建立人工神经网络时，要先确定将会用到的神经元个数及连接神经元形成网络的方式。也就是说，需要先选择网络的架构，并确定采用什么样的学习算法，才能训练人工神经网络，即初始化网络的权值，并通过一系列训练实例来改变权值。

3. 人工神经网络的结构

在结构上，一个人工神经网络可以被划分为输入层、输出层和隐藏层。输入层的节点对应预测变量，输出层的节点对应目标变量（可有多个）。位于输入层和输出层之间的是隐藏层（对人工神经网络使用者透明）。隐藏层的层数和每层的节点数决定了人工神经网络的复杂度。加权人工神经网络的结构如图 7-3 所示。

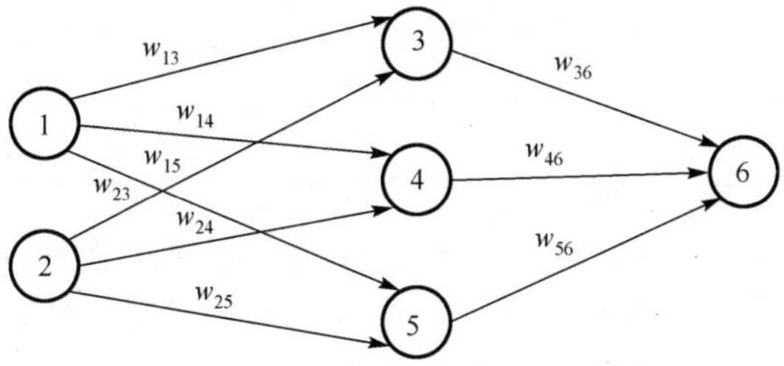

图 7-3　加权人工神经网络的结构

除输入层节点外，人工神经网络的每个节点都与它前面的多个节点（该节点的输入节点）连接在一起，每个连接对应一个权值 w_{xy}，将一个节点连接的所有输入节点的值与其相应权值的乘积的累加和作为一个函数（称为挤压函数或活动函数）的输入，即可算得该节点的值。例如，节点 4 输出到节点 6 的值可以通过下式计算得到：

$$w_{14}\times \text{节点 1 的值}+w_{24}\times \text{节点 2 的值}$$

人工神经网络的每个节点都可以表示为预测变量的值（节点 1、节点 2）或值的组合（节点 3、节点 4、节点 5、节点 6）。由于数据在隐藏层中传递时使用了挤压函数，因此节点 6 的值已不再是节点 1 的值和节点 2 的值的线性组合。如果没有挤压函数的影响，那么人工神经网络等价于一个线性回归函数。当这个挤压函数是某种特定的非线性函数时，人工神经网络等价于逻辑回归模型。

人工神经网络的拓扑结构（体系结构）是由其隐藏层及其节点个数、节点间的连接方式决定的。设计之初，要先确定隐藏层及其节点个数、挤压函数形式，以及对权值的限制等。如果采用某些软件工具，那么可以较轻松地做好这些事。

人工神经网络处于初级发展阶段，对人脑的模拟程度有限，两者之间的差别可能比塑料做的玩具飞机与喷气式战斗机间的差别还要大。但它发展得很快。人工神经网络有学习能力，可以利用经验改进自身的性能，在接触足够多的实例后，可以自行推广到之后遇到的新情况，可用于识别手写数字、人们话语中的单词，发现飞机上的爆炸物，等等。另外，人工神经网络还可以分析人类专家难以识别的模式。例如，银行可以利用人工神经网络来检查被盗信用卡的使用信息，并发现被盗信用卡最可疑的消费是多少元以内的什么商品。

需要说明的是，人工神经网络只是一种数学模型，是计算机研究者将生物神经网络中可以利用的功能加以抽象后创建的用于计算的模型。它并不关注真正的生物神经网络，也无法模拟真正的生物神经网络。事实上，生物神经网络的动作电位、神经元之间的时间依赖、连接并行操作等诸多重要因素都没有在人工神经网络中体现。

7.2 感 知 机

感知机是在人工神经元的基础上建立的适用于二分类问题的线性分类模型。感知机使用外部环境提供的模式样本进行学习训练，并存储这种模式，其输入为实例的特征向量，输出为实例的类别。感知机取值为+1 和−1，分别对应输入空间中将实例划分为正、负两类的分离超平面，属于判别模型。

注：人工神经网络中的感知机有适应外部环境的能力，可自动提取外部环境中的变化特征。

感知机学习算法旨在求出将训练集进行线性划分的分离超平面，为此，导入基于误分类的损失函数，利用梯度下降法对损失函数进行极小化，从而求得感知机。感知机学习算法具有简单易实现的特点，分为原始形式和对偶形式。感知机预测是用学习得到的感知机对新的输入实例进行分类的。它是神经网络与支持向量机的基础。

7.2.1 人工神经元与感知机

人工神经网络中最基本的成分是神经元。在生物神经网络中，每个神经元都是一个多输入、单输出的信息处理单元，神经元之间互相连接。神经元在兴奋时，会向其连接的神经元发送化学物质，从而改变神经元内部的电位；如果某个神经元的电位超过了阈值，就会被激活，从而兴奋起来，向其他神经元发送化学物质。

人工神经网络是由大量模拟生物神经元的人工神经元连接而成的。人工神经元接收多个其他神经元传递过来的输入信号，输入信号通过带权重的连接在神经元间传递；一个人工神经元接收到的总输入值要先与阈值比较，然后通过激活函数的处理成为人工神经元的输出。

1. 人工神经元

人工神经元模型对自然神经元的复杂性给予了高度抽象的符号性概括。一个人工神经元模型包含多个输入（类似于突触），这些输入（可看作一个样本的多个属性值）分别与不同的权值相乘（相当于收到的信号强度）并求和，之后通过一个数学函数 f（激励函数）将线性运算转换为非线性运算。人工神经元模型如图 7-4 所示。

人工神经元处理单元可以表示不同的对象，如特征、字母、概念或一些有意义的抽象模式。人工神经网络中的处理单元被分为三种类型：输入单元、输出单元、隐单元。输入单元接收外部环境中的信号与数据；输出单元实现系统处理结果的输出；隐单元是处在输入单元和输出单元之间的，不能由系统外部观察的单元。人工神经元间的连接权值反映了单元间的连接强度，信息的表示和处理体现在人工神经网络处理单元的连接关系中。人工神经网络是一种非程序化的、适应性的、大脑风格的信息处理网络，其本质是通过网络的变换和动力学行为得到一种并行分布式的信息处理功能，并在不同程度和层次上模仿人脑神经系统的信息处理功能。

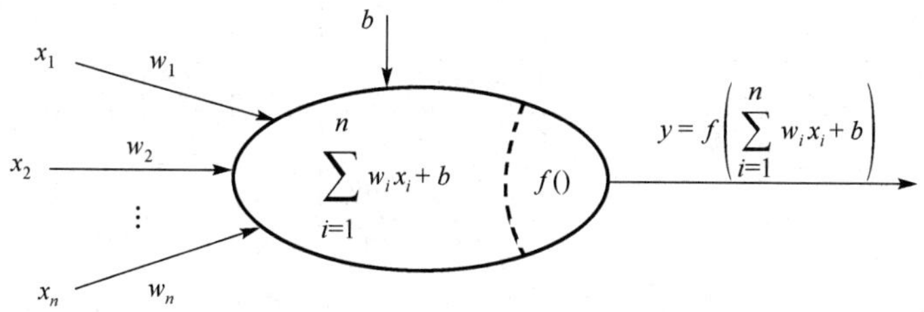

图 7-4　人工神经元模型

2. 感知机的结构与工作方式

为了用机器或算法来模拟神经元处理信息的过程，通过模拟神经元的“感知”过程来构造一种用作人工神经网络基本单元的感知机。感知机可以接收多个输入信号，输出一个信号。可将信号想象成类似于电流或水流的“流动性”物质。电流能够流过导线向前方输送电子；感知机的信号也会形成流，向前方输送信息。与实际电流不同的是，感知机中的信号只有 1 和 0 两种取值（可理解为流动与不流动），分别对应“传递信号”和“不传递信号”，如图 7-5 所示。

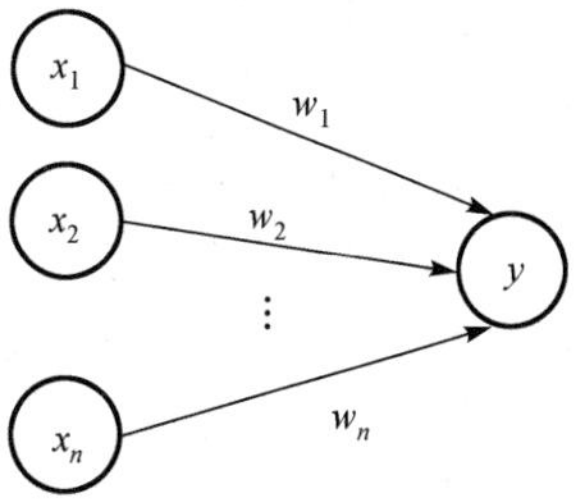

图 7-5　n 个输入的感知机

在图 7-5 中，$x_1,x_2,\cdots,x_n$ 是输入信号；y 是输出信号，$w_1,w_2,\cdots,w_n$ 是权值（可以理解为权值越大信号越重要）。输入信号在被送往人工神经元时，分别乘以固定的权值。人工神经元计算传送过来的信号的总和，当总和超过某个阈值（界限）$-b$ 时，才会输出 1，称为神经元被激活，可以表示为

$$y=\begin{cases}0, & w_1x_1+w_2x_2+\cdots+w_nx_n \leqslant -b \\ 1, & w_1x_1+w_2x_2+\cdots+w_nx_n > -b\end{cases}$$

图 7-5 中的每个圆圈都表示一个人工神经元，也称为节点。感知机包含两层人工神经元：输入层和输出层，其中输入层在接收外界信号后传递给输出层，输出层为 M-P 神经元。输入层中并未发生计算，故不计入神经网络的层数。只有输出层的人工神经元是发生计算的功能神经元，因此感知机是单层神经网络。

注：1943 年，McCulloch 和 Pitts 参考生物神经元结构，提出了 M-P 神经元模型。该模型可以接收其他神经元输入的信号，并通过带权重的连接来传递信号；人工神经元将接收的总输入信号与人工神经元阈值比较，如果输入信号的总和大于人工神经元阈值，就用激活函数进行处理，以产生人工神经元输出。

通过一个简单的数学计算，就可以模拟一个神经元的感知过程：有输入，有输出，细胞体是一个中间计算过程，这就是感知机。

例 7-1 用感知机表示与门。

与门、与非门、或门都是有两个输入和一个输出的门电路。其中，输入信号和输出信号的对应关系分别用如图 7-6（a）～图 7-6（c）所示的真值表表示。

x_1	x_2	y
0	0	0
1	0	0
0	1	0
1	1	1

（a）

x_1	x_2	y
0	0	1
1	0	1
0	1	1
1	1	0

（b）

x_1	x_2	y
0	0	0
1	0	1
0	1	1
1	1	1

（c）

图 7-6　与门、与非门、或门的真值表

（1）为了用感知机表示与门，需要确定满足如图 7-6（a）所示的真值表的 w_1、w_2、b 的值。实际上满足条件的参数有无数多组。例如，下式都可以满足真值表中的条件：

$$(w_1, w_2, b) = (0.5, 0.5, -0.7)$$

$$(w_1, w_2, b) = (0.5, 0.5, -0.9)$$

$$(w_1, w_2, b) = (1.0, 1.0, -1.0)$$

选择其中某组参数后，仅当 x_1 和 x_2 同时为 1 时，信号的加权总和才会超过给定的阈值θ。假定选择的是第 2 组参数，激活函数为阶跃函数，则当输入真值表[见图 7-6（a）]第一行（x_1=0，x_2=0）时有

$$\begin{aligned} y &= f(w_1 \cdot x_1 + w_2 \cdot x_2 + b) \\ &= f(0.5\times 0 + 0.5\times 0 - 0.9) \\ &= f(-0.9) = 0 \end{aligned}$$

当输入真值表[见图 7-6（a）]第四行（x_1=1，x_2=1）时有

$$y = f(0.5\times 1 + 0.5\times 1 - 0.9) = f(0.1) = 1$$

（2）在用感知机表示与非门时，满足条件的参数也有无数多组。假如选择组合：

$$(w_1,w_2,b) = (-0.5,-0.5,0.7)$$

当输入真值表[见图 7-6（b）]第一行（x_1=0，x_2=0）时有

$$y = f[-0.5\times 0 + (-0.5\times 0) + 0.7] = f(0.7) = 1$$

当输入真值表[见图 7-6（b）]第四行（x_1=1、x_2=1）时有

$$y = f[-0.5\times 1 + (-0.5\times 1) + 0.7] = f(-0.3) = 0$$

实际上，将实现与门的参数值的符号取反，即可实现与非门。

（3）或门是“只要有一个输入信号是 1，输出就是 1”的逻辑电路。在用感知机表示或门时，满足条件的参数也有无数多组。假如选择组合：

$$(w_1,w_2,b) = (0.5, 0.5, -0.3)$$

当输入真值表[见图 7-6（c）]第二行（x_1=1，x_2=0）时有

$$y = f(0.5\times1+0.5\times0-0.3)=f(0.2)=1$$

可以看出，与门、与非门、或门的感知机构造是一样的。只要适当地调整参数值，感知机就可以像同一个演员表演不同角色一样，在与门、与非门、或门之间切换。当然，这里依据真值表这种“训练集”来确定感知机参数的是人，不是计算机。

7.2.2　感知机训练算法

感知机的学习就是给定一个有标记的训练集，将决定参数值的工作交由计算机自动进行。学习就是确定适用的参数（权值 w_i）的过程，而人要做的是思考感知机的构造（模型），并将训练集输入计算机。

1．感知机训练法则

为了得到可接受的权值向量，可以从随机权值开始，反复地将感知机应用于每个训练样例，只要误分类了样例，就立即修改感知机的权值；重复这个过程，直到感知机将所有样例都正确分类为止。每一步都要根据感知机训练法则来修改与输入 x_i 对应的权值 w_i。

感知机训练法则为

$$w_i^{(k+1)} = w_i^{(k)} + \Delta w_i$$

$$\Delta w_i = \eta(y-\hat{y})x_i$$

式中，y 是当前训练样例的标记；$\hat{y}$ 是感知机的输出；η是一个称为学习率的常数。学习率的作用是确定每一步调整权值的程度，通常设为一个较小的数值（如 0.1），有时会使其随着调整权值的次数的增加而衰减。

直观来看，若感知机已将训练样本正确分类，则有

$$y-\hat{y}=0,\quad \Delta w_i=\eta(y-\hat{y})x_i=0$$

故不再修改任何权值。

如果感知机分类不正确，如目标输出为 11，而感知机的输出是 00，就需要修改权值。假定 x_i>0，因为：

$$y-\hat{y}>0,\quad \eta>0,\quad x_i>0$$

所以应增大 w_i，即增大 $w\cdot x$ 的值，使得感知机输出正确结果（从 00 调整到 11）；反过来，如果：

$$y=0,\quad \hat{y}=1$$

那么与大于 0 的 x_i 关联的权值就会减小。

需要注意的是，因为感知机只有输出层神经元进行激活函数处理，也就是说，只具备一层功能神经元，所以其学习能力有限。如果遇到非线性可分问题，感知机就无法表示了。

2．求解方法

可将求解参数 w 和 b 的问题转化成求解损失函数极小化问题的解：

$$\min_{w,b} L(\boldsymbol{w},b) = -\sum_{x_i \in M} y_i \cdot (\boldsymbol{w} \cdot \boldsymbol{x} + b)$$

在使用随机梯度下降法求解时，极小化过程并非一次使 M（误分类点集合）中所有误分类点梯度下降，而是随机选取一个误分类点使其梯度下降。对 $\boldsymbol{w}$ 和 b 求偏导可得

$$\nabla_w L(\boldsymbol{w},b) = -\sum_{x_i \in M} y_i \cdot x_i$$

$$\nabla_b L(\boldsymbol{w},b) = -\sum_{x_i \in M} y_i$$

随机选取一个误分类点（x_i, y_i），对 $\boldsymbol{w}$ 和 b 进行更新：

$$\boldsymbol{w} \leftarrow \boldsymbol{w} + \eta y_i x_i$$

$$b \leftarrow -b + \eta y_i$$

式中，学习率 η（$0<\eta\leqslant 1$）是步长。

3．感知机训练步骤

输入：训练集 $T=\{(x_1,y_1),(x_2,y_2),\cdots,(x_N,y_N)\}$，$x_i \in X = \mathbf{R}^n$，$y_i \in Y = \{-1,+1\}$，$i=1,2,\cdots,N$；学习率 η（$0<\eta\leqslant 1$）。

输出：$\boldsymbol{w}$、b。

感知机为

$$f(x) = \text{sign}(\boldsymbol{w} \cdot \boldsymbol{x} + b)$$

根据以上输入与模型来训练 w 和 b 的步骤如下。

（1）选取初值 w_0、b_0。

（2）判断：训练集中是否还有数据点。

若为是，则选取数据(x_i, y_i)。

若为否，则跳转至步骤（4）。

（3）判断：$y_i(\boldsymbol{w} \cdot x_i + b) \leqslant 0$ 是否成立。

若成立，则对 $\boldsymbol{w}$ 和 b 进行更新：

$$\boldsymbol{w} \leftarrow \boldsymbol{w} + \eta y_i x_i$$
$$b \leftarrow -b + \eta y_i$$

否则，跳转至步骤（2）。

（4）算法结束。

这个算法的直观解释是，当一个实例点因误分类而位于分离超平面的错误一侧时，调整 $\boldsymbol{w}$、b，使得分离超平面朝向这个误分类点一侧移动，减少该误分类点与超平面的距离，直至超平面越过这个误分类点，实现正确分类。

注：这个算法称为感知机训练算法的原始形式。利用拉格朗日对偶性，可以得到感知机算法的对偶形式。对偶形式将 w 和 b 表示为实例 x_i 和标记 y_i 的线性组合，通过求解其系数，求得 w 和 b。

7.2.3 感知机训练实例

例 7-2 假定训练集中有 3 个二维向量的样本：

$$\boldsymbol{x}_1=(3,3)^{\mathrm{T}},\ \boldsymbol{x}_2=(4,3)^{\mathrm{T}},\ \boldsymbol{x}_3=(1,1)^{\mathrm{T}}$$

其中，前两个样本为正实例点，点标签为+1；最后一个样本为负实例点，点标签为−1。求解感知机：

$$f(x)=\mathrm{sign}(\boldsymbol{w}\cdot\boldsymbol{x}+b)$$

式中，权值和输入为

$$\boldsymbol{w}=(w^{(1)},w^{(2)})^{\mathrm{T}},\ \boldsymbol{x}=(x^{(1)},x^{(2)})^{\mathrm{T}}$$

按照朴素感知机学习算法求解 $\eta=1$ 时的 $\boldsymbol{w}$、b。

构建最优化问题：

$$\min_{\boldsymbol{w},b} L(\boldsymbol{w},b)=-\sum_{x_i\in M} y_i(\boldsymbol{w}\cdot\boldsymbol{x}+b)$$

式中，M 为误分类点的数目。

（1）赋初值：$w_0=0$，$b_0=0$。

（2）逐个取样本，判断 $\boldsymbol{w}$、b 在取当前值时是否被误分类。若为是，则更新 $\boldsymbol{w}$、b，之后再逐个取样本测试，直到无误分类点为止。

第 1 遍循环，按 $\boldsymbol{x}_1\to\boldsymbol{x}_2\to\boldsymbol{x}_3$ 序列遍历 3 个节点。

第 1 个样本测试，样本 $\boldsymbol{x}_1=(3,3)^{\mathrm{T}}$，$y_1=+1$。

因为 $y_1\cdot(\boldsymbol{w}_0\cdot\boldsymbol{x}_1+b_0)=+1\times(0\times3+0\times3+0)=0$，所以分类错误，需要更新 $\boldsymbol{w}$、b：

$$\boldsymbol{w}_1=\boldsymbol{w}_0+\eta y_1\boldsymbol{x}_1=((0+1\times1\times3),(0+1\times1\times3))^{\mathrm{T}}=(3,3)^{\mathrm{T}}$$

$$b_1=b_0+\eta y_1=0+1\times1=1$$

注：向量点乘公式 $\boldsymbol{u}=(a,b)$，$\boldsymbol{v}=(b,c)$，$\boldsymbol{u}\cdot\boldsymbol{v}=ab+bc$。

用更新后的 $\boldsymbol{w}$、b 构造线性模型：

$$\boldsymbol{w}_1\cdot\boldsymbol{x}+b_1=3x^{(1)}+3x^{(2)}+1$$

第 2 个样本测试，更新 $\boldsymbol{w}$、b 后，样本 $\boldsymbol{x}_2=(4,3)^{\mathrm{T}}$，$y_2=+1$。

因为 $y_2\cdot(\boldsymbol{w}_1\cdot\boldsymbol{x}_2+b_1)=+1\times(3\times4+3\times3+1)=22>0$，所以分类正确，不需要更新 $\boldsymbol{w}$、b。

第 3 个样本测试，用当前 $\boldsymbol{w}$、b，样本 $\boldsymbol{x}_3=(1,1)^{\mathrm{T}}$，$y_3=-1$。

因为 $y_3\cdot(\boldsymbol{w}_1\cdot\boldsymbol{x}_3+b_1)=-1\times(3\times1+3\times1+1)=-7<0$，所以分类错误，需要更新 $\boldsymbol{w}$、b：

$$\boldsymbol{w}_2=\boldsymbol{w}_1+\eta y_3\boldsymbol{x}_3=(3,3)^{\mathrm{T}}+1\times(-1)\times(1,1)^{\mathrm{T}}=(2,2)^{\mathrm{T}}$$

$$b_2=b_1+\eta y_3=1+1\times(-1)=0$$

用更新后的 $\boldsymbol{w}$、b 构造线性模型：

$$\boldsymbol{w}_2 \cdot \boldsymbol{x} + b_2 = (2,2)^{\mathrm{T}} \cdot (x^{(1)}, x^{(2)})^{\mathrm{T}} + 0 = 2x^{(1)} + 2x^{(2)}$$

至此，所有样本都遍历过了。因为未将所有样本都正确分类，需要继续遍历。

第 2 遍循环，按从当前节点 $\boldsymbol{x}_3$ 开始再回到 $\boldsymbol{x}_1 \to \boldsymbol{x}_2 \to \boldsymbol{x}_3$ 的顺序遍历序列。

发现 $\boldsymbol{x}_3$ 被误分类，求得 $\boldsymbol{w}_3=(1,1)^{\mathrm{T}}$，$b_3=-1$，构造线性模型：

$$\boldsymbol{w}_3 \cdot \boldsymbol{x} + b_3 = (1,1)^{\mathrm{T}} \cdot (x^{(1)}, x^{(2)})^{\mathrm{T}} + (-1) = x^{(1)} + x^{(2)} - 1$$

第 3 遍循环，按从当前节点 $\boldsymbol{x}_3$ 开始再回到 $\boldsymbol{x}_1 \to \boldsymbol{x}_2 \to \boldsymbol{x}_3$ 的顺序遍历序列。

发现 $\boldsymbol{x}_3$ 被误分类，求得 $\boldsymbol{w}_4=(0,0)^{\mathrm{T}}$，$b_4=-2$，构造线性模型：

$$\boldsymbol{w}_4 \cdot \boldsymbol{x} + b_4 = (0,0)^{\mathrm{T}} \cdot (x^{(1)}, x^{(2)})^{\mathrm{T}} + (-2) = -2$$

第 4 遍循环，按从当前节点 $\boldsymbol{x}_3$ 再回到 $\boldsymbol{x}_1 \to \boldsymbol{x}_2 \to \boldsymbol{x}_3$ 的顺序遍历序列。

发现 $\boldsymbol{x}_1$ 被误分类，求得 $\boldsymbol{w}_5=(3,3)^{\mathrm{T}}$，$b_5=-1$，构造线性模型：

$$\boldsymbol{w}_5 \cdot \boldsymbol{x} + b_5 = (3,3)^{\mathrm{T}} \cdot (x^{(1)}, x^{(2)})^{\mathrm{T}} + (-1) = 3x^{(1)} + 3x^{(2)} - 1$$

第 5 遍循环，按从当前节点 $\boldsymbol{x}_1$ 再回到 $\boldsymbol{x}_1 \to \boldsymbol{x}_2 \to \boldsymbol{x}_3$ 的顺序遍历序列。

发现 $\boldsymbol{x}_3$ 被误分类，求得 $\boldsymbol{w}_6=(2,2)^{\mathrm{T}}$，$b_6=-2$，构造线性模型：

$$\boldsymbol{w}_6 \cdot \boldsymbol{x} + b_6 = (2,2)^{\mathrm{T}} \cdot (x^{(1)}, x^{(2)})^{\mathrm{T}} + (-2) = 2x^{(1)} + 2x^{(2)} - 2$$

第 6 遍循环，按从当前节点 $\boldsymbol{x}_3$ 再回到 $\boldsymbol{x}_1 \to \boldsymbol{x}_2 \to \boldsymbol{x}_3$ 的顺序遍历序列。

发现 $\boldsymbol{x}_3$ 被误分类，求得 $\boldsymbol{w}_7=(1,1)^{\mathrm{T}}$，$b_7=-3$，构造线性模型：

$$\boldsymbol{w}_7 \cdot \boldsymbol{x} + b_7 = (1,1)^{\mathrm{T}} \cdot (x^{(1)}, x^{(2)})^{\mathrm{T}} + (-3) = x^{(1)} + x^{(2)} - 3$$

第 7 遍循环，按从当前节点 $\boldsymbol{x}_3$ 再回到 $\boldsymbol{x}_1 \to \boldsymbol{x}_2 \to \boldsymbol{x}_3$ 的顺序遍历序列，这时分类结果如下。

对于第 1 个样本点经 $\boldsymbol{x}_1=(3,3)^{\mathrm{T}}$，$y_1=+1$：

$$y_1 \cdot (\boldsymbol{w}_7 \cdot \boldsymbol{x}_1 + b_7) = +1 \times \left[(1,1)^{\mathrm{T}} \cdot (3,3)^{\mathrm{T}} - 3\right] = 3 > 0 \ \rightarrow \ \text{分类正确}$$

对于第 2 个样本点经 $\boldsymbol{x}_2=(4,3)^{\mathrm{T}}$，$y_1=+1$：

$$y_2 \cdot (\boldsymbol{w}_7 \cdot \boldsymbol{x}_2 + b_7) = +1 \times \left[(1,1)^{\mathrm{T}} \cdot (4,3)^{\mathrm{T}} - 3\right] = 4 > 0 \ \rightarrow \ \text{分类正确}$$

对于第 3 个样本点经 $\boldsymbol{x}_3=(1,1)^{\mathrm{T}}$，$y_3=-1$：

$$y_3 \cdot (\boldsymbol{w}_7 \cdot \boldsymbol{x}_3 + b_7) = -1 \times \left[(1,1)^{\mathrm{T}} \cdot (1,1)^{\mathrm{T}} - 3\right] = 1 > 0 \ \rightarrow \ \text{分类正确}$$

未发现误分类点，损失函数达到极小，终止循环。

（3）因为所有样本点都能被正确分类，所以循环终止前求得的 $\boldsymbol{w}_7$、b_7 就是模型的参数。求得的分离超平面为

$$x^{(1)} + x^{(2)} - 3 = 0$$

最终感知机学习得到的模型为

$$f(x) = \mathrm{sign}(x^{(1)} + x^{(2)} - 3)$$

这是在训练过程中，按 $\boldsymbol{x}_1$、$\boldsymbol{x}_3$、$\boldsymbol{x}_3$、$\boldsymbol{x}_3$、$\boldsymbol{x}_1$、$\boldsymbol{x}_3$、$\boldsymbol{x}_3$ 的顺序选取误分类点迭代得到的分离超平面和感知机。如果按照其他顺序选取误分类点，将得到不同的结果。

7.2.4 感知机训练与预测程序

例 7-3 感知机训练和预测。

假定训练集为

$$x_1=(3,3)^{\mathrm{T}}，x_2=(4,3)^{\mathrm{T}}，x_3=(1,1)^{\mathrm{T}}$$

测试集为

$$x_4=(0.9,1)^{\mathrm{T}}，x_5=(3,5)^{\mathrm{T}}$$

Python 程序实现的原始感知机训练和预测程序如下。

```
#例 7-3_ #感知机训练与预测
import numpy as np
#感知机算法类
class Perceptron(object):
    #数据成员：学习率、最大迭代次数
    def __init__(self, learning_rate = 1, max_iter = 190):
        self.lr=learning_rate
        self.max_iter=max_iter
    #方法成员 fit()，感知机训练——求 w 权值，b 偏置项
    def fit(self, data, label):
        '''
        输入：data(ndarray)             #训练集的特征向量
              label(ndarray)            #训练集的标签
        输出：w(ndarray)、b(ndarry)     #训练好的权值和偏置项
        '''
        #选取初始值 w0、b0，转换成浮点数
        self.w=np.array([1.]*data.shape[1])
        self.b=np.array([1.])
        #迭代求解 w、b
        i=0
        while i<self.max_iter:
            flag=True
            for j in range(len(label)):
                #当 yi*(w*xi+b)≤0 时，调整权值 w、偏置项 b
                if label[j]*(np.inner(self.w, data[j])+self.b) <= 0:
                    flag=False
                    #w<=w+η*yi*xi、b<=-b+η*yi
                    self.w+=self.lr*(label[j]*data[j])
                    self.b+=self.lr*label[j]
            if flag:
                break
            i+=1
        return self.w,self.b #返回权值 w、偏置项 b
    #方法成员 predict()，预测指定数据的标签
    def predict(self, data):
        '''
```

```
        输入：data(ndarray)          #测试集的特征向量
        输出：predict(ndarray)       #测试集的预测标签
        '''
        #预测测试集 data 的标签 y
        y=np.inner(data, self.w)+self.b
        # np.inner(a,b) 两个数组的内积
        for i in range(len(y)): # range(0,6)
        #print(list(range(0,6))) --> [0, 1, 2, 3, 4, 5]
            if y[i]>=0:
                y[i]=1
            else:
                y[i]=-1
        predict=y
        return predict
if __name__=='__main__':
    #训练集 x_one、标签 y_label、测试集 x_two
    x_one=np.array([[3,3],[4,3],[1,1]])
    y_label = np.array([1,1,-1])
    x_two=[[0.9,1],[3,5]]
    obj=Perceptron()                       #创建类的实例
    print(obj.fit(x_one,y_label))          #训练感知机
    print(obj.predict(x_two))              #预测测试点标签
```

程序的运行结果如图 7-7 所示。

```
In [2]: runfile('D:/Python程序/test.py', wdir='D:/Python程序')
(array([1., 1.]), array([-3.]))
[-1.  1.]

In [3]:
```

图 7-7 感知机程序的训练和预测结果

在图 7-7 中，array[1.,1.]和 array[-3.]分别为从 $\boldsymbol{x}_1$、$\boldsymbol{x}_2$、$\boldsymbol{x}_3$ 训练得到的参数 $\boldsymbol{w}$ 和 b，列表[-1.,1.]为预测 $\boldsymbol{x}_4$ 和 $\boldsymbol{x}_5$ 得到的标签。

7.2.5 线性可分性与多层感知机

只有一层神经元函数的感知机的处理能力非常有限，给人工神经网络的发展带来很大的负面影响，导致该领域在 20 世纪 60 年代至 20 世纪 70 年代停滞不前。实际上，通过增加网络层次，即新增一层称为隐藏层的人工神经元，人工神经网络的性能就可以得到很大提升。凡是包含隐藏层的人工神经网络都被称为多层网络。

实践证明，如果训练集是线性可分的，并且使用了充分小的 η，那么当有限次使用感知机训练法则后，训练过程会收敛到一个能够正确分类训练集的权向量：

$$\boldsymbol{w}=(w_0,w_1,w_2,\cdots,w_n)$$

如果训练集不是线性可分的，那么感知机在训练过程中将发生振荡，难以稳定下来，无法求得正确的解。什么是线性可分呢？

给定一个数据集：

$$T=\{(x_1,y_1),(x_2,y_2),\cdots,(x_N,y_N)\}$$

式中

$$x_i\in X=\mathbf{R}^n,\ y_i\in Y=\{+1,-1\},\ i=1,2,\cdots,N$$

如果存在某个超平面 S：

$$\boldsymbol{w}\cdot\boldsymbol{x}+b=0$$

能够将数据集中的正实例和负实例完全正确地划分到超平面两侧，即对所有的 y_i=+1 的实例 i 有

$$\boldsymbol{w}\cdot\boldsymbol{x}+b>0$$

对所有 y_i=−1 的实例 i 有

$$\boldsymbol{w}\cdot\boldsymbol{x}+b<0$$

则称数据集 T 为线性可分；否则，称数据集 T 为线性不可分。

例 7-4　感知机执行二进制加法运算。

1. 感知机中的参数

加法运算的真值表如图 7-8 所示。在使用感知机求解时，其中的权值应该如何确定呢？

输入 x_1	输入 x_2	进位 y_1	和 y_2
0	0	0	0
0	1	0	1
1	0	0	1
1	1	1	0

图 7-8　加法运算的真值表

在输入、输出都确定的条件下，感知机的任务是通过训练得到合适的权值，从而保证正确的输出结果。

假设激活函数为阶跃函数（从 0 直接跳转到 1），则当 b=−2（和大于或等于−2）时 f=1；否则，f=0。本例中可能出现的情况分析如下。

（1）一位二进制加法的运算规则如下。

- 如果两个输入（x_1、x_2）全为 1，那么进位（第一个输出）y_1=1；否则 y_1=0。
- 如果两个输入（x_1、x_2）不相等，那么和（第二个输出）y_2=1；如果两个输入（x_1、x_2）相等，那么和 y_2=0。y_2 是异或运算的结果。

（2）如果 w_{11}=1，w_{21}=1，就进位：

$$y_1=\mathrm{sgn}(w_{11}\cdot x_1+w_{21}\cdot x_2-2)$$

可以满足运算规则。

（3）无论 w_{12} 和 w_{22} 如何取值，y_2 都无法满足规则。也就是说，这个感知机无法完成加法运算。为什么会这样呢?

2．感知机无法表示加法和的原因

只有执行异或运算，才能求出两数之和，但二层感知机无法处理异或函数，因为异或函数不是线性可分的。

可以看出，在如图 7-9（a）所示的与运算示意图、如图 7-9（b）所示的或运算示意图中，都可以轻松地找到一条直线，将等于 1 和等于 0 两种结果划分开。在图 7-9（c）所示的异或运算示意图中，却无法找到能将等于 1 和等于 0 两种结果划分开的直线。

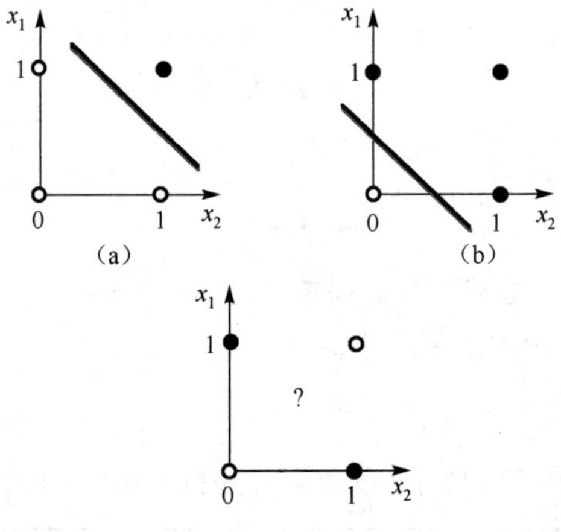

图 7-9　与运算、或运算及异或运算的线性可分示意图

3．执行异或运算的多层感知机

为了执行异或运算，在只有输入层和输出层的感知机之间增加包含两个节点的隐藏层，组成三层感知机。处理异或运算的多层感知机如图 7-10 所示。

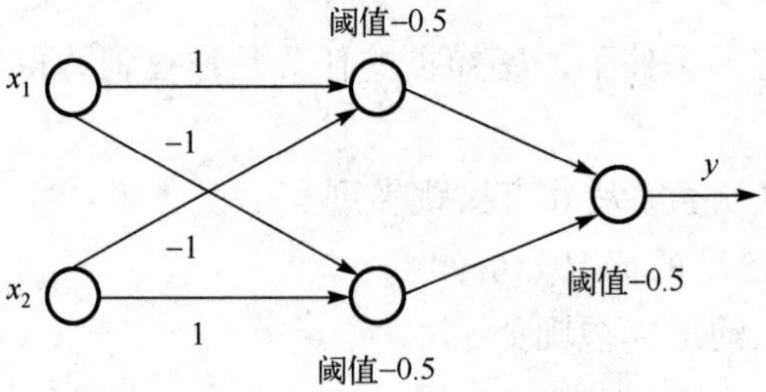

图 7-10　处理异或运算的多层感知机

这时，输入仍然是 x_1、x_2，输出仍然是 y，计算规则不变（异或运算），两个隐藏层节点及输出层节点的阈值都是–0.5。

将两个隐藏层节点暂时命名为 z_1 和 z_2，z_1 和 z_2 都是 x_1 和 x_2 的函数。执行异或运算的过程如下：

$$
\begin{aligned}
y &= \text{sign}(1\times z_1 + 1\times z_2 - 0.5) \\
&= \text{sign}(\ \text{sign}(x_1 - x_2 - 0.5) + \text{sign}(-x_1 + x_2 - 0.5) - 0.5\ )
\end{aligned}
$$

代入 x_1、x_2，即可验证。假定 $x_1=0$、$x_2=1$，则

$$
\begin{aligned}
y &= \text{sign}(\ \text{sign}(-1.5) + \text{sign}(0.5) - 0.5\ ) \\
&= \text{sign}(0 + 1 - 0.5) = \text{sign}(0.5) = 1
\end{aligned}
$$

7.3　BP 算法

人工神经网络往往是由许多人工神经元（或感知机）连接而成的多层结构，可看作连接单元的集合，每个连接都有一个相关联的权值。这种系统便于建立基于海量数据集的训练和预测模型，能模仿人类神经系统进行工作，完成理解图像、合成语音等复杂事务。

多层神经网络的学习拟合能力比单层神经网络的学习拟合能力强大得多。故当训练多层神经网络时，需要使用比感知机学习方法更有效的算法。BP 算法就是适用于多层神经网络的经典算法。实际使用的人工神经网络大多数是使用 BP 算法训练的。通常提到的 BP 网络，一般都是用 BP 算法训练的多层前馈神经网络。

注：BP 算法不仅可用于多层前馈神经网络，还可用于其他类型的人工神经网络，如 LSTM（Long Short-Term Memory，长短期记忆）网络。LSTM网络是一种时间循环神经网络，可以解决一般RNN（Recurrent Neural Network，循环神经网络）存在的长期依赖问题。

7.3.1　多层神经网络的结构

多层神经网络由输入层、输出层和隐藏层组成。每层都有多个节点（人工神经元、感知机）。一般相邻层间是全连接的。

- 输入层：接收输入信号作为该层的输入并向下一层输出。
- 输出层：人工神经网络中的信号经过节点之间的传输、内积、激活之后，形成作为该网络处理结果的输出信号。
- 隐藏层：介于输入层和输出层之间，是由大量人工神经元并列组成的网络层，通常一个人工神经网络可以有多个隐藏层。

一般来说，第 $m-1$ 层节点的输出是第 m 层节点的输入，一个输入数据通过节点上的激活函数来控制输出数值的大小。输出数值是一个非线性值，通过激活函数求得，根据极限值来判断是否需要激活该节点。3 层神经网络结构如图 7-11 所示。

在如图 7-11 所示的网络中，从左到右依次如下。

- 第一层为输入层，输入为 3 个元素组成的一维向量$[\boldsymbol{x}_1,\boldsymbol{x}_2,\boldsymbol{x}_3]$。
- 第二层为隐藏层，从输入层到隐藏层共有 3×4=12 条连接线。
- 第三层为输出层，共有 3 个节点，输出为 3 个元素组成的一维向量$[\boldsymbol{y}_1,\boldsymbol{y}_2,\boldsymbol{y}_3]$，从隐藏层到输出层共有 4×3=12 条连接线。

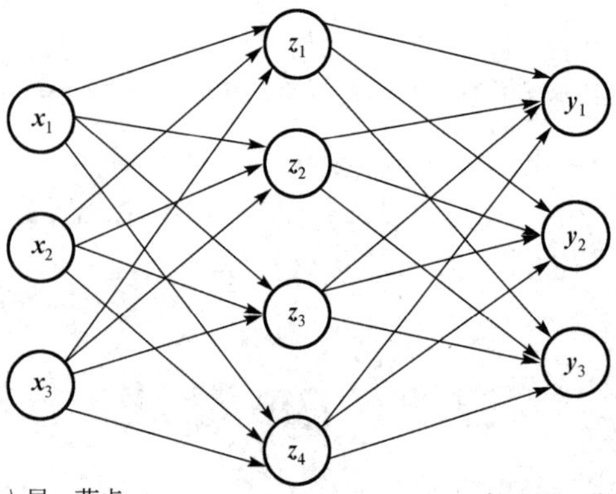

图 7-11 三层神经网络结构

关于多层神经网络，需要明确如下内容。

（1）输入层与输出层的节点数往往是固定的，根据数据本身而设定。隐藏层数和隐藏层节点可以根据求解目标、所采用的算法等，甚至设计者的倾向自由指定。

（2）图 7-11 中的箭头代表预测过程中数据的流向，与学习训练阶段的数据流向有所区别。

（3）输入层、隐藏层、输出层的节点值都是以向量方式表示的。

（4）神经网络的关键是连接而不是节点，每层节点与下一层的多个节点相连，每条连接线都有独自的权重值。连接线上的权重值是通过训练得到的。

（5）不同层节点之间采用全连接方式连接，$m-1$ 层的所有节点与 m 层的所有节点相互连接。例如，当前层 5 个节点，下一层 6 个节点，那么连接线就有 5×6=30 条，共有 30 个权重值和 6 个偏置项。

7.3.2 多层神经网络的参数调整

多层神经网络中权重的调整是通过网络从输出反馈到输入的，故称为多层前馈（Feed-Forward）神经网络，其权重调整的计算方法就是 BP 算法。

神经网络模型主要有三大要素：网络结构（各层节点之间的连接方式）、激活函数（阶跃函数、Sigmoid 激活函数等）、连接权重。在一般情况下，网络结构和激活函数都是确定的，剩下的就是如何确定权重。权重的确定是一个自动学习过程，该过程是按照最小化错误率原则进行的。

1. 三层神经网络的结构

假定有一个三层神经网络，其中输入层有 d 个节点（$j=1,2,\cdots,d$），隐藏层有 q 个节点（$h=1,2,\cdots,q$），输出层有 m 个节点（$i=1,2,\cdots,m$），该神经网络需要计算的参数如下。

- m 个输出节点和 q 个隐藏层节点之间连接（全连接）的权重 w_{hj}，共有 $q\times m$ 个。
- d 个输入节点和 q 个隐藏层节点之间连接的权重 v_{hi}，共有 $d\times q$ 个。
- q 个隐藏层节点的阈值 $\boldsymbol{\theta}_{1h}$，共有 q 个。
- m 个输出节点的阈值 $\boldsymbol{\theta}_{2j}$，共有 m 个。

注：人工神经元模型可以写成 $y=f\left(\sum_{i=0}^{n}\boldsymbol{w}_i\boldsymbol{x}_i-\boldsymbol{\theta}\right)$，当累加和超过 $\boldsymbol{\theta}$ 时，人工神经元被激活。

给定训练集：

$$S=\{(\boldsymbol{x}_1,\boldsymbol{y}_1),(\boldsymbol{x}_2,\boldsymbol{y}_2),\cdots,(\boldsymbol{x}_N,\boldsymbol{y}_N)\},\ \boldsymbol{x}_i\in\mathbf{R}^d,\ \boldsymbol{y}_i\in\mathbf{R}^m$$

输入样例由 d 个属性描述，输出 m 维实值向量。给定一个拥有 d 个输入神经元、m 个输出神经元、q 个隐藏神经元的多层前馈神经网络结构。其中输出层第 i 个神经元的阈值用 θ_i 表示，隐藏层第 h 个神经元的阈值用 γ_h 表示。输出层第 i 个神经元与隐藏层第 h 个神经元之间的连接权值为 v_{ih}，隐藏层第 h 个神经元与输出层第 j 个神经元之间的连接权值为 w_{hj}。

记隐藏层第 h 个节点接收到的输入为

$$\boldsymbol{\alpha}_h=\sum_{i=1}^{d}v_{ih}\boldsymbol{x}_i$$

记输出层第 j 个神经元接收到的输入为

$$\boldsymbol{\beta}_j=\sum_{h=1}^{q}w_{hj}\boldsymbol{z}_h$$

式中，$\boldsymbol{z}_h$ 为隐藏层第 h 个节点的输出。

2. 隐藏层到输出层的权重调整

设激活函数为 Sigmoid 激活函数，则当训练第 k 个样例<$\boldsymbol{x}_k$, $\boldsymbol{y}_k$>（均为向量）时，输入、输出与激活函数为

$$\boldsymbol{x}_k=<\boldsymbol{x}_1,\boldsymbol{x}_2,\cdots,\boldsymbol{x}_d>$$
$$\hat{\boldsymbol{y}}_k=<\hat{\boldsymbol{y}}_1,\hat{\boldsymbol{y}}_2,\cdots,\hat{\boldsymbol{y}}_m>$$
$$\hat{\boldsymbol{y}}_j=f(\boldsymbol{\beta}_j-\boldsymbol{\theta}_{2j})$$
$$\boldsymbol{b}_h=f(\boldsymbol{\alpha}_h-\boldsymbol{\theta}_{1h})$$

用均方误差表示第 k 个实例的错误率为

$$E(k)=\frac{1}{2}\sum_{j=1}^{m}\left(\boldsymbol{y}_j-\hat{\boldsymbol{y}}_j\right)^2$$

式中，等号右侧是对 $\boldsymbol{y}_j$ 真实值与人工神经网络模型输出值 $\hat{\boldsymbol{y}}_j$ 之间差值的平方求和，$\boldsymbol{y}_j-\hat{\boldsymbol{y}}_j$ 差值的减小（越小越好）用作各项参数调整的依据；前面的 1/2 是为了便于求导加上去的。

为了推导从隐藏层到输出层之间权重的调整公式，令 $\Delta w_{hj}=\eta\dfrac{\partial E(k)}{\partial w_{hj}}$。

使用微分的链式求导法则，有

$$\begin{aligned}\frac{\partial E}{\partial w_{hj}}&=\frac{\partial E}{\partial\hat{\boldsymbol{y}}_j}\cdot\frac{\partial\hat{\boldsymbol{y}}_j}{\partial\boldsymbol{\beta}_j}\cdot\frac{\partial\boldsymbol{\beta}_j}{\partial w_{hj}}\\&=\frac{\partial E}{\partial\hat{y}_{kj}}\cdot\frac{\partial\hat{y}_{kj}}{\partial\boldsymbol{\beta}_j}\cdot\boldsymbol{z}_h\\&=(\hat{y}_{kj}-y_{kj})\cdot f'(\boldsymbol{\beta}_j-\boldsymbol{\theta}_{2j})\cdot\boldsymbol{z}_h\end{aligned}$$

利用 Sigmoid 激活函数的性质 $f'(x)=f(x)(1-f(x))$，有

$$f'(\boldsymbol{\beta}_j-\boldsymbol{\theta}_{2j})=\hat{\boldsymbol{y}}_j'=\hat{\boldsymbol{y}}_j(\mathbf{1}-\hat{\boldsymbol{y}}_j)$$

将该式代入上式，得

$$\Delta w_{hj}=\boldsymbol{\eta}\cdot\boldsymbol{z}_h\cdot\hat{\boldsymbol{y}}_j\cdot(\mathbf{1}-\hat{\boldsymbol{y}}_j)\cdot(\boldsymbol{y}_j-\hat{\boldsymbol{y}}_j)$$

同理，有

$$\Delta\boldsymbol{\theta}_{2j}=-\boldsymbol{\eta}\cdot\hat{\boldsymbol{y}}_j\cdot\left(\mathbf{1}-\hat{\boldsymbol{y}}_j\right)\cdot\left(\boldsymbol{y}_j-\hat{\boldsymbol{y}}_j\right)$$

3．输入层到隐藏层的权重调整

推导 $\Delta v_{ih}=-\eta\dfrac{\partial E}{\partial v_{ih}}$。

该式在求 E 对输入层到隐藏层的权重导数 v_{ih} 时，需要自 v_{ih} 往上逐层展开，与前面的推导形式有所不同。

$$\begin{aligned}\frac{\partial E}{\partial v_{ih}}&=\frac{\partial E}{\partial\boldsymbol{\alpha}_h}\cdot\frac{\partial\boldsymbol{\alpha}_h}{\partial v_{ih}}=\frac{\partial E}{\partial\boldsymbol{z}_h}\cdot\frac{\partial\boldsymbol{z}_h}{\partial\boldsymbol{\alpha}_h}\cdot\frac{\partial\boldsymbol{\alpha}_h}{\partial v_{imh}}\\&=\left(\sum_{j=1}^{m}\frac{\partial E}{\partial\boldsymbol{\beta}_j}\cdot\frac{\partial\boldsymbol{\beta}_j}{\partial\boldsymbol{z}_h}\right)\cdot\frac{\partial\boldsymbol{z}_h}{\partial\boldsymbol{\alpha}_h}\cdot\frac{\partial\boldsymbol{\alpha}_h}{\partial v_{imh}}\\&=\left(\sum_{j=1}^{m}\frac{\partial E}{\partial\hat{\boldsymbol{y}}_j}\cdot\frac{\partial\hat{\boldsymbol{y}}_j}{\partial\boldsymbol{\beta}_j}\cdot\frac{\partial\boldsymbol{\beta}_j}{\partial\boldsymbol{z}_h}\right)\cdot\frac{\partial\boldsymbol{z}_h}{\partial\boldsymbol{\alpha}_h}\cdot\frac{\partial\boldsymbol{\alpha}_h}{\partial v_{imh}}\\&=-\sum_{j=1}^{m}\hat{\boldsymbol{y}}_j\cdot\left(\mathbf{1}-\hat{\boldsymbol{y}}_j\right)\cdot\left(\boldsymbol{y}_j-\hat{\boldsymbol{y}}_j\right)\cdot w_{hj}\cdot\boldsymbol{z}_h\cdot(\mathbf{1}-\boldsymbol{z}_h)\cdot\boldsymbol{x}_i\end{aligned}$$

式中，输入值、输出值、隐藏层的值都是已知的，故当求得 w_{hj} 后，这个公式的值就确定了。整理得

$$\Delta v_{ih}=\boldsymbol{\eta}\cdot\boldsymbol{z}_h\cdot(\mathbf{1}-\boldsymbol{z}_h)\cdot\boldsymbol{x}_i\cdot\sum_{j=1}^{m}\hat{\boldsymbol{y}}_j\cdot(\mathbf{1}-\hat{\boldsymbol{y}}_j)\cdot(\boldsymbol{y}_j-\hat{\boldsymbol{y}}_j)\cdot w_{hj}$$

同理，有

$$\Delta\boldsymbol{\theta}_{1h}=-\boldsymbol{\eta}\cdot\boldsymbol{z}_h\cdot(\mathbf{1}-\boldsymbol{z}_h)\cdot\sum_{j=1}^{m}\hat{\boldsymbol{y}}_j\cdot(\mathbf{1}-\hat{\boldsymbol{y}}_j)\cdot(\boldsymbol{y}_j-\hat{\boldsymbol{y}}_j)\cdot w_{hj}$$

式中，负偏导称为负梯度，是使函数值下降最快的方向，故当为权重更新而迭代求解时，往往采用这种梯度下降法。

7.3.3 BP 算法及评价

BP 算法的学习过程由正向传播过程与反向传播过程组成。在正向传播过程中，输入信息通过输入层、隐藏层，逐层处理并传递到输出层；如果未在输出层得到期望的输出值，就将输出与期望的误差的平方和作为目标函数，转入反向传播，逐层求出目标函数对各节

点权值的偏导数，构成目标函数对权值向量的梯量，作为修改权值的依据，人工神经网络的学习在权值修改过程中完成。在误差达到期望值时，学习结束。

适用于多层神经网络的 BP 算法过程如下。

（1）为网络中所有权重和阈值赋予一个较小的介于 0～1 的随机数。

（2）判断是否满足终止条件，如是否小于指定的错误率均方误差值。

若满足终止条件，则转至步骤（5）。

（3）循环（对于训练集中 n 个样本 $<\boldsymbol{x}_k, \boldsymbol{y}_k>$）。

- 根据当前参数值计算网络输出 $\hat{\boldsymbol{y}}_k$（其值为向量，包含 $\hat{\boldsymbol{y}}_1 \sim \hat{\boldsymbol{y}}_m$）。
- 根据上面给出的公式，分别更新对应的权重与阈值。

（4）转至步骤（2）。

（5）算法结束。

在上述算法中，学习率 η 是一个超参（超级参数），需要根据经验设定。一般来说，η 若过大，则容易引起振荡；过小，则收敛速度太慢。停止条件通常设定为误差 E_k 小于某个值。

1．样本数问题

前面的公式及算法针对的是一个训练样本，在实际场景中，训练所需样本数往往是十分庞大的。这时，每个样本都更新一次权重需要花费大量时间，因而更新应该在若干训练样本积累上进行，对于 N 个样本来说：

$$E=\frac{1}{\sum_{k=1}^{N} E_k}$$

也就是说，先对多个样本进行从输入到输出的计算，把它们的误差值记录下来，并求误差的均值；然后通过 BP 算法对网络参数进行调整。

这时，权重的更新计算公式就是对相应的多样本值求和再求均值，可以减少很大计算量（单个样本更新的 N 分之一）。假定有几百万个样本，可分成几百块，相当于样本数减少到几万。

2．BP 算法中公式的矩阵形式

人工神经网络模型的参数往往是矩阵，会用到各种矩阵运算方法。对于深度学习来说，输入是向量，输出也是向量，故层与层之间连接的权重是矩阵。

例 7-5　隐藏层到输出层权重调整公式的矩阵形式。

在公式 $w_{hj}=\boldsymbol{\eta}\cdot \boldsymbol{z}_h\cdot \hat{\boldsymbol{y}}_j\cdot(\mathbf{1}-\hat{\boldsymbol{y}}_j)\cdot(\boldsymbol{y}_j-\hat{\boldsymbol{y}}_j)$ 中，w_{hj}、$\boldsymbol{z}_h$、$\hat{\boldsymbol{y}}_j$ 等分别代表一个连接权重或一个节点。设 $\boldsymbol{B}=<\boldsymbol{b}_1,\boldsymbol{b}_2,\cdots,\boldsymbol{b}_q>$；$\hat{\boldsymbol{y}}=<\hat{\boldsymbol{y}}_1,\hat{\boldsymbol{y}}_2,\cdots,\hat{\boldsymbol{y}}_q>$；$\boldsymbol{w}$ 是一个 $q\times m$ 的矩阵，表示 q 个隐藏层节点到 m 个输出节点之间的连接权重，书写形式为

$$\boldsymbol{w}=\begin{bmatrix} w_{11} & \cdots & w_{1m} \\ \vdots & & \vdots \\ w_{q1} & \cdots & w_{qm} \end{bmatrix}$$

矩阵中的每一项 w_{hj} 就是去掉 η 后的值，故公式可以写成

$$\boldsymbol{w} = \eta \boldsymbol{B}^{\mathrm{T}} \times \left(\hat{\boldsymbol{y}} \cdot (\mathbf{1} - \hat{\boldsymbol{y}}) \cdot (\boldsymbol{y} - \hat{\boldsymbol{y}})\right)$$

注：认准各种矩阵符号，T 为向量或矩阵的转置，点积“·”表示向量中各对应位相乘，**1** 表示一个各项全为 1 的向量。

3. BP 算法的评价

BP 算法是基于梯度下降法的适用于多层神经网络的机器学习算法。BP 神经网络中的输入和输出关系实质上是一种映射关系。一个有 n 个输入和 m 个输出的BP 神经网络具有从 n 维欧氏空间向 m 维欧氏空间中一个有限域的连续映射，这是具有高度非线性的映射。其信息处理能力来源于简单非线性函数的多次复合，具有很强的函数复现能力。因此，BP 算法特别适用于对内部机制复杂的问题求解。

多层前馈神经网络也存在学习速度慢与训练可能失败的问题。BP 算法学习速度慢的主要原因如下。

（1）由于 BP 算法的本质为梯度下降法，要优化的目标函数非常复杂，因此可能出现“锯齿形现象”，从而使得该算法效率不高。

（2）存在“麻痹”现象，由于优化的目标函数复杂，BP 算法往往在节点输出接近 0 或 1 时，出现某些“平坦区”，其中权值误差改变太小，使得训练过程近乎停滞。

（3）为了执行 BP 算法，BP 神经网络不能用传统的一维搜索法计算每次迭代的步长，而要将步长的更新规则预先赋予 BP 神经网络，这降低了算法的效率。

在执行 BP 算法时，BP 神经网络训练失败的可能性较大，主要原因如下。

（1）从数学角度看，BP 算法是一种局部搜索的优化算法，但要解决的问题往往是求解复杂非线性函数的全局极值，因此有可能陷入局部极值，从而使训练失败。

（2）难以解决应用问题的实例规模和 BP 神经网络规模间的矛盾。这涉及 BP 神经网络容量的可能性与可行性的关系，即学习复杂性问题。

（3）BP 神经网络结构的选择尚无一种统一而完善的理论指导，一般都是凭经验选定的，因此 BP 神经网络结构经常会直接影响其逼近能力及推广性质。

（4）新加入的样本会影响已学习成功的 BP 神经网络，而且描述每个输入样本的特征的个数必须相同。

（5）BP 神经网络的预测能力（泛化能力、推广能力）与训练能力（逼近能力、学习能力）间存在矛盾。一般来说，若 BP 神经网络的训练能力差，则其预测能力也差。在一定程度上，随着训练能力的提高，BP 神经网络的预测能力也会提高。这种倾向有一个极限。过了这个极限，随着训练能力的提高，BP 神经网络预测能力反而会下降，这就是过拟合现象。这时，BP 神经网络因学习了过多样本细节，反而无法反映样本中蕴含的规律。

7.4 卷积的概念及运算

卷积是数学分析中的一种重要运算，是在信号处理等过程中常用的操作，也是深度学习中的重要机器学习方法。卷积运算在被应用于图像处理时，将一个特定设计的浮点数矩阵作为卷积核。卷积核与输入的 RGB（基于红、绿、蓝三原色的色彩模式）三通道图像矩阵，在水平和竖直两个方向（维度）上进行卷积运算。输出的图像将会实现模糊、消除噪点（干扰像素）、边缘强化等效果。

7.4.1　卷积的概念

设 $f(x)$、$g(x)$是 $\mathbf{R}^1$ 上的两个可积函数，求积分：

$$\int_{-\infty}^{\infty} f(\tau)g(x-\tau)\mathrm{d}\tau$$

可以证明，几乎对于所有实数 x，该积分都是存在的。随着 x 取不同的值，该积分就定义了一个新函数 $h(x)$，称之为函数 $f(x)$与 $g(x)$的卷积，记为 $h(x)=(f\cdot g)(x)$。容易验证$(f\cdot g)(x)=(g\cdot f)(x)$，并且$(f\cdot g)(x)$仍为可积函数。

卷积是两个变量在某个范围内相乘后求和。

若卷积的变量是序列 $x(n)$与 $h(n)$，则卷积的结果为

$$y(n)=\sum_{i=-\infty}^{\infty} x(i)h(n-i)=x(n)*h(n)$$

式中，*表示卷积。当时序 $n=0$ 时，序列 $h(-i)$是序列 $h(i)$的时序取反的结果；时序取反使得 $h(i)$以纵轴为中心翻转 180°，所以这种相乘后求和的计算称为卷积和，简称卷积。这里的 n 是使 $h(-i)$位移的量，不同的 n 对应不同的卷积结果。

若卷积的变量是函数 $x(t)$与 $h(t)$，则卷积的计算变为

$$y(t)=\int_{-\infty}^{\infty} x(p)h(t-p)\mathrm{d}p=x(t)*h(t)$$

式中，p 是积分（也是求和）变量；t 是使函数 $h(-p)$位移的量。

卷积在工程和数学上都有很多应用。统计学中的加权的滑动平均模型是一种卷积；概率论中两个统计独立变量 X 与 Y 的和的概率密度函数是 X 与 Y 的概率密度函数的卷积；在声学中，回声可以用原声与一个反映各种反射效应的函数的卷积表示；在电子工程与信号处理中，任何一个线性系统的输出都可以通过将输入信号与系统函数做卷积获得；在物理学中，任何一个线性系统都存在卷积。如果将参加卷积的函数看作区间的指示函数，那么卷积还可以看作滑动平均模型的推广。

例 7-6　已知 $y(t)=f(t)*h(t)=\int_{-\infty}^{\infty} f(\tau)h(t-\tau)\mathrm{d}\tau$，求 $f(2t)*h(2t)$。

$$f(2t)*h(2t)=\int_{-\infty}^{\infty} f(2\tau)h(2(t-\tau))\mathrm{d}\tau=\int_{-\infty}^{\infty} f(2\tau)h(2t-2\tau)\mathrm{d}\tau$$

$$\lambda=2\tau\int_{-\infty}^{\infty} f(\lambda)h(2t-\lambda)\mathrm{d}\frac{\lambda}{2}=\frac{1}{2}\int_{-\infty}^{\infty} f(\lambda)h(2t-\lambda)\mathrm{d}\lambda$$

$$=\frac{1}{2}y(2t)$$

例 7-7　计算信号的延迟累积。

在线性时不变系统中，系统的响应不仅取决于当前时刻系统的输入，还受之前若干时刻的输入影响。也就是说，之前时刻的输入信号经过某种过程（递减、削弱或其他）后会

影响当前时刻的系统响应。因此，在计算系统输出时，需要将当前时刻的信号输入响应与之前若干时刻的输入信号“残留”的输入响应叠加在一起。

注：线性时不变=时不变+线性。时不变是指系统参数不随时间而改变，线性=齐次性（输入增大几倍，输出也随之增大几倍）+叠加性（输出是所有输入响应的累加）。

假设一个信号发生器每隔时刻 t 产生一个信号 x_t，其信号的衰减率为 w_k。也就是说，经过 k–1 个时间步长之后，信号衰减为原来的 $\frac{1}{w_k}$。例如，当 w_1=1，w_2=1/2，w_3=1/4，w_4≈0 时，在 t 时刻接收的信号 y_t 为当前时刻产生的信号与之前时刻延迟信号的叠加。卷积相当于某个时刻当前信号及前几个时刻已经衰减了的信号的累积，如图 7-12 所示。

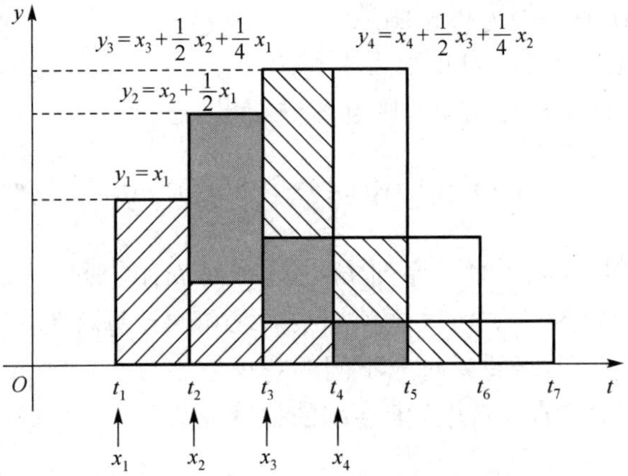

图 7-12 信号的输入与响应

信号发生器产生的信号 x_i（i=1,2,⋯）及信号接收器接收的信号 y_i（i=1,2,⋯）如下。

（1）信号发生器在 t_1 时刻产生信号 x_1，信号接收器接收到的信号 y_1 为

$$y_1 = x_1$$

（2）信号发生器在 t_2 时刻产生信号 x_2，这时信号 x_1 已经衰减为原来的 1/2，故信号接收器接收到的信号 y_2 为

$$y_2 = x_2 + \frac{1}{2}x_1$$

（3）信号发生器在 t_3 时刻产生信号 x_3，这时信号 x_2 已经衰减为原来的 1/2，信号 x_1 已经衰减为原来的 1/4，故信号接收器接收到的信号 y_3 为

$$y_3 = x_3 + \frac{1}{2}x_2 + \frac{1}{4}x_1$$

（4）信号发生器在 t_4 时刻产生信号 x_4，这时信号 x_3 已经衰减为原来的 1/2，信号 x_2 已经衰减为原来的 1/4，信号 x_1 已经衰减为 0，故信号接收器接收到的信号 y_4 为

$$y_4 = x_4 + \frac{1}{2}x_3 + \frac{1}{4}x_2$$

（5）一般地，信号发生器在 t 时刻产生信号 x_t，这时 x_{t-1} 衰减为原来的 1/2，x_{t-2} 衰减为原来的 1/4，x_{t-3} 衰减为 0，故信号接收器接收到的信号 y_t 为

$$
\begin{aligned}
y_t &= 1\times x_t + \frac{1}{2}\times x_{t-1} + \frac{1}{4}\times x_{t-2} \\
&= w_1 \times x_t + w_2 \times x_{t-1} + w_3 \times x_{t-2} \\
&= \sum_{k=1}^{3} w_k \cdot x_{t-k+1}
\end{aligned}
$$

式中，输入信号 x_{t-k+1}（k=1,2,3）前都乘以一个参数 w_k（k=1,2,3）。需要注意的是，参数 w 的下标 k 是按 1→2→3 顺序增长的，而 x 的下标却是逆序增长的，即按 t→t−1→t−2 的顺序增长。这里称 w_k 为卷积核。

7.4.2　二维互相关运算

在信号处理、图像处理与诸多工程或科学领域，卷积是一种使用广泛的技术。深度学习领域的卷积神经网络得名于这种技术。但是，深度学习领域的卷积与信号或图像处理领域的卷积有所区别。

信号或图像处理领域的卷积的过滤器（Filter）（也称为卷积核）g 先翻转，再沿水平轴滑动。在每个位置都计算函数 f 和翻转后的卷积核 g 之间相交区域的面积。这个相交区域的面积就是特定位置的卷积值。而深度学习领域中的卷积本质上是互相关操作，就是两个函数之间的滑动点积（内积）。互相关操作中的卷积核不翻转，而是直接滑过函数 f。函数 f 与卷积核 g 之间的交叉区域进行的运算就是互相关运算。

1. 二维互相关操作

在卷积神经网络的二维卷积层中，一个二维输入数组和一个二维核（Kernel）数组通过互相关运算输出一个二维数组。

在卷积层中，用一个称为卷积核的矩阵扫过一幅图像（点阵数据）。卷积核是 2×2、3×3 等较小的数值矩阵；黑白图像是一通道（Channel）的数值矩阵，彩色图像是 R、G、B 三通道的数值矩阵。

例 7-8　3×3 输入矩阵与 2×2 卷积核的二维互相关运算。

2×2 卷积核与 3×3 输入矩阵的互相关运算如图 7-13 所示。

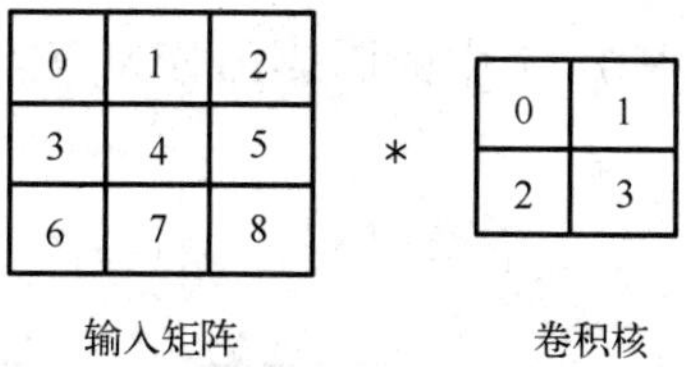

图 7-13　两个矩阵的互相关运算

在二维互相关运算中，卷积核从输入数组的最左上方开始，按从左往右、从上往下的顺序，依次在输入数组上滑动。当卷积核滑动到某一位置时，核中的输入子数组与核数组按元素相乘并求和，得到输出数组中相应位置的元素，依次做互相关运算。

第一步，如图 7-14 所示。图 7-14 中的阴影部分为第 1 个（左上角）输出元素及其计算使用的输入和核数组元素。

$0\times0+1\times1+3\times2+4\times3=19$

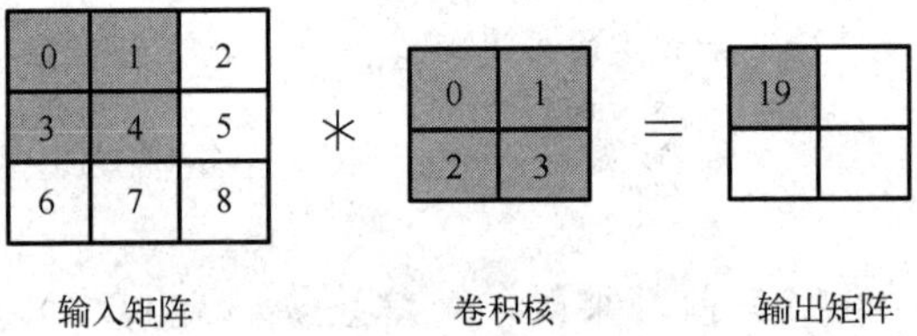

图 7-14　第一步二维互相关运算

第二步，如图 7-15 所示。图 7-15 中的阴影部分为第 2 个（右上角）输出元素及其计算使用的输入和核数组元素。

$1\times0+2\times1+4\times2+5\times3=25$

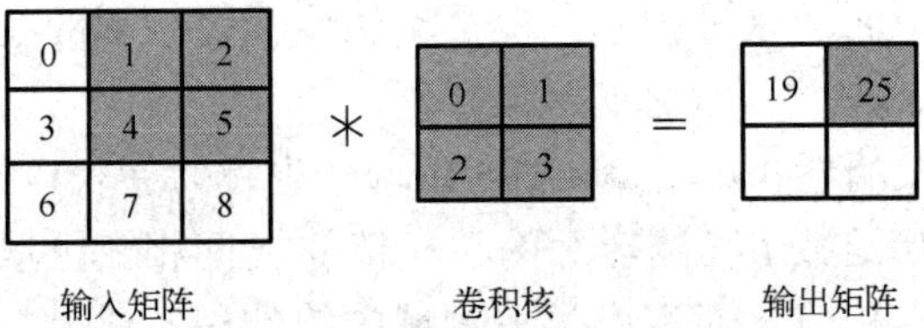

图 7-15　第二步（核右移一步）二维互相关运算

第三步，如图 7-16 所示。图 7-16 中的阴影部分为第 3 个（左下角）输出元素及其计算使用的输入和核数组元素。

$3\times0+4\times1+6\times2+7\times3=37$

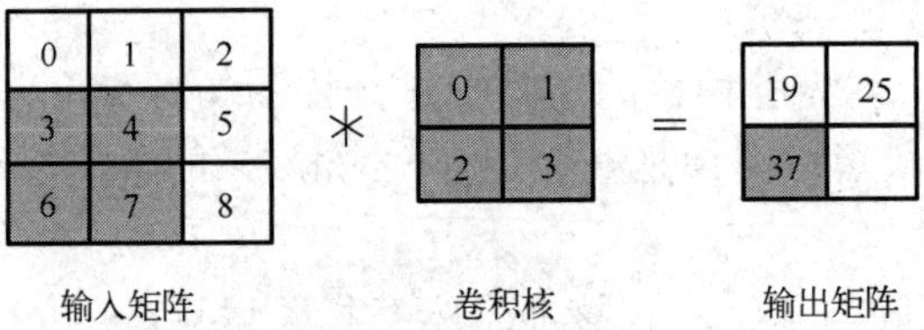

图 7-16　第三步（核下移一步再左移一步）二维互相关运算

第四步，如图 7-17 所示。图 7-17 中的阴影部分为第 4 个（右下角）输出元素及其计算使用的输入和核数组元素。

$4\times0+5\times1+7\times2+8\times3=43$

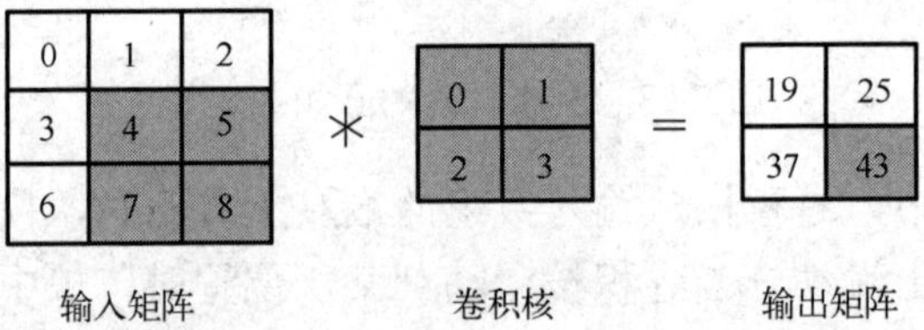

图 7-17　第四步（核右移一步）二维互相关运算

一个 3×3 的输入矩阵，通过 2×2 的卷积核，以 1 为步长进行卷积（互相关运算）得到了一个 2×2 的输出矩阵。

如何理解这个卷积过程呢？当卷积核依次扫过一片对应大小的区域时，该区域称为感受野（Receptive Field）。这说明，操作者只想在这个区域内寻找感兴趣的东西。例如，可将一只鹰的识别过程分解为分别识别鹰嘴、鹰爪、鹰翅膀等特征的过程。如果想辨认的是鹰嘴这一特征，它可能只出现在一个很小的区域内，因此可据此缩小寻找范围。

一般来说，鹰嘴可能出现在这张图的很多地方，下半部、右上角、中间部位等。使用为找到鹰嘴设计的卷积核一步一步地扫描整张图的过程，实际上是在不同区域用同一组参数进行一个特征检测的过程，称之为参数（权值）共享（Parameter Sharing）。

2. 填充

卷积核在输入矩阵上滑动时，如果每次滑动两个、三个，甚至更多个格子，那么当到达边缘时，可能因剩余的行数或列数比卷积核少而无法进行卷积运算。这时，可以在边缘上整行或整列地填充一些元素，以便继续操作。填充（Padding）是指在输入矩阵的上、下、左、右填充元素（通常是 0 元素），使其变高或变宽。

例 7-9　在 3×3 输入矩阵上填充元素后，使之与 2×2 卷积核进行二维互相关运算。

在原输入矩阵上、下、左、右分别添加值为 0 的元素之后的矩阵如图 7-18 中的输入矩阵所示。

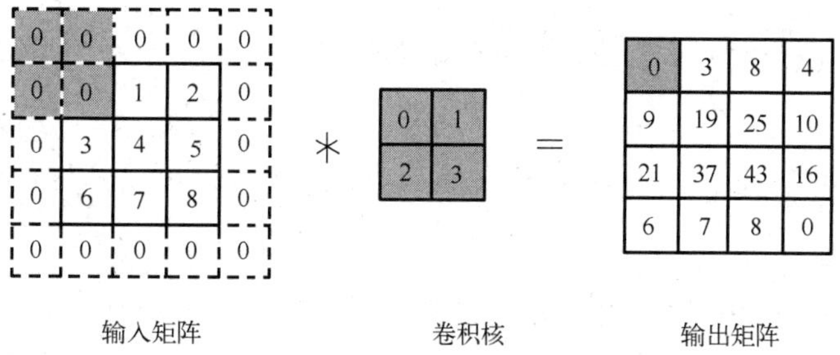

图 7-18　在输入矩阵中填充元素

这时，输入矩阵的高和宽从 3 变成了 5，并导致输出矩阵的高和宽由 2 变为 4。图 7-18 中的阴影部分为第一个输出元素及其计算使用的输入元素与卷积核：

$$0\times0+0\times1+0\times2+0\times3=0$$

3. 步长

卷积核从输入矩阵的最左上方开始，按从左往右、从上往下的顺序，依次在输入数组上滑动。每次滑动的行数和列数称为步长（Stride），即卷积核在输入矩阵中每次滑动的行数和列数。改变步长可以减小输出矩阵的高和宽。

例 7-10　在填充过的输入矩阵上进行变步长的卷积操作。

在高上步长为 3、在宽上步长为 2 的二维变步长互相关运算如图 7-19 所示。

可以看到，在输出第一列第二个元素时，卷积核向下滑动了 3 行，而在输出第一行第二个元素时卷积核向右滑动了 2 列。当卷积核在输入矩阵上再向右滑动 2 列时，由于输入元素无法填满卷积核，因此无结果输出。图 7-19 中的阴影部分为输出元素及其计算使用的输入和卷积核：

$$0\times0+0\times1+1\times2+2\times3=8$$

$$0\times0+6\times1+0\times2+0\times3=6$$

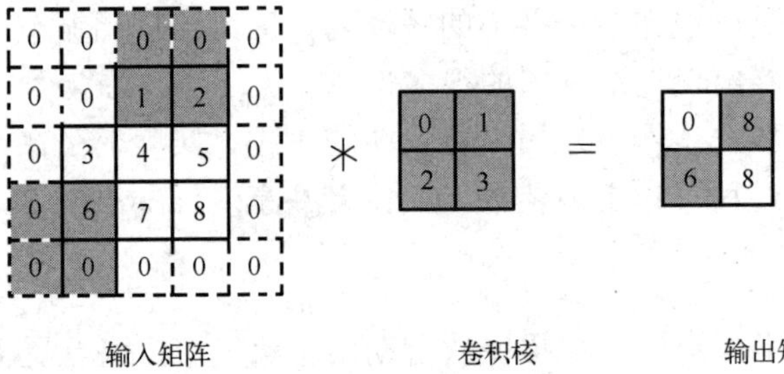

图 7-19　变步长互相关运算

7.4.3　二维卷积运算程序

假定 $\boldsymbol{H}$ 为被卷积矩阵，$\boldsymbol{X}$ 为卷积核，$\boldsymbol{Y}$ 为卷积结果，则离散二维卷积公式为

$$\boldsymbol{Y}(i,j)=\sum_{m=0}\sum_{n=0}\boldsymbol{X}(m,n)*\boldsymbol{H}(i-m,j-n)$$

关于卷积计算，可以调用 SciPy 的 signal 子模块中的 convolve2d()函数来完成。该函数格式为

```
scipy.signal.convolve2d(in1,in2.mode='full',boundary='fil',fillvalue=0)
```

各参数的意义如下。

（1）in1 参数：NumPy 的数组，作为被卷积矩阵。

（2）in2 参数：NumPy 的数组，作为卷积核。

（3）mode 参数：str{'full', 'valid','same'}，可选。

- 选择 full 时，输出为输入的完全离散线性卷积（默认）。
- 选择 valid 时，输出仅包含那些不依赖于零填充的元素。在“有效”模式下，in1 或 in2 必须至少与每个维度中的另一个一样大。
- 选择 same 时，输出与 in1 的大小相同，以“完整”输出为中心。

（4）boundary 参数：str{'fill','wrap','symm'}，可选，指示如何处理边界的标志。

- fill 表示使用 fillvalue 填充输入数组（默认）。
- wrap 表示圆形边界条件。
- symm 表示对称边界条件。

（5）fillvalue 参数：标量，可选，填充输入数组的值，默认值为 0。

注：卷积运算与互相关运算的区别在于，卷积核数组先翻转 180°，再与卷积核中的输入子数组按元素相乘并求和。

例 7-11　二维卷积运算。

3×3 的被卷积数组与 2×2 的卷积核如图 7-20 所示。

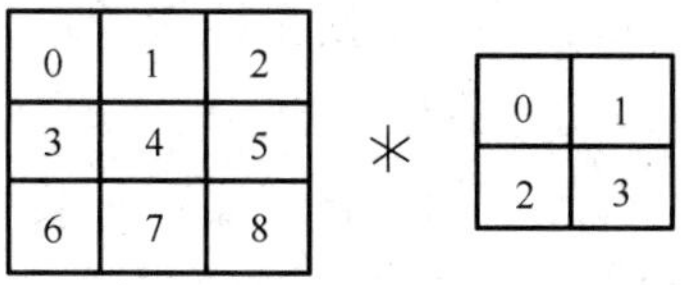

图 7-20　3×3 的被卷积数组与 2×2 的卷积核

实现卷积运算的程序如下：

```
#例 7-11_ 二维卷积运算
from scipy import signal
import numpy as np
#定义并输出卷积核
print("卷积核数组:"); x=np.array([[0,1],[2,3]]); print(x)
#生成并输出被卷积数组
temp,h=[],[]
for i in range(1,10):
   if i%3==0:
       temp.append(i-1)
       h.append(temp)
       temp=[]
       continue
   else:
       temp.append(i-1)
print("被卷积数组:"); print(np.array(h))
#进行二维卷积运算并输出结果数组
print("full 卷积:");print(signal.convolve2d(h,x,'full'))
print("same 卷积:");print(signal.convolve2d(h,x,'same'))
print("valid 卷积:");print(signal.convolve2d(h,x,'valid'))
```

例 7-11 程序的运行结果如图 7-21 所示。

```
卷积核数组:
[[0 1]
 [2 3]]
被卷积数组:
[[0 1 2]
 [3 4 5]
 [6 7 8]]
full卷积:
[[ 0  0  1  2]
 [ 0  5 11 11]
 [ 6 23 29 23]
 [12 32 37 24]]
same卷积:
[[ 0  0  1]
 [ 0  5 11]
 [ 6 23 29]]
valid卷积:
[[ 5 11]
 [23 29]]
```

图 7-21　例 7-11 程序的运行结果

注：如果要进行互相关运算，就需要将核数组自行翻转 180°后再进行卷积运算。例如，将核数组[[0,1],[2,3]]变为[[3,2],[1,0]]后再进行卷积运算。

7.5　卷积神经网络

卷积神经网络的主要特点是卷积操作，其结果是若干个具有非线性激活函数的卷积及若干个减少参数数量的池化层共同作用的结果。其中每层都有不同的卷积核（成百上千个），这些卷积核并非预先设定的，而是在训练过程中学习得到的，可使恰当的损失函数最小化。一般地，较低层学习检测基本特征，较高层学习检测更复杂的特征，如物体的形状或者人的面部等。

卷积神经网络中的人工神经元之间并不是全连接的，而且同层中的某些人工神经元之间连接的权重 w 和偏置项 b 是共享的，这大大减少了需要训练的参数的数量。局部感受野、权值共享及时间或空间池化三种思想互相配合，实现了某种程度的位移、尺度、形变不变性。同一个卷积核在所有图像内是共享的，图像通过卷积操作后仍然保留原来的位置关系。卷积神经网络在诸多领域特别是图像相关任务的应用上表现优异。例如，卷积神经网络可以有效地解决图像分类、图像检索、图像语义分割和物体检测等计算机视觉问题。

7.5.1 卷积神经网络的特点

卷积神经网络与普通神经网络相似，都具有可以学习权重和偏置项的神经元。每个神经元都接收一批输入并进行矩阵乘法运算，输出为每个分类的分数。传统神经网络采用的一些计算技巧在卷积神经网络中依然适用。不同的是，卷积神经网络默认的输入是图像，可将图像的特定性质编码引入网络结构，以提高前馈函数效率并且减少参数。

卷积神经网络具有局部连接、权值共享、池化的结构特点，在图像处理领域表现出色。与其他神经网络相比，卷积神经网络的特殊性主要体现在权值共享与局部连接两方面。前者使得网络结构更类似于生物神经网络；后者摒弃了传统神经网络的全连接方式，有效地降低了网络模型的复杂度，减少了权值数。

1．输入与输出

在本质上，卷积神经网络是一种输入到输出的映射，它能够在未知任何输入与输出关系的表达式的情况下，习得输入与输出之间的映射关系。只要用已知模式进行训练，神经网络就可以具有输入-输出对之间的映射能力。因为执行的是有导师训练，故其样本集是由（输入向量，理想输出向量）向量对构成的。样本集中的所有向量对都源自神经网络即将模拟的系统的实际“运行”结果。在开始训练前，所有权重都用一些不同的小随机数初始化，其中“小随机数”可以保证网络不会因权值过大进入饱和状态，从而导致训练失败；“不同”使得神经网络能够正常地学习。

2．局部连接

大卫·休伯尔（David Hunter Hubel）和托斯坦·维厄瑟尔（Torsten Wiesel）在研究生物神经学中的视觉分层结构时，提出了“感受野”概念。他们认为大脑皮层的视觉神经元是基于局部刺激来感知信息的。局部连接的思想受到了视觉神经元结构的启发。

传统神经网络中的人工神经元之间是全连接的，即第 n–1 层神经元与第 n 层所有神经元连接。但是在卷积神经网络中，第 n–1 层神经元仅与第 n 层部分神经元连接，如图 7-22 所示。

在全连接网络中，前一层节点与后一层所有节点间都存在边，每条边都有参数。也就是说，不管多么微不足道的特征，都要通过网络连接传播下去。因此，当全连接的参数很多时，每层都有很多节点的多层神经网络的计算量必然十分巨大。

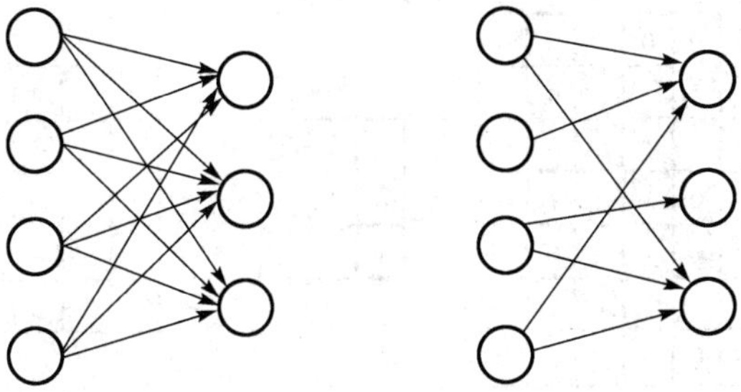

图 7-22　全连接网络示意图（左图）与局部连接网络示意图（右图）

一般来说，人在查看图像时，先看到的是边缘和轮廓，然后才会查看图像的主要部分、细微部分，以及它们与边缘轮廓的关系，这也是局部连接网络的依据。在局部连接网络中，仅存在少量边，参数减少了很多，如 CIFAR-10 中的图像。

3. 卷积核、填充与步长

在卷积神经网络中，卷积层中的卷积核类似于一个滑动窗口，它在整张输入图像中以特定的步长来回滑动，经过卷积运算后，得到输入图像的特征图，这个特征图就是卷积层提取出来的局部特征，这个卷积核是共享参数的。在整个网络的训练过程中，包含权值的卷积核也会随之更新，直到训练完成为止。

卷积神经网络的参数一般包含三个：卷积核大小、填充、步长，三者共同决定了卷积层输出特征图的尺寸。

（1）卷积核用于检测图像某一方面的特征，如垂直边界、水平边界、倾斜 45°的边界等。卷积核的大小可以指定为小于输入图像尺寸的任意值。卷积核越大，提取的输入特征越复杂。

（2）一个大小为 $n \times n$ 的图像在经过大小为 $f \times f$ 的卷积核处理后会变小。网络层数越多，图像越小。另外，在进行卷积运算时，边缘部分的信息用得很少。这就需要进行填充，也就是将输入图像的边缘用 0 填充，以便输出图像与输入图像大小一致。需要填充的位数 p 满足：

$$p = \frac{1}{2}(f - 1)$$

（3）步长表示卷积核在图像上移动的格数。通过改变步长，可以得到不同尺寸的卷积输出结果。当步长大于 1 时，卷积运算的输出图像会变小，参数维数会降低。

假设输入图像大小为 $n \times n$，卷积核大小为 $f \times f$，填充为 p，步长为 s，则输出图像大小为

$$O = \frac{n - f + 2p}{s} + 1$$

例 7-12　大小 5×5 的图像的卷积运算。

假定图像大小为 5×5，卷积核大小为 3×3，输出图像大小为 3×3；填充后图像大小变为 7×7，经过卷积运算后输出图像的大小为 5×5，如图 7-23 所示。

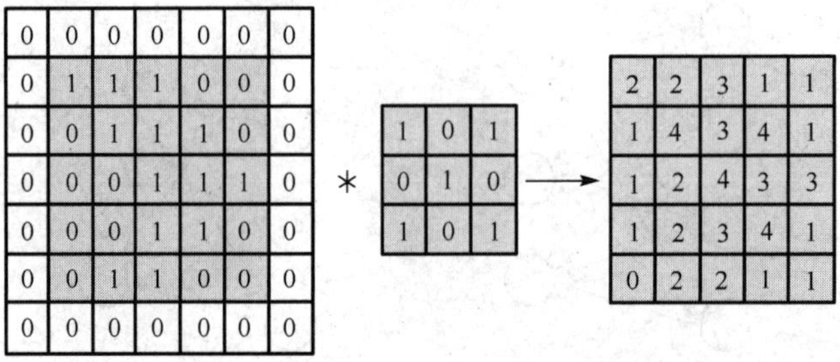

图 7-23　大小一致的输入图像与输出图像

假定步长 s 为 2，则未经填充的卷积运算结果如图 7-24 所示。

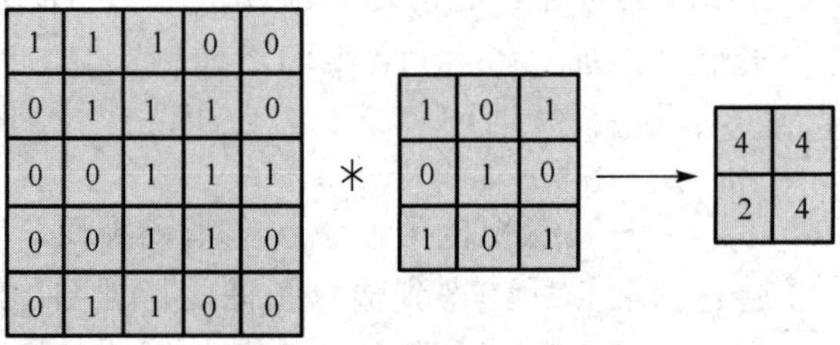

图 7-24　步长为 2 时的输入图像与输出图像

假定步长 s 为 2，填充为 1，则经过卷积后输出的图像大小为

$$O=\frac{5-3+2\times 1}{2}+1=3$$

即输出大小为 3×3 的图像。

4．权值共享

权值共享的概念源自 LeNet-5。权值共享就是整幅图像使用同一个卷积核内的参数。例如，一个大小为 3×3×1 的卷积核中的 9 个参数为整幅图像所共享，不会因为图像内位置的不同而改变卷积核内的权重系数。通俗地说就是，用一个卷积核在不改变其权重系数的情况下卷积处理整幅图像。当然，卷积神经网络中的每个卷积层并非只有一个卷积核。

注：LeNet-5 诞生于 1998 年，作者为杨立昆（Yann LeCun）。LeNet-5 最初被用于识别手写数字，是世界上第一个被正式应用的卷积神经网络，被后续学者奉为经典。在 2010 年年初的卷积神经网络研究中，LeNet-5 的几个特性被广泛使用，其中之一就是权值共享。

权值共享有两大优点。第一，权值共享的卷积操作保证了每个像素都有一个权重系数，这些系数被整幅图像共享，因此大大减少了卷积核中的参数量，降低了网络的复杂度。第二，传统的神经网络和机器学习方法需要先对图像进行复杂的预处理，以提取特征，然后将得到的特征输入神经网络。当加入卷积操作后，就可以利用图像空间上的局部相关性，自动地提取特征了。

为什么卷积层会有多个卷积核呢？因为权值共享意味着每个卷积核只能提取到一种特征，为了提升卷积神经网络的表达能力，需要设置多个卷积核。每个卷积层中的卷积核数是一个超参数。

5. 池化

池化操作（Pooling）又称降采样操作，通过减少矩阵的长与宽来降低参数的数量。例如，一个大小为 12×12 的网格，将其中 3×3 的区域映射为 1 个网格，便可以将大小为 12×12 的网络压缩为大小为 4×4 的网格。

最常用的池化操作是计算图像上一个区域内某个特定特征的均值或最大值的聚合操作，如最大值池化、最小值池化、均值池化。均值池化，即对池化区域内的像素点取均值，得到的特征数据对背景信息更敏感。最大池化，即对池化区域内所有像素点取最大值，得到的特征对纹理特征信息更敏感。池化的优点是可以降低图像的分辨率，且整个网络不容易过拟合。

例 7-13　图像的最大值池化。

输入图像大小为 4×4，卷积核大小为 2×2，步长为 2，最大值池化过程如图 7-25 所示。

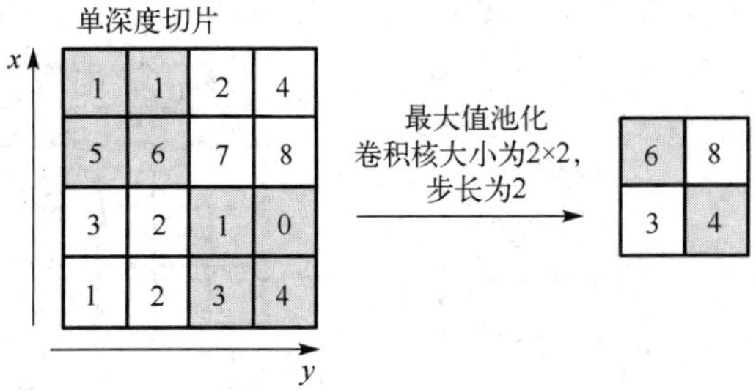

图 7-25　最大值池化过程

图 7-25 所示的池化过程将计算每个与卷积核大小相同的 2×2 区域内的最大值，由于步长为 2，故每个 2×2 区域互不重叠，最后输出的池化特征大小为 2×2，图像经池化后分辨率变为原来的一半。

注：通过步长大于 1 的卷积操作也能降低参数的维数，故池化操作并不是必需的。

7.5.2　多通道卷积及常用卷积核

卷积的目的是提取目标图像的特征，获得主要特征，忽略其他特征。例如，在用纵向的卷积核与图像进行卷积运算时，得到的图像会显示出明显的纵向线条，忽略横向信息。为了更充分提取特征，可以添加多个提取不同特征的卷积核，这就是多通道卷积。例如，可以分别对一幅图的 R、G、B 三个通道用不同的卷积核进行卷积操作，并将每个位置上得到的结果相加，得到特征图。卷积结束后还可以对特征图加偏置，如为原图加上橘色偏置，使得图像整体偏橘色。

1. 多通道卷积

卷积神经网络利用输入是图像的特点，常将各层中的神经元设计成宽度、高度、深度三维排列的形式。其中，宽度和高度对应卷积本身的二维模板，深度指的是激活数据体的第三个维度，而非整个网络的深度（网络深度指网络层数）。例如，当将 CIFAR-10 中的图像作为卷积神经网络的输入时，输入的图像大小为 32×32×3（R 通道×G 通道×B 通道），因而输入神经元的维度为 32×32×3。也就是说，数据体的维度为

$$宽度\times高度\times深度 = 32\times32\times3$$

注：CIFAR-10 是一个用于识别普适物体的小型数据集，提供了 10 个类别的 RGB 彩色图像，内含 5 个批次的训练集数据，每批数据有 10000 副大小为 32×32 的图像，还有 10000 副测试图像。

例 7-14 输入 RGB 彩色图像的三通道卷积。

假定图像为 5×5 矩阵，卷积核为 3×3 矩阵，步长为 1。这时，输入图像分为 R 通道、G 通道与 B 通道；卷积核由一个变为相同的 3 个，分别与 3 个通道的矩阵卷积，然后相加，具体过程如下。

- 卷积核分别与 R 通道、G 通道、B 通道左上角卷积，3 个值相加得到特征矩阵（输出图像）第 1 个（左上角）元素，如图 7-26 所示。

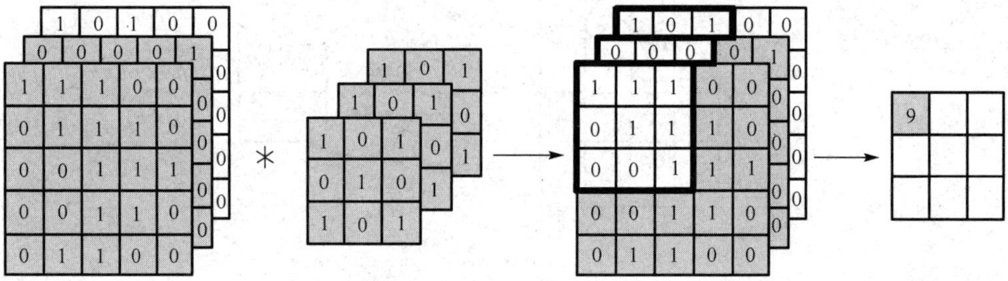

图 7-26 三通道卷积的第一步

- 卷积核右移一位，分别与 R 通道、G 通道、B 通道相应区域卷积，3 个值相加得到特征矩阵第 2 个元素。
- 卷积核依次右移或下移一位，分别与 R 通道、G 通道、B 通道相应区域卷积，3 个值相加得到特征矩阵相应位置的元素。

依次执行，最后得到的输出图像大小为 3×3×1。也就是说，输出结果是一层。

2. 卷积核的特点与功能

卷积神经网络中的卷积操作主要用于对图像进行降维及特征提取。卷积核中的每个参数都相当于传统神经网络中的权值参数，与对应的局部像素相连接，将卷积核中的各参数与对应局部像素值相乘再求和，得到卷积层上的结果。卷积核的特点与功能如下。

（1）卷积核常为行数与列数均为奇数的矩阵，易于中心定位。

（2）卷积核元素的总和体现为输出的亮度。若卷积核元素总和为 1，则卷积后的图像与原图像亮度基本一致；若卷积核元素总和为 0，则卷积后的图像基本是黑色，其中较亮部分往往是提取出来的图像的某种特征。

（3）滤波（过滤）实际上就是 same 模式的卷积操作，滤波后图像大小不变。各种滤镜和照片风格就是使用不同滤波器对图像进行操作的结果。因此卷积核、滤波器在本质上是一样的。

（4）高通滤波器表示仅允许图像中的高频部分（图像中变化剧烈的部分）通过，往往用于锐化处理图像、增强图像中物体的边缘等。

（5）低通滤波器表示仅允许图像中的低频部分（图像中变化平缓的部分）通过，往往用于对图像进行模糊/平滑处理、消除噪点等。

3. 常用卷积核

几种常用的卷积核如下。

（1）均值滤波器：属于低通滤波器。这种卷积核的元素的和为 1，其中每个元素值都一样，是卷积核元素个数的倒数，这样每个输出像素就是其周围像素的均值。一个 3×3 的均值滤波器为

$$\begin{bmatrix} 1/9 & 1/9 & 1/9 \\ 1/9 & 1/9 & 1/9 \\ 1/9 & 1/9 & 1/9 \end{bmatrix}$$

这种卷积核的输出图像亮度与输入图像亮度基本一致，主要用于图像模糊/平滑处理、消除噪点。卷积核越大，模糊程度越大图像。

（2）高斯滤波器：属于低通滤波器。这种卷积核的元素的总和也是 1，但每个元素的权重不一样，权重在行和列上的分布都服从正态分布。正态分布的标准差越大，模糊程度越大。一个 3 × 3 的标准差为 1 的高斯滤波器为

$$\begin{bmatrix} 1/16 & 2/16 & 1/16 \\ 2/16 & 4/16 & 2/16 \\ 1/16 & 2/16 & 1/16 \end{bmatrix}$$

这种卷积核的输出图像亮度与输入图像亮度基本一致，主要用于图像模糊/平滑处理、消除噪点。卷积核越大，模糊程度越大。

（3）锐化卷积核：属于高通滤波器，主要作用是对图像进行锐化操作，使图像的边缘更锐利。图像的边缘往往就是变化较大的地方，也就是图像的高频部分，故锐化卷积核是一种高通滤波器。一个 3×3 的锐化卷积核为

$$\begin{bmatrix} -1 & -1 & -1 \\ -1 & 9 & -1 \\ -1 & -1 & -1 \end{bmatrix}$$

该卷积核用于计算中心处像素与周围像素的差值，差值越大表示该元素附近的变化越大（频率越大），输出值越大。如果锐化卷积核中各元素的总和为 0，就具有提取图像边缘信息的效果。

例 7-15　不同卷积核的卷积效果。

本程序分别使用如下三种卷积核对图像进行垂直边缘检测、水平边缘检测、浮雕效果操作。

$$\begin{bmatrix} 1 & 0 & -1 \\ 1 & 0 & -1 \\ 1 & 0 & -1 \end{bmatrix}, \begin{bmatrix} 1 & 1 & 1 \\ 0 & 0 & 0 \\ -1 & -1 & -1 \end{bmatrix}, \begin{bmatrix} -1 & -1 & -1 \\ -1 & 8 & -1 \\ -1 & -1 & -1 \end{bmatrix}$$

程序如下：

```
#例 7-15_ 不同核的卷积效果（垂直边缘检测、水平边缘检测、浮雕效果）
from PIL import Image
from pylab import *
from scipy.signal import convolve2d
import matplotlib.pyplot as plt
#定义几种不同处理效果的卷积核
k1=np.array([[1,0,-1],[1,0,-1],[1,0,-1]])              #垂直边缘检测
k2=np.array([[1,1,1],[0,0,0],[-1,-1,-1]])              #水平边缘检测
k3=np.array([[-1,-1,-1],[-1,8,-1],[-1,-1,-1]])         #浮雕效果
#RGB 彩色图像转换成灰度图像
im=array(Image.open("D:/熊猫.jpg").convert('L'))
#显示灰度图像
plt.imshow(im); plt.title("grayscale image")
#显示垂直边缘检测效果图
plt.figure()
cat1=convolve2d(im,k1,boundary='symm',mode='same')
imshow(cat1)
plt.title("vertical edge")
#显示水平边缘检测效果图
plt.figure()
cat2=convolve2d(im,k2,boundary='symm',mode='same')
imshow(cat2)
plt.title("horizontal edge")
#显示浮雕效果图
plt.figure()
cat3=convolve2d(im,k3,boundary='symm',mode='same')
imshow(cat3)
plt.title("relief sculpture")
```

例 7-15 程序运行的结果如图 7-27 所示。

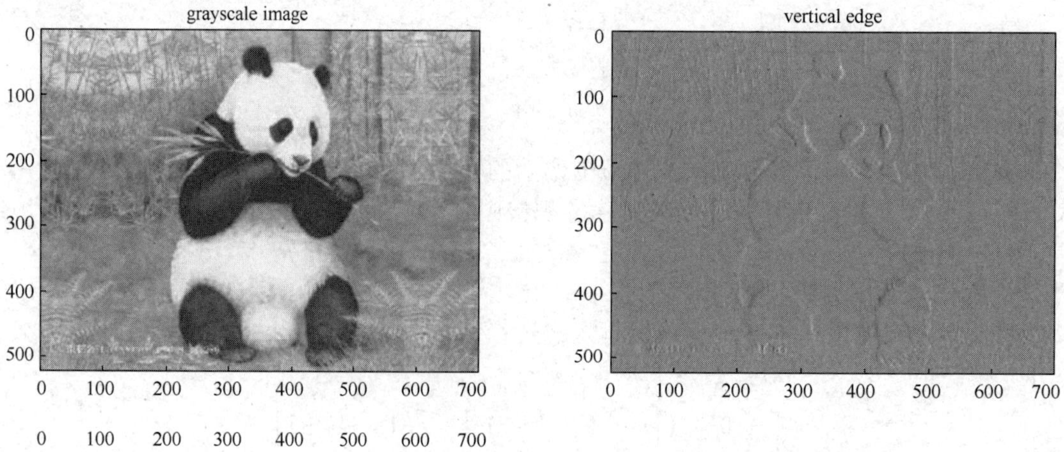

图 7-27　例 7-15 程序运行的结果

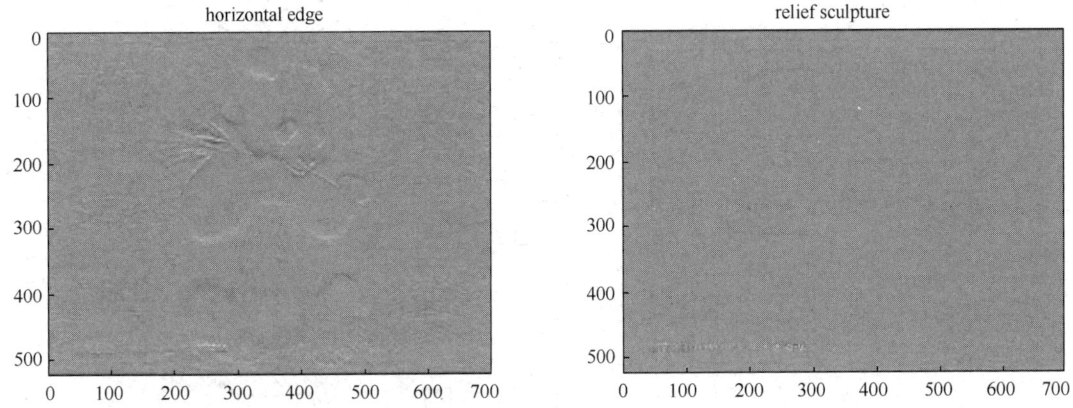

图 7-27　例 7-15 程序运行的结果（续）

7.5.3　卷积神经网络的结构

整体上，卷积神经网络是一种层次结构模型，其输入是原始数据（RGB 彩色图像、原始音频数据等），通过卷积操作、汇合操作、非线性激活函数映射等一系列操作的层层堆叠，将高层语义信息从原始数据输入层中抽取出来，逐层抽象，执行“前馈运算”过程。

一般地，卷积神经网络中不同类型的操作称为“层”。例如，卷积操作在“卷积层”进行，汇合操作在“汇合层”进行。最后一层将目标任务（分类、回归等）形式化为目标函数。通过计算预测值与真实值之间的误差或损失，凭借 BP 算法将误差层向前反馈，更新每一层参数，并在更新参数后再次向前反馈。如此往复，直到完成模型训练任务为止。

卷积层的数据形式是一个三维张量。可将卷积神经网络操作过程看作搭积木过程：将作为“基本单元”的卷积层等操作层依次“搭”在原始数据上，逐层堆砌，最后计算损失函数结束过程。

注： 张量是向量概念的推广，是可用于表示一些矢量、标量和其他张量之间的线性关系的多线性函数。在同构意义下，第零阶张量（$r=0$）为标量，第一阶张量（$r=1$）为向量，第二阶张量（$r=2$）为矩阵。对于三维空间，$r=1$ 时的张量为向量——(x,y,z)。数学中的张量是一种几何实体，或者广义上的“数量”。张量概念包括标量、向量和线性算子。

卷积神经网络沿用了普通神经网络即多层感知机的结构，是一种多层前馈神经网络。应用于图像领域的卷积神经网络的结构如图 7-28 所示。

卷积神经网络可以分为四大层：输入层、卷积层、光栅化、分类器。

1. 输入层

输入层通常是一个矩阵，如由一幅图像的所有像素组成的矩阵等。为了降低后续 BP 算法的复杂度，建议使用灰度图像，也可以使用 RGB 彩色图像。这时，输入图像分为 R 通道、G 通道、B 通道；卷积核由一个变为相同的三个，分别与三个通道的矩阵卷积，最后将卷积结果相加在一起。

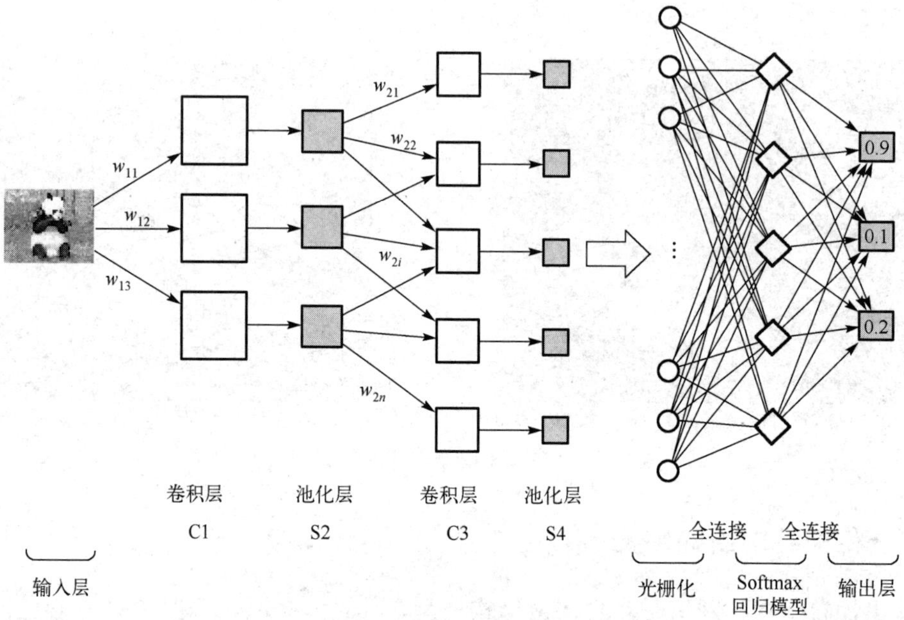

图 7-28　应用于图像领域的卷积神经网络的结构

由于输入图像的像素分量为[0,255]，为了计算方便，需要进行归一化处理。在使用 Sigmoid 激活函数时，归一化到[0,1]；在使用 tanh（双曲正切）激活函数时，归一化到[−1,1]。

2．卷积层（Convolution Layer）

卷积层包括特征提取层和特征映射层。将上一层的输出图像与本层卷积核（权重参数 w）加权值、偏置，通过一个 Sigmoid 激活函数得到各个特征提取层，然后池化得到各个特征映射层。特征提取层和特征映射层的输出称为特征图。

（1）C 层称为卷积层，对输入图像进行卷积，完成特征提取。C 层中的人工神经元的输入与前一层的局部接受域相连，并提取该局部的特征。提取局部特征后，该局部特征与其他特征间的位置关系也随之确定。

（2）S 层即池化层，对提取的局部特征进行综合处理。卷积神经网络中的每个 S 层由多个特征映射组成，每个特征映射为一个平面，平面上的所有人工神经元的权值相等。特征映射结构采用 Sigmoid 作为卷积神经网络的激活函数，使得特征映射具有位移不变性。此外，由于一个映射面上的人工神经元共享权值，因此减少了网络中的自由参数个数，降低了参数选择的复杂度。

卷积神经网络中每个特征提取层都紧跟着一个用于求局部平均与二次提取的计算层，这种特有的两次特征提取结构降低了特征分辨率，使得网络在识别输入样本时具有较高的畸变容忍能力。

输入图像与三个卷积核与可加偏置进行卷积，在 C1 层产生三个特征图；C1 层的三个特征图分别经过池化，得到 S2 层的三个特征图；这三个特征图通过一个卷积核卷积得到 C3 层的三个特征图。与前面类似，这三种特征图经池化得到 S4 层的三个特征图。

3．光栅化（Rasterization）

光栅化就是将几何数据经过一系列变换（可以说成连点描边裁剪）转换为像素，从而呈现在屏幕上的过程。

为了与传统的多层感知机进行全连接，卷积神经网络先将上一层所有特征图的每个像素依次展开，排成一列，即 S4 层的特征图经光栅化后变成向量；再将这个向量输入传统的全连接神经网络进一步分类，得到输出。

4．分类器

输出结果之前要经过分类器层进行分类。一般使用的是 Softmax 回归模型。如果是二分类，那么也可以使用逻辑回归模型、支持向量机等。

Softmax 层中的每个节点的激励函数为

$$\sigma_j = \frac{e^{z_j}}{\sum_{j=1}^{m} e^{z_j}}，\quad z_j = w_j x + b \text{ 且} \sum_{i=1}^{j} \sigma_i(z) = 1$$

可以理解为每个节点输出一个概率，所有节点的概率之和为 1。可将一幅待分类的图像放入模型，在 Softmax 回归模型输出的概率中，最大概率对应的标签便是待分类图的标签。

例 7-16　Softmax 层三分类器。

如果 Softmax 层有三个人工神经元，那么可训练一个三分类器。假设有一组带标签的训练样本，其标签的标记方法是，对应节点标记为 1，其他标记为 0，如图 7-29 所示。

$$\begin{matrix} \text{马} & \text{羊} & \text{牛} \\ \begin{pmatrix}1\\0\\0\end{pmatrix} & \begin{pmatrix}0\\1\\0\end{pmatrix} & \begin{pmatrix}0\\0\\1\end{pmatrix} \end{matrix}$$

图 7-29　样本的标签

在训练时，将训练集放入输入层，将标签向量放入输出层，最终训练出一个模型。假定将一幅待分类图像放入模型，最后 Softmax 层输出的结果是

$$(0.85, 0.05, 0.10)^{\mathrm{T}}$$

概率之和为 1，0.85 为最大概率，说明这幅图像是马。

7.6　卷积神经网络实例

卷积神经网络起始于 LeCun 等人提出的 LeNet，该网络的最终稳定版为 LeNet-5，于 1998 年投入使用。当时美国大多数银行用 LeNet-5 来识别支票上的手写数字。图 7-30 所示为一个典型的 LeNet-5 结构，它由一个输入层、两个卷积层、两个池化层、三个全连接层（最后一个全连接层为输出层）构成。通过巧妙的设计，利用卷积、参数共享、池化等操作来提取特征，降低了计算成本，最后使用全连接神经网络进行分类识别。

LeNet-5 共有 7 层，除输入层外，每层都包含可训练参数。每层有多个特征图，每个特征图通过一个卷积核提取输入的一种特征，每个特征图有多个神经元。

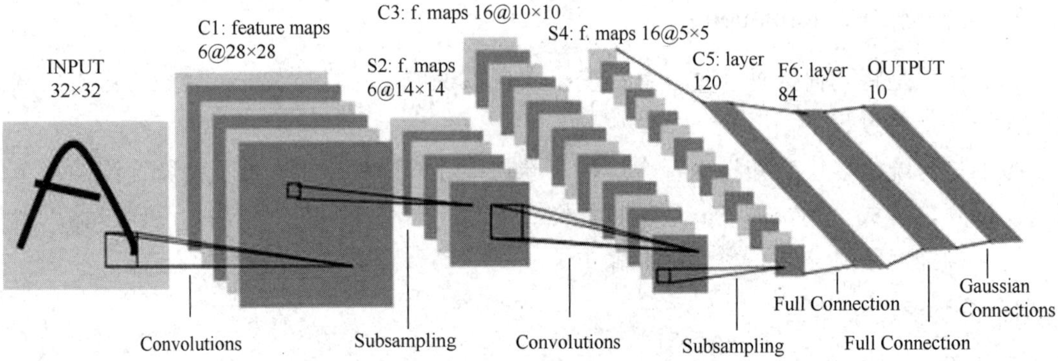

图 7-30　一个典型的 LeNet-5 结构

1．INPUT（输入）层

首先是输入层，可将输入图像尺寸统一归一化为 32×32。

传统上，卷积神经网络不包括输入层。因此，本层不算 LeNet-5 结构中的一层。

2．C1（卷积）层

C1 层使用 6 个 5×5 卷积核，对输入图像进行第一次卷积运算，得到 6 个 28×28 的 C1 特征图。

（1）输入图像大小为 32×32；卷积核大小为 5×5；卷积核种类为 6。

（2）输出特征图大小为 28×28（32−5+1=28）。

（3）人工神经元数量为 28×28×6。

（4）可训练参数计算如下。

因为共有 6 个卷积核，每个卷积核有 5×5=25 个 unit 参数、一个偏置项，所以可训练参数有（5×5+1)×6 个。

（5）连接数计算如下。

因为卷积核大小为 5×5，一个核有一个偏置项，所以有 6×(5×5+1)=156 个参数。

又因为 C1 层内每个像素都与输入图像中的 5×5 个像素及 1 个偏置项连接，所以共有(5×5+1)×6×28×28=122304 个连接。

虽然有 122304 个连接，但是只需要学习 156 个参数，这主要是通过权值共享实现的。

3．S2（池化）层

第一次卷积之后的输出图像输入本层，进行池化运算。使用 2×2 卷积核池化，得到本层中的 6 个 14×14 的特征图（28/2=14）。

本层输入图像大小为 28×28；采样区域大小为 2×2；采样方式为 4 个输入相加，乘以一个可训练参数，再加上一个可训练偏置项，结果通过 Sigmoid 激活函数进行处理。

（1）采样种类为 6。

（2）S2 层中的每个特征图大小是 C1 层中的特征图大小的 1/4，计算如下。

因为输入图像大小为 28×28，采样区域大小为 2×2，所以输出特征图大小为 14×14。

（3）人工神经元数量为 14×14×6。

（4）连接数计算如下。

本层先对来自 C1 层的 2×2 区域内的像素求和乘以一个权值再加上一个偏置项，然后将结果再进行一次映射，因此同时有 5×14×14×6=5880 个连接。

4．C3（卷积）层

第一次池化之后输出的图像输入本层，进行第二次卷积运算。第二次卷积输出为 16 个大小为 10×10 的特征图。

（1）输入为 S2 层中所有（6 个）（不一定）特征图组合。

（2）卷积核大小为 5×5，种类为 6。

（3）由(14−5+1)=10 可知，输出特征图大小为 10×10。

（4）可训练参数计算如下。

本层中的每个特征图连接到上层中所有（6 个）（不一定）特征图，表示本层特征图是上一层提取的特征图的不同组合。一种方式是本层前 6 个特征图以上层中 3 个相邻特征图子集为输入；接下来 6 个特征图以上层中 4 个相邻特征图子集为输入；之后 3 个特征图以不相邻的 4 个特征图子集为输入；最后一个特征图将 S2 层的所有特征图作为输入。

注：这种方式可以减少参数数量，不对称组合连接有利于提取多种组合特征。

可训练参数为

$$6\times(3\times5\times5+1)+6\times(4\times5\times5+1)+3\times(4\times5\times5+1)+1\times(6\times5\times5+1)=1516$$

5．S4（池化）层

第二次卷积运算后输出的图像输入本层，进行第二次池化运算。

本层输入图像大小为 10×10；采样区域大小为 2×2；采样方式为 4 个输入相加，乘以一个可训练参数，再加上一个可训练偏置项。结果通过 Sigmoid 激活函数进行处理。

（1）采样种类为 16。

（2）输入图像大小为 10×10，采样区域大小为 2×2，输出特征图大小为 5×5。本层每个特征图的大小为上层中特征图大小的 1/4。

（3）人工神经元数量为 5×5×16=400 个。

（4）连接数计算如下。

采样区域大小仍为 2×2，共计 16 个特征图，上层的 16 个大小为 10×10 的特征图分别以 2×2 为单位池化，得到 16 个大小为 5×5 的特征图。

连接数为 5×5×5×16=2000 个。

连接方式与 S2 层类似。

6．C5（卷积）层

第二次池化运算后的输出图像输入本层，进行第三次卷积运算。

本层与上一层全连接，输入为上一层全部单元特征图（16 个）。

（1）卷积核大小为 5×5，种类为 120。

（2）因为输入特征图大小为 5×5，卷积核大小为 5×5，所以输出特征图大小为 1×1。

（3）可训练参数及连接为 120×(16×5×5+1)=48120 个。

7．F6（全连接）层

本层为第 6 层，是全连接层，有 84 个节点，对应一个 7×12 的二进制位图，其中–1 表示白色，1 表示黑色，这样每个符号的位图的黑色和白色与一个编码对应。

本层输入为 C5 层输出的 120 维向量。计算方式为先计算输入向量和权重向量之间的点积，再加上一个偏置项，结果通过 Sigmoid 激活函数进行处理。

本层的训练参数和连接为(120+1)×84=10164 个。

8．OUTPUT（输出）层

本层也是全连接层，共有 10 个节点，分别代表数字 0～9。当节点 i 的值为 0 时，网络识别的结果是数字 i。本层采用的连接方式是 RBF 的网络连接方式。假设 x 是上一层的输入，y 是 RBF 的输出，则输出为

$$y_i = \sum_j (x_j - w_{ij})^2$$

式中，w_{ij} 的值由 i 的二进制位图编码确定；i 的取值为 0～9；j 的取值为 0～7×12–1。RBF 输出的值越接近于 0，越接近于 i（越接近于 i 的 ASCII 编码图），表示当前网络输入的识别结果是数字 i。本层有 84×10=840 个参数和连接。

习　题　7

1．人工神经网络与生物神经网络有什么联系与区别？

2．感知机是线性回归还是分类模型？感知机的几何解释是什么？

3．单层感知机能否执行异或运算？为什么？

4．感知机学习的目的是什么？感知机算法的初值和解有什么规律？

5．感知机算法是正确分类驱动的吗？如果不是，那么它是什么驱动的？

6．感知机的损失函数的选择依据是什么？损失函数可以取负值吗？为什么？

7．假设 $w_1(0)=0.2$，$w_2(0)=0.4$，$b(0)=-0.3$，$\eta=0.4$，试用单层感知机完成轮回或运算的学习过程。

8．“更深的网络更好”这句话是否正确？为什么？

9．“更多的数据有利于更深的网络”这句话是否正确？为什么？

10．BP 算法是如何应用于多层前馈神经网络的？

11．简述 BP 算法的学习过程。

12．BP 算法的优点与缺点有哪些？

13．在求解某个问题时，可能只有少量数据可用，但已有一个类似问题预先训练好的人工神经网络。此时，可以通过下面哪种方法来利用这个预先训练好的人工神经网络？

（1）冻结除最后一层外的所有层，重新训练最后一层。

（2）对新数据重新训练整个模型。

（3）只调整最后几层的参数。

（4）对每层模型进行评估，选取其中少数使用。

提示：一般来说，新数据分布与先前训练集分布会有偏差。需要考虑的是，当先验网络不足以完全拟合新数据时，是重新训练好，还是冻结大部分前层网络，只对最后几层进行训练调参好。

14．卷积神经网络有哪些特点与优势？

15．一个大小为 7×7 的图像，通过一个大小的 3×3 的卷积核，以 1 为步长进行卷积（互相关运算）操作，可以得到的卷积结果大小为多少？

16．卷积神经网络的基本结构是什么？有哪些主要应用领域？

17．当在卷积神经网络中加入池化层后，变换的不变性会保留吗？

18．输入图像大小为 200×200，依次经过一层卷积（卷积核大小为 5×5，填充为 1，步长为 2)，池化卷积（核大小为 3×3，填充为 0，步长为 1)，又一层卷积（卷积核为 3×3，填充为 1，步长为 1）之后，输出特征图大小是多少？

提示：正确答案介于 95～98。

19．深度学习与机器学习算法之间的区别在于，后者过程中无须进行特征提取工作，也就是说，建议在进行深度学习过程之前先完成特征提取工作。这种说法正确吗？

附录 A　机器学习名词中英文对照

A

Accumulative Error，累积误差

Activation，激活值

Activation Function，激活函数

Adaptive Resonance Theory，自适应谐振理论（ART）

Addictive Model，加性学习

Additive Noise，加性噪声

Adversarial Networks，对抗网络

Affine Layer，仿射层

Affinity Matrix，亲和矩阵

Agent，代理/智能体

Algorithm，算法

Alpha-Beta Pruning，α-β 剪枝

Anomaly Detection，异常检测

Approximation，近似

Area Under Curve，ROC 曲线下面积（AUC）

Artificial General Intelligence，通用人工智能（AGI）

Artificial Intelligence，人工智能（AI）

Association Analysis，关联分析

Attention Mechanism，注意力机制

Attribute Conditional Independence Assumption，属性条件独立性假设

Attribute Space，属性空间

Attribute Value，属性值

Auto Encoder，自编码器

Automatic Speech Recognition，自动语音识别

Automatic Summarization，自动摘要

Average Firing Rate，平均激活率

Average Gradient，平均梯度

Average-Pooling，平均池化

Average Sum-Of-Squares Error，均方误差

B

Backpropagation，反向传播（BP）

Base Learner，基学习器

Base Learning Algorithm，基学习算法

Basis，基

Basis Feature Vectors，特征基向量

Batch Gradient Ascent，批量梯度上升法

Batch Normalization，批量归一化（BN）

Bayes Decision Rule，贝叶斯判定准则

Bayes Model Averaging，贝叶斯模型平均（BMA）

Bayes Optimal Classifier，贝叶斯最优分类器

Bayesian Decision Theory，贝叶斯决策论

Bayesian Network，贝叶斯网络

Bernoulli Random Variable，伯努利随机变量

Between-Class Scatter Matrix，类间散度矩阵

Bias，偏置

Bias Term，偏置项

Bias-Variance Decomposition，偏差-方差分解

Bias-Variance Dilemma，偏差–方差困境

Bi-Directional Long-Short Term Memory，双向长短期记忆（Bi-LSTM）

Binary Classification，二分类

Binomial Test，二项检验

Bi-Partition，二分法

Boltzmann Machine，玻尔兹曼机

Bootstrap Sampling，自助采样法/可重复采样/有放回采样

Bootstrapping，自助法

Break-Event Point，平衡点

C

Calibration，校准

Cascade-Correlation，级联相关

Categorical Attribute，离散属性

Class-Conditional Probability，类条件概率

Class Labels，类型标记

Classification And Regression Tree，分类与回归树（CART）

Classifier，分类器

Class-Imbalance，类别不平衡

Closed-Form，闭式

Cluster，簇/类/集群

Cluster Analysis，聚类分析

Clustering，聚类

Clustering Ensemble，聚类集成

Co-Adapting，共适应

Coding Matrix，编码矩阵

Colt，国际学习理论会议

Competitive Learning，竞争型学习

Component Learner，组件学习器

Comprehensibility，可解释性

Computation Cost，计算成本

Computational Linguistics，计算语言学

Computer Vision，计算机视觉

Concatenation，级联

Concept Drift，概念漂移

Concept Learning System，概念学习系统（CLS）

Conditional Entropy，条件熵

Conditional Mutual Information，条件互信息

Conditional Probability Table，条件概率表（CPT）

Conditional Random Field，条件随机场（CRF）

Conditional Risk，条件风险

Confidence，置信度

Confusion Matrix，混淆矩阵

Conjugate Gradient，共轭梯度

Connection Weight，连接权

Connectionism，联结主义

Consistency，一致性/相合性

Contiguous Groups，联通区域

Contingency Table，列联表

Continuous Attribute，连续属性

Convergence，收敛

Conversational Agent，会话智能体

Convex Optimization Software，凸优化软件

Convex Quadratic Programming，凸二次规划

Convexity，凸性

Convolution，卷积

Convolutional Neural Network，卷积神经网络（CNN）

Co-Occurrence，共现

Correlation Coefficient，相关系数

Cosine Similarity，余弦相似度

Cost Curve，成本曲线

Cost Function，损失函数

Cost-Sensitive，成本敏感

Covariance Matrix，协方差矩阵

Cross Entropy，交叉熵

Cross Validation，交叉验证

Crowd Sourcing，众包

Curse Of Dimensionality，维数灾难

Cut Point，截断点

Cutting Plane Algorithm，割平面法

D

Data Mining，数据挖掘

Data Set，数据集

DC Component，直流分量

Decision Boundary，决策边界

Decision Stump，决策树桩
Decision Tree，决策树/判定树
Decorrelation，去相关
Deduction，演绎
Deep Belief Network，深度信念网络
Degeneracy，退化
Deep Learning，深度学习
Deep Neural Network，深度神经网络（DNN）
Deep Q-Learning，深度 Q 学习
Deep Q-Network，深度 Q 网络
Density Estimation，密度估计
Density-Based Clustering，密度聚类
Differentiable Neural Computer，可微分神经计算机
Dimensionality Reduction，降维
Dimension Reduction Algorithm，降维算法
Directed Edge，有向边
Derivative，导函数
Diagonal，对角线
Diffusion Of Gradients，梯度扩散
Disagreement Measure，不合度量
Discriminative Model，判别模型
Discriminator，判别器
Distance Measure，距离度量
Distance Metric Learning，距离度量学习
Distribution，分布
Divergence，散度
Diversity Measure，多样性度量/差异性度量
Domain Adaption，领域自适应
Down Sampling，下采样
D-Separation（Directed Separation），有向分离
Dual Problem，对偶问题
Dummy Node，哑节点
Dynamic Fusion，动态融合
Dynamic Programming，动态规划

E

Eigenvalue，特征值
Eigenvalue Decomposition，特征值分解
Eigenvector，特征向量
Embedding，嵌入
Emotional Analysis，情绪分析
Empirical Conditional Entropy，经验条件熵
Empirical Entropy，经验熵
Empirical Error，经验误差
Empirical Risk，经验风险
End-To-End，端到端
Energy-Based Model，基于能量的模型
Ensemble Learning，集成学习
Ensemble Pruning，集成修剪
Error Correcting Output Codes，纠错输出码（ECOC）
Error Rate，错误率
Error Term，残差
Error-Ambiguity Decomposition，误差-分歧分解
Euclidean Distance，欧氏距离
Evolutionary Computation，演化计算
Expectation-Maximization，期望最大化
Expected Loss，期望损失
Exploding Gradient Problem，梯度爆炸问题
Exponential Loss Function，指数损失函数
Extreme Learning Machine ELM，超限学习机

F

Factorization，因子分解
False Negative，假负类
False Positive，假正类
False Positive Rate，假阳性率（FPR）
Feature Engineering，特征工程

Feature Matrix，特征矩阵

Feature Selection，特征选择

Feature Standardization，特征标准化

Feature Vector，特征向量

Featured Learning，特征学习

Feedforward Architectures，前馈结构算法

Feedforward Neural Networks，前馈神经网络（FNN）

Feedforward Pass，前馈传导

Fine-Tuning，微调

First-Order Feature，一阶特征

Flipping Output，翻转法

Fluctuation，震荡

Forward Pass，前向传导

Forward Propagation，前向传播

Forward Stagewise Algorithm，前向分步算法

Frequentist，频率主义学派

Full-Rank Matrix，满秩矩阵

Functional Neuron，功能神经元

G

Gain Ratio，增益率

Game Theory，博弈论

Gaussian Kernel Function，高斯核函数

Gaussian Mixture Model，高斯混合模型

Gaussian Prior，高斯先验概率

General Problem Solving，通用问题求解

Generalization，泛化

Generalization Error，泛化误差

Generalization Error Bound，泛化误差上界

Generalized Lagrange Function，广义拉格朗日函数

Generalized Linear Model，广义线性模型

Generalized Rayleigh Quotient，广义瑞利商

Generative Adversarial Networks，生成对抗网络（GAN）

Generative Model，生成模型

Generator，生成器

Genetic Algorithm，遗传算法（GA）

Gibbs Sampling，吉布斯采样

Gini Index，基尼指数

Global Minimum，全局最小

Global Optimization，全局优化

Gradient Boosting，梯度提升

Gradient Descent，梯度下降

Grouping Matrix，分组矩阵

Graph Theory，图论

Ground-Truth，真相/真实

H

Hadamard Product，阿达马乘积

Hard Margin，硬间隔

Hard Voting，硬投票

Harmonic Mean，调和平均

Hesse Matrix，海塞矩阵

Hidden Dynamic Model，隐动态模型

Hidden Layer，隐藏层

Hidden Markov Model，隐马尔可夫模型（HMM）

Hierarchical Clustering，层次聚类

Hilbert Space，希尔伯特空间

Hinge Loss Function，合页损失函数

Histogram，直方图

Hold-Out，留出法

Homogeneous，同质

Hybrid Computing，混合计算

Hyperbolic Tangent，双曲正切函数

Hyperparameter，超参数

Hypothesis，假设

Hypothesis Test，假设验证

I

ICML，国际机器学习会议

Identity Activation Function，恒等激励函数

Improved Iterative Scaling，改进的迭代尺度法（IIS）

Incremental Learning，增量学习

Independent And Identically Distributed，独立同分布

Independent Component Analysis，独立成分分析（ICA）

Indicator Function，指示函数

Individual Learner，个体学习器

Induction，归纳

Inductive Bias，归纳偏好

Inductive Learning，归纳学习

Inductive Logic Programming，归纳逻辑程序设计（ILP）

Information Entropy，信息熵

Information Gain，信息增益

Input Layer，输入层

Insensitive Loss，不敏感损失

Inter-Cluster Similarity，簇间相似度

Intercept Term，截距

International Conference For Machine Learning，国际机器学习大会（ICML）

Intrinsic Value，固有值

Isometric Mapping，等度量映射（ISOMAP）

Isotonic Regression，等分回归

Iterative Dichotomiser，迭代二分器

K

Kernel Method，核方法

Kernel Trick，核技巧

Kernelized Linear Discriminant Analysis，核线性判别分析（KLDA）

K-Fold Cross Validation，K 折交叉验证/K 倍交叉验证

K-Means Clustering，K -均值聚类

K-Nearest Neighbors Algorithm，K 近邻算法（KNN）

Knowledge Base，知识库

Knowledge Representation，知识表征

L

Label Space，标记空间

Lagrange Duality，拉格朗日对偶性

Lagrange Multiplier，拉格朗日乘子

Laplace Smoothing，拉普拉斯平滑

Laplacian Correction，拉普拉斯修正

Latent Dirichlet Allocation，隐狄利克雷分布

Latent Semantic Analysis，潜在语义分析

Latent Variable，隐变量

Lazy Learning，懒惰学习

Learning By Analogy，类比学习

Learning Rate，学习率

Learning Vector Quantization，学习向量量化（LVQ）

Least Squares，最小二乘法

Least Squares Regression Tree，最小二乘回归树

Leave-One-Out，留一法（LOO）

Line-Search Algorithm，线搜索算法

Linear Chain Conditional Random Field，线性链条件随机场

Linear Correspondence，线性响应

Linear Discriminant Analysis，线性判别分析（LDA）

Linear Regression，线性回归

Linear Superposition，线性叠加

Link Function，联系函数

Local Markov Property，局部马尔可夫性

Local Mean Subtraction，局部均值消减

Local Minimum，局部最小

Local Optima，局部最优解

Log Likelihood，对数似然

Log Odds，logit 对数几率

Log-Likelihood，对数似然

Log-Linear Regression，对数线性回归

Logistic Regression，逻辑回归

Long-Short Term Memory，长-短期记忆（LSTM）

Loss Function，损失函数

Low-Pass Filtering，低通滤波

M

Machine Translation，机器翻译（MT）

Macron-P，宏查准率

Macron-R，宏查全率

Magnitude，幅值

Majority Voting，绝对多数投票法

Manifold Assumption，流形假设

Manifold Learning，流形学习

Margin Theory，间隔理论

Marginal Distribution，边际分布

Marginal Independence，边际独立性

Marginalization，边际化

Markov Chain Monte Carlo，马尔可夫链蒙特卡罗方法（MCMC）

Markov Random Field，马尔可夫随机场

Maximal Clique，最大团

Maximum a Posteriori Estimation，极大后验估计（MAP）

Maximum Likelihood Estimation，极大似然估计/极大似然法（MLE）

Maximum Margin，最大间隔

Maximum Weighted Spanning Tree，最大带权生成树

Max-Pooling，最大池化

Mean，均值

Mean Squared Error，均方误差

Meta-Learner，元学习器

Metric Learning，度量学习

Micro-P，微查准率

Micro-R，微查全率

Minimal Description Length，最小描述长度（MDL）

Minimax Game，极小极大博弈

Misclassification Cost，误分类成本

Mixture of Experts，混合专家

Moral Graph，道德图/端正图

Multi-Class Classification，多分类

Multi-Document Summarization，多文档摘要

Multi-Layer Feedforward Neural Networks，多层前馈神经网络

Multi-Layer Perceptron，多层感知机（MLP）

Multi-Modal Learning，多模态学习

Multiple Dimensional Scaling，多维缩放

Multiple Linear Regression，多元线性回归

Multi-Response Linear Regression，多响应线性回归（MLR）

Mutual Information，互信息

N

Naive Bayes，朴素贝叶斯

Naive Bayes Classifier，朴素贝叶斯分类器

Named Entity Recognition，命名实体识别

Nash Equilibrium，纳什均衡

Natural Language Generation，自然语言生成（NLG）

Natural Language Processing，自然语言处理

Negative Class，负类

Negative Correlation，负相关法

Negative Log Likelihood，负对数似然

Neighbourhood Component Analysis，近邻成分分析（NCA）

Neural Machine Translation，神经机器翻译

Neural Networks，神经网络

Neural Turing Machine，神经图灵机

Neuron，神经元

Newton's Method，牛顿法

NIPS，国际神经信息处理系统会议

No Free Lunch Theorem，没有免费的午餐定理（NFL）

Noise-Contrastive Estimation，噪声对比估计

Nominal Attribute，列名属性

Non-Convex Function，非凸函数

Non-Convex Optimization，非凸优化

Nonlinear Model，非线性模型

Non-Metric Distance，非度量距离

Non-Negative Matrix Factorization，非负矩阵分解

Non-Ordinal Attribute，无序属性

Non-Saturating Game，非饱和博弈

Norm，范式

Norm Bounded，有界范数

Norm Constrained，范数约束

Normalization，归一化

Nuclear Norm，核范数

Numerical Attribute，数值属性

Numerical Round-off Error，数值舍入误差

Numerically Checking，数值检验

Numerically Reliable，数值计算上稳定

O

Object Detection，物体检测

Objective Function，目标函数

Oblique Decision Tree，斜决策树

Occam's Razor，奥卡姆剃刀

Off-By-One Error，缺位错误

Odds，几率

Off-Policy，离策略

One Shot Learning，一次性学习

One-Dependent Estimator，独依赖估计（ODE）

On-Policy，在策略

Ordinal Attribute，有序属性

Orthogonalization，正交化

Out-of-Bag Estimate，包外估计

Output Layer，输出层

Output Smearing，输出调制法

Overall Cost Function，总体损失函数

Overfitting，过拟合

Oversampling，过采样

P

Paired T-Test，成对 T 检验

Pairwise，成对

Pairwise Markov Property，成对马尔可夫性

Parameter，参数

Parameter Estimation，参数估计

Parameter Tuning，调参

Parse Tree，解析树

Particle Swarm Optimization，粒子群优化算法（PSO）

Part-Of-Speech Tagging，词性标注

Part-Whole Decomposition，部分-整体分解

Parts Of Objects，目标部件

Perceptron，感知机

Penalty Term，惩罚因子

Per-Example Mean Subtraction，逐样本均值消减

Performance Measure，性能度量

Plug And Play Generative Network，即插即用生成网络

Plurality Voting，相对多数投票法

Polarity Detection，极性检测

Polynomial Kernel Function，多项式核函数

Pooling，池化
Positive Class，正类
Positive Definite Matrix，正定矩阵
Post-Hoc Test，事后多重比较
Post-Pruning，后剪枝
Potential Function，势函数
Precision，查准率/准确率
Pre-Pruning，预剪枝
Pre-Train，预训练
Principal Component Analysis，主成分分析（PCA）
Principle Of Multiple Explanations，多释原则
Prior，先验
Probability Graphical Model，概率图模型
Proximal Gradient Descent，近端梯度下降（PGD）
Pruning，剪枝
Pseudo-Label，伪标记

Q

Quantized Neural Network，量子化神经网络（QNN）
Quantum Computer，量子计算机
Quantum Computing，量子计算
Quadratic Constraints，二次约束
Quasi Newton Method，拟牛顿法

R

Radial Basis Function，径向基函数（RBF）
Random Forest Algorithm，随机森林算法
Random Walk，随机漫步
Recall，查全率/召回率
Receiver Operating Characteristic，受试者工作特征（ROC）
Reconstruction Based Models，基于重构的模型
Reconstruction Cost，重建代价
Reconstruction Term，重构项
Rectified Linear Unit，线性修正单元（ReLU）
Recurrent Neural Network，循环神经网络
Recursive Neural Network，递归神经网络
Redundant，冗余
Reference Model，参考模型
Reflection Matrix，反射矩阵
Regularization，正则化
Regularization Term，正则化项
Reinforcement Learning，强化学习（RL）
Representation Learning，表征学习
Representer Theorem，表示定理
Reproducing Kernel Hilbert Space，再生核希尔伯特空间（RKHS）
Re-Sampling，重采样法
Rescaling，再缩放
Residual Mapping，残差映射
Residual Network，残差网络
Restricted Boltzmann Machine，受限玻尔兹曼机（RBM）
Restricted Isometry Property，限定等距性（RIP）
Re-Weighting，重赋权法
Robustness，稳健性/鲁棒性
Root Node，根节点
Rule Engine，规则引擎
Rule Learning，规则学习

S

Saddle Point，鞍点
Sample Space，样本空间
Sampling，采样
Second-Order Feature，二阶特征
Score Function，评分函数
Self-Driving，自动驾驶
Self-Organizing Map，自组织映射（SOM）

Semi-Naive Bayes Classifiers，半朴素贝叶斯分类器

Semi-Supervised Learning，半监督学习

Semi-Supervised，半监督支持向量机（SVM）

Sentiment Analysis，情感分析

Separating Hyperplane，分离超平面

Sigmoid Activation Function，Sigmoid 激活函数

Significant Digits，有效数字

Similarity Measure，相似度度量

Simulated Annealing，模拟退火

Simultaneous Localization and Mapping，同步定位与地图构建

Singular Value，奇异值

Singular Value Decomposition，奇异值分解

Singular Vector，奇异向量

Slack Variables，松弛变量

Smoothing，平滑

Soft Margin，软间隔

Soft Margin Maximization，软间隔最大化

Soft Voting，软投票

Softmax Regression，Softmax，回归

Sorted In Decreasing Order，降序排列

Source Features，源特征

Sparse AutoEncoder，消减归一化

Sparse Representation，稀疏表征

Sparsity，稀疏性

Sparsity Parameter，稀疏性参数

Sparsity Penalty，稀疏惩罚

Specialization，特化

Spectral Clustering，谱聚类

Speech Recognition，语音识别

Splitting Variable，切分变量

Square Function，平方函数

Squared-Error，方差

Squashing Function，挤压函数

Stability-Plasticity Dilemma，可塑性-稳定性困境

Stationary，平稳性（不变性）

Stationary Stochastic Process，平稳随机过程

Statistical Learning，统计学习

Status Feature Function，状态特征函

Step-Size，步长值

Stochastic Gradient Descent，随机梯度下降

Stratified Sampling，分层采样

Structural Risk，结构风险

Structural Risk Minimization，结构风险最小化（SRM）

Subspace，子空间

Supervised Learning，监督学习/有导师学习

Support Vector Expansion，支持向量展开式

Support Vector Machine，支持向量机（SVM）

Surrogate Loss，替代损失

Surrogate Function，替代函数

Symbolic Learning，符号学习

Symbolism，符号主义

Symmetric Positive Semi-Definite Matrix，对称半正定矩阵

Symmetry Breaking，对称失效

Synset，同义词集

T

T-Distribution Stochastic Neighbour Embedding，T–分布随机近邻嵌入（T-SNE）

Hyperbolic Tangent Function，双曲正切函数

The Average Activation，平均活跃度

The Derivative Checking Method，梯度验证方法

The Empirical Distribution，经验分布函数

The Energy Function，能量函数

The Lagrange Dual，拉格朗日对偶函数

The Log Likelihood，对数似然函数

The Pixel Intensity Value，像素灰度值

The Rate Of Convergence，收敛速度

Tensor，张量

Tensor Processing Units，张量处理单元（TPU）

The Least Square Method，最小二乘法

Threshold，阈值

Threshold Logic Unit，阈值逻辑单元

Threshold-Moving，阈值移动

Time Step，时间步骤

Tokenization，标记化

Topographic Cost Term，拓扑代价项

Topographic Ordered，拓扑秩序

Training Error，训练误差

Training Instance，训练示例/训练例

Transductive Learning，直推式学习

Transfer Learning，迁移学习

Transformation，变换

Translation Invariant，平移不变性

Treebank，树库

Tria-By-Error，试错法

Trivial Answer，平凡解

True Negative，真负类

True Positive，真正类

True Positive Rate，真阳性率（TPR）

Turing Machine，图灵机

Twice-Learning，二次学习

U

Under-Complete Basis，不完备基

Underfitting，欠拟合

Under-Sampling，下采样

Understandability，可理解性

Unequal Cost，非均等代价

Unit-Step Function，单位阶跃函数

Univariate Decision Tree，单变量决策树

Unrolling，组合扩展

Unsupervised Learning，无监督学习/无导师学习

Unsupervised Layer-Wise Training，无监督逐层训练

Upsampling，上采样

V

Vanishing Gradient Problem，梯度消失问题

Variance，方差

Variational Inference，变分推断

VC Theory，VC维理论

Vectorization，矢量化

Version Space，版本空间

Visual Cortex，视觉皮层

Viterbi Algorithm，维特比算法

Von Neumann Architecture，冯·诺伊曼架构

W

Weak Learner，弱学习器

Weight，权重

Weight Decay，权重衰减

Weight Sharing，权共享

Weighted Average，加权均值

Weighted Voting，加权投票法

Whitening，白化

Within-Class Scatter Matrix，类内散度矩阵

Word Embedding，词嵌入

Word Sense Disambiguation，词义消歧

Z

Zero-Data Learning，零数据学习

Zero-Mean，均值为零

Zero-Shot Learning，零次学习

参考文献

1．GEORGE F LUGER. Artificial Intelligence: Structures and Strategies for Complex Problem Solving [M]. 6 版. Boston:Pearson Addison Wesley，2009.

2．雷明．机器学习原理、算法与应用[M]．北京：清华大学出版社，2019.

3．姚普选．Python 程序设计方法[M]．北京：电子工业出版社，2020.

4. MICHAEL NEGNEVITSKY. 人工智能：智能系统指南[M]. 顾力栩，沈晋惠，等译. 北京：机械工业出版社，2007.

5．贲可荣，张彦铎．人工智能（第三版）[M]．北京：清华大学出版社，2018.

6. ANDREAS C MÜLLER，SARAH GUIDO. Python 机器学习基础教程[M]. 张亮，译. 北京：人民邮电出版社，2018.

反侵权盗版声明

举报电话：（010）88254396；（010）88258888
传　　真：（010）88254397
E-mail：　dbqq@phei.com.cn
通信地址：北京市海淀区万寿路 173 信箱
　　　　　电子工业出版社总编办公室
邮　　编：100036